从一到无穷大

[美] 乔治·伽莫夫 著　刘小君　岳夏　译
（George Gamow）

ONE TWO THREE...
INFINITY

民主与建设出版社
·北京·

© 民主与建设出版社，2023

图书在版编目（CIP）数据

从一到无穷大 / （美）乔治·伽莫夫著；刘小君，岳夏译. -- 北京：民主与建设出版社，2023.7（2024.4重印）

ISBN 978-7-5139-4269-0

Ⅰ. ①从… Ⅱ. ①乔… ②刘… ③岳… Ⅲ. ①自然科学－普及读物 Ⅳ. ①N49

中国国家版本馆CIP数据核字（2023）第114009号

从一到无穷大

CONG YI DAO WUQIONG DA

著　　者	［美］乔治·伽莫夫
译　　者	刘小君　岳　夏
责任编辑	刘　芳
封面设计	刘红刚
出版发行	民主与建设出版社有限责任公司
电　　话	（010）59417747　59419778
社　　址	北京市海淀区西三环中路10号望海楼E座7
邮　　编	100142
印　　刷	三河市中晟雅豪印务有限公司
版　　次	2023年7月第1版
印　　次	2024年4月第2次印刷
开　　本	700毫米×980毫米　1/16
印　　张	18
字　　数	255千字
书　　号	ISBN 978-7-5139-4269-0
定　　价	39.80元

注：如有印、装质量问题，请与出版社联系。

第一版作者序言

我们要聊一聊原子、恒星和星云，聊聊熵和基因，以及人类能不能使空间弯曲；还有，为什么火箭会缩短。没错，我们将在本书中讨论所有这些话题，以及很多其他同样有趣的问题。

这本书最初是为了搜集现代科学中最有趣的事实和理论而出版的，目的是让读者对如今科学家眼中的宇宙的微观和宏观表现形式有一个大致的了解。在执行这一粗略的计划时，我不想把所有的事情从头到尾讲一遍，因为我知道，这样写出来的只会是一部分为多卷的百科全书。但同时，我所选择的讨论话题也能简要地概述基础科学知识的整个领域，没有未涉及的死角。

本书根据重要性和关注度而不是简易程度选择主题，因此在难易程度上有一定的不均匀性。有一些章节简单到连儿童也能理解，而有一些则需要集中精力，认真研究才能被完全理解。但是，我希望外行读者在阅读这本书时也不会遇到太大的困难。

值得注意的是，这本书的最后一部分讨论了“宏观世界”，比“微观世界”部分要短得多。这主要是因为我已经在《太阳的诞生和死亡》和《地球传》[①]中详细地讨论过了关于宏观世界的很多问题，此处再进行讨论也无非是乏味的

① 这两本书分别于1940年和1941年由纽约的维京出版社出版。——作者注

重复。所以，在这一部分，我仅会对涉及行星、恒星和星云世界中的物理事实和事件以及它们的规律做一般描述，只有在讨论过去几年科学知识的进步所揭示的新问题时，才更详细地论述这些问题的内容和规律。根据这一原则，我特别关注最近的观点，一个是被称为“超新星”的巨大恒星的爆炸是由物理学中已知的最小粒子“中微子”引起的；还有一个是新行星理论，其废除了目前公认的行星起源于太阳与其他恒星碰撞的观点，并重新确立了几乎被遗忘的康德和拉普拉斯的旧观点。

我要向众多艺术家和插图画家表示感谢，他们的作品经过拓扑学转化后（参见第三章第二节）成为本书的许多插图的基础。最重要的是，我的年轻朋友玛丽娜·冯·诺依曼（Marina von Neumann），她声称她比她著名的父亲还要博学，当然，除了数学，因为在数学上他们一样博学。她阅读了本书的一些章节后，告诉我其中有许多无法理解的章节，我才认识到本书并不像我本来打算的那样适合儿童阅读。

乔治·伽莫夫

1946 年 12 月 1 日

1961年版作者序言

所有关于科学的书籍在出版几年后就很容易过时，尤其是那些正在迅速发展的科学分支。从这个意义上说，我这本13年前首次出版的书——《从一到无穷大》是很幸运的。这本书刚好著于一些重要的科学进展之后，并把这些进展都囊括于文中，因此只需轻微地改动和添补就可以使其切合目前的情况。

其中一项重要进展是通过氢弹爆炸的热核反应成功释放原子能，另一项缓慢但稳定的进展是通过热核过程控制能量释放。由于热核反应的原理及其在天体物理学中的应用在本书第一版的第十一章中有所描述，所以关于人类在实现同一目标方面的进展，只需在第七章末尾增添一些新资料就可以了。

其他的变化还包括将我们宇宙的预计年龄从20亿到30亿年增加到50亿或更多年，以及利用加利福尼亚帕洛玛山上新的200英寸海尔望远镜进行探索后得出的经过修正的宇宙尺度。

生物化学方面也有最新进展，因而有必要重新绘制相关图片并修改与之相关的文本，在第九章末尾也需要添加有关简单生物合成的新资料。

在第一版中我曾写道："是的，在生命和非生命物质之间确实有一个过渡的阶段，也许在不远的将来，某位有才华的生物化学家能够用普通的化学元素合成病毒分子，那他大可公告天下：'我刚刚赋予了一片无生命物质以生命！'"没错，几年前，这项工作已经在加利福尼亚被完成了，或者说快完成了，读者可以在第九章的末尾找到相关的简短介绍。

还有一个变化，本书的第一版是献给“我的儿子伊戈尔，他想成为一个牛仔”。我的许多读者写信给我，问我他是否真的成了一个牛仔。答案是否定的，他主修生物学，将于明年夏天毕业，并计划从事遗传学方面的工作。

科罗拉多大学

乔治·伽莫夫

1960 年 11 月

目　录

001 第一部分
数字游戏

002 第一章 大数字

018 第二章 自然数和人工数

031 第二部分
空间、时间与爱因斯坦

032 第三章 空间的独特性

055 第四章 四维的世界

073 第五章 时空的相对性

099 第三部分
微观世界

100 第六章 下降的阶梯

127　第七章　现代炼金术

160　第八章　无序定律

193　第九章　生命之谜

221　第四部分

宏观世界

222　第十章　拓宽视野

247　第十一章　初创之日

ONE
TWO
THREE
...

INFINITY

第一部分

数字游戏

第一章 大数字

1. 你最大能数到多少?

有这样一则故事，两个匈牙利贵族决定玩一个游戏，每人各说一个数字，说出最大数字者赢。

“来吧，”其中一个人说，“你先说你的数字。”

经过好一番冥思苦想，另一个人终于说出了他所能想到的最大的数字。

“3。”他说。

现在轮到第一个人绞尽脑汁了，但是，他最终还是认输了。

“你赢了。”他承认道。

这两个匈牙利人的知识水平确实不高，并且这个故事也可能只是一种恶意诋毁，并不可信，但是如果将故事的主人公换成两个霍屯督人（Hottentots，非洲部落），那么以上的对话就完全会真实发生。据很多非洲探险家所说，在很多霍屯督部落中，并没有用来表示比 3 大的数字的词汇。若去问一个原住民他有多少个儿子或曾手刃过多少敌人，如果该数字大于 3，那么他就会回答“很多”。因此，在数数方面，再凶猛的霍屯督战士也会被已经能够数到 10 的美国幼稚园儿童打败。

现在，大家已经习惯性地认为，我们想写多大的数字就能写多大——无论是以美分来计算军费，还是以英寸丈量星球间的距离——只要在某个数字右边加上足够多的0就可以了。你可以不断地加0，直到手都酸了，这样不知不觉中就可以写出一个比宇宙中所有原子数量[1]还大的数字，顺便一提，该数量是：

300 000 000 000 000 000 000 000 000 000 000 000 000 000 000 000 000 000 000 000 000 000 000 000 000

或者你也可以写成这种简略形式：3×10^{74}。

其中，位于10右上角的74表示数字3后面有74个0，换句话说，这个数字是用3乘上74次10。

但是，古人们并不知道这种“简明算术”系统。实际上，这种由某不具名的印度数学家发明的表示方法存在了还不到两千年。在他的伟大发明之前——虽然通常我们并没有意识到这一点，但这的确是一项伟大的发明——人们用十进制来计数，每位数都用一个特殊符号来表示，该位数上是几，就将其代表符号重复几遍。例如，古代埃及人是这样记录8732的：

而恺撒政府里的书记官则会以这种形式来表示：

MMMMMMMMDCCXXXII

后面的记号对大家来说应该很熟悉，因为罗马数字至今还不时地能派上用场——或者用于表示书籍的册数或章节数，或者用在宏伟的纪念碑上以表示某一历史事件的日期。然而，由于古人对于计数的需求不会超过几千，因此也没有用来表示更高位数的符号，所以，如果一个古罗马人被要求写出“一百万”，哪怕受到过最好的算术训练，他也会感到十分为难。为了达到这个要求，他所能想到的最好方法就是一连写上1000个M，这可够他忙碌几个小时的了。

对于古人来说，天上有多少星星、海里有多少条游鱼和沙滩上有多少颗沙粒这样巨大的数字都是“不可计算的”，就像对霍屯督人来说5也是“不可计算的”，因而只能用“很多”来表示一样。

① 以目前最大的望远镜所能达到的范围来计算。——作者注

公元前3世纪，著名的科学家阿基米德[1]曾开动脑筋，想出了记录非常大的数字的办法，他在专著《数沙者》（*The Psammites*，或叫 *Sand Reckoner*）中这样写道：

有人认为沙粒的数量是无限的。我这里所说的沙粒可不单单指叙拉古[2]或者西西里岛（Sicily）的其他地方，而是指地球上所有的沙粒，无论是人类居住区还是无人区。也有一些人相信沙粒的数量并不是无穷的，但是他们也认为我们无法说出一个比所有的沙粒的数量还大的数字。如果让持有此观点的人想象有一个大如地球的沙堆，其中的山谷和海洋都被沙子填满，直到如最高的山峰一样高，他们就会更加确定，比以上提到的所有沙粒的数量还大的数字是不可能被表达出来的。但是我现在不仅可以说出比用上述方法在地球上所堆积出来的沙粒的数量还大的数字，还可以说出比以同样的方法将堆满整个宇宙的沙粒的数量也大的数字。

阿基米德在这一著作中所提出来的记录大数的方法颇类似于现代科学计数方法。他从古希腊算术中最大的数字单位万（myriad）开始，引进了一个新的数字“万万”（octade），也就是“亿”作为第二级单位，然后是“亿亿”（octade octade）作为第三级单位，“亿亿亿”（octade octade octade）作为第四级单位，以此类推。

专门用几页的篇幅来介绍大数字的书写方法看起来似乎有些小题大做，但在阿基米德时代，找到书写大数字的方法不仅是一项伟大的发现，还促使数学向前迈出了重要的一步。

为了计算填满整个宇宙所需要的沙粒数量，阿基米德首先要知道宇宙的大小。在当时，人们认为宇宙封闭在一个镶嵌着群星的水晶球里，与他同时代的著名天文学家萨摩斯的阿里斯塔克斯[3]估测，从地面到水晶球边缘的距离约为

---

① Archimedes，古希腊哲学家、数学家、物理学家。（本书若无特殊说明，是译者注）

② Syracuse，西西里岛上的一座城市，阿基米德的出生地。

③ Aristarchus of Samos，古希腊第一位著名天文学家，最早提出日心说的人。

10 000 000 000 希腊里（Stadia[①]），相当于 1 000 000 000 英里。

阿基米德将水晶球与沙粒的大小进行对比，完成了一系列能将高中生吓到做噩梦的计算，最终得到了以下结论：

“毫无疑问，阿里斯塔克斯所预测的水晶球大小的空间里所能容纳的沙粒的数量不会超过一千万个第八级单位[②]。”

这里大家可能注意到，阿基米德所预测的宇宙半径远远小于现代科学家的预测。10 亿英里的距离刚刚超过土星到太阳的距离。要知道，望远镜所能探测到的宇宙距离现在已达到 5 000 000 000 000 000 000 000 英里，所以要填满目前可见的宇宙，所需要的沙粒数量应当超过 10^{100}（1 后面跟 100 个 0）。

这个数字当然比前面提到的宇宙中所有原子的数目 3×10^{74} 大得多，但是别忘了，我们的宇宙并不是装满了原子的，实际上，宇宙中每立方米的空间里平均只有一个原子。

但是为了得到大数字而大动干戈，将整个宇宙填满沙子是完全没有必要的。事实上，在一些乍一看非常简单，那些你可能本来以为不会遇到超过几千的数字的问题上，却常常会遇到意想不到的大数字。

印度舍罕王（King Shirham of India）就曾吃过大数字的亏。传说，大宰相西萨·本·达依尔（Sissa Ben Dahir）发明了象棋并将其呈送给国王，因此舍罕王想要奖赏他。这位聪明的宰相的要求似乎并不过分，“陛下，”他跪拜在国王面前说，“请将一个麦粒放在棋盘的第一格，将两个麦粒放在棋盘的第二格，将四个麦粒放在第三格，八个麦粒放在第四格……按照这个方法，使得每一格的麦粒的数量都是前一格的两倍。陛下，请赏赐我能填满整个棋盘上

---

① Stadia：希腊长度单位，1 希腊里相当于 606 英尺 6 英寸，即约 188 米。——作者注

② 一千万 第二级 第三级 第四级 第五级

（10 000 000）×（100 000 000）×（100 000 000）×（100 000 000）×（100 000 000）×

第六级 第七级 第八级

（100 000 000）×（100 000 000）×（100 000 000）

或者简单地记为 10^{63}（1 后面有 63 个 0）。——作者注

64格的所有麦粒吧。”

“噢，我忠实的仆人，你的要求倒是不高，”国王感叹道，心里窃喜他给这项神奇的游戏的发明者的慷慨许诺不会耗费他多少财宝，“你必将如愿以偿。”然后他命人搬一袋麦子到王座前。

当计数开始，一粒麦子被放到第一格，两粒被放到第二格，四粒被放到第三格，一直这样往下放，但是还没等放到第二十格，一袋麦子已经用完了。更多的麦子被送到国王面前，但是每往下数一格，所需要的麦粒数量迅速增长，以至于大家很快就明白，哪怕倾尽印度所有的麦子，国王也无法实现他对宰相的承诺，因为那可是18 446 744 073 709 551 615粒麦子[①]！

这个数字并不像宇宙中所有原子的数量那样大，但也是一个相当大的数字了。假设1蒲式耳小麦大概有5 000 000粒，那么要满足西萨的要求就需要约40 000亿蒲式耳小麦。全球小麦年均产量大约为2 000 000 000蒲式耳，而大宰相要求的数量相当于全球2000年小麦的产量。

于是，国王发现自己已债台高筑，他要么以后不断地还债，实现对宰相的承诺；要么干脆砍了宰相的头。我们猜他应该是选择了后者。

另一个以大数字为主角的故事也发生在印度，讨论的是关于“世界末日”的问题。数学猜想历史学家鲍尔[②]讲述了这样一个故事[③]：

---

① 这位聪明的宰相所要求的麦粒的数量可以用以下式子表达：

$$1+2+2^2+2^3+2^4+\cdots+2^{62}+2^{63}$$

在算术中，一个数列中的每一项都等于前一项乘上一个常数（在这个例子中是2倍），那这就是一个等比数列。在等比数列中，所有项之和可以用该常数（本例为2）的项数（本例为64）次幂减去第一项（本例为1）然后除以上述常数与1的差，在本例中可以这样表示：

$$\frac{2^{64}-1}{2-1}=2^{64}-1$$

直接写出来就是18 446 744 073 709 551 615。——作者注

② Walter William Rouse Ball，通常被称作W. W. R. Ball，英国数学家。

③ 引自鲍尔（W. W. R. Ball）《数学游戏与欣赏》（*Mathematical Recreations and Essays*，The Macmillan Co.，纽约，1939）。——作者注

在世界的中心贝拉那斯[①]宏伟的神殿中，安放着一块铜板，铜板上有三根金刚石针，每根有1肘尺长（1肘尺约为20英寸），如蜂针一样细。在创世之时，主神梵天将64个纯金圆片放在了其中一根针上，最大的金片放在最下面紧贴着铜板，越往上金片越小。这就是婆罗门之塔。夜以继日，当班的僧侣必须将这些金片从一根针上移到另一根针上，根据梵天给出的固定法则，僧侣每次只能移动一个金片，并且金片必须被放在某个针上，还要确保大的金片不会被放在小金片的上面。当64个金片都被从天神已穿好的针上移动到另一根上时，梵塔、寺庙及众生都将化为灰尘，伴随着一声霹雳，整个世界都会消失。

你可以自己动手做一个这样的解谜玩具，用硬纸板代替金片，用长铁钉代替印度神话中的金刚石针。要发现移动金片的总体规律并不难，你很快就可以看出，每成功转移一个金片所需要的移动步数都是前一个的两倍。第一个金片只需移动一下，但随后移动的金片所需的步数呈几何级数增长，所以到第64个金片时，总共所需要的移动步数与西萨要求的麦粒的数量一样多[②]。

将婆罗门之塔上的64个金片从一根针上全部转移到另一根上面需要花费多长时间呢？假设僧侣们全年无休，夜以继日地工作，每秒可以移动一步，而一年大约有31 558 000秒，因此大约需要超过5800亿年的时间才能完成这项工作。

将这个纯粹传说中的宇宙周期的预言与现代科学的预测略作对比倒是挺有趣的。根据现代宇宙进化理论，恒星、太阳和行星，也包括我们的地球，都是

---

① Benares，印度北部城市，著名的印度教圣地。

② 如果我们只有7个金片，则需要的步数是：

$$1+2^1+2^2+2^3+\cdots，或者\ 2^7-1=2\times2\times2\times2\times2\times2\times2-1=127$$

如果你非常迅速且无误地移动金片，大概需要一个小时才能完成这项任务。如果有64个金片，那么需要移动的总步数就是：

$$2^{64}-1=18\ 446\ 744\ 073\ 709\ 551\ 615$$

这正好是西萨所要求的麦粒的数目。——作者注

由一些无定形的物质于大约30亿年前形成的。我们也知道，给恒星，尤其是太阳提供能量的“核燃料”还能再维持100亿到150亿年[①]。因此，我们的宇宙的总寿命绝对不会超过200亿年，更不要提印度神话中预测的5800亿年了。不过，传说毕竟只是传说！

文字记载中所提及的最大的数字可能就是来自著名的“印刷行问题”了。假设我们制造出一台打印机，这台机器可以打印出一行又一行的文字，并且打印每一行时都会自动选择一种不同的字母与印刷符号组合，该机器由很多单个的边缘刻有字母和数字的圆盘组合在一起，圆盘之间像汽车的里程表那样连接，这样每当一个圆盘转动完一周，就会带动下一个圆盘向前转一个符号，每转动一下，随着滚筒转动带动纸张前移，一行文字就被打印上去了。要做这样一台自动打印机并不难。

现在我们让这台机器运行，并看一看它打印出来的不计其数又各不相同的字符行，其中大部分都没有什么意义，它们看起来是这样的：

“aaaaaaaaaaa...”

或者是：

“booboobooboo...”

又或者是：

“zawkporpkossscilm...”

但是既然这台机器打印出了所有的字母与符号组合，所以在这堆毫无意义的垃圾中我们会发现一些有意义的句子，当然其中有很多都是胡言乱语。

例如：

“horse has six legs and...”（马有六条腿和……）

或者是：

“I like apples cooked in terpentin...”（我喜欢松节油做的苹果……）

但是仔细找找，其中一定也包括了莎士比亚所写的每一行文字，甚至包括

① 见本书第十一章“初创之日”。——作者注

那些被他扔进废纸篓里的草稿纸上的句子。

事实上，这台打印机可以打印出人类自学会书写以来所写出的所有语句：每一行散文、每一句诗、报纸上的每一篇社论和每一则广告、每一篇冗长的科学论文、每一封情书、每一份给送奶工的留言……

不仅如此，这台机器还能打印出未来将要被印出的文字。我们在那张滚筒下的纸上可以找到20世纪30世纪的诗歌、未来的科学发现、将会在第500届美国国会上发表的演讲，以及2344年星际交通意外的统计数量。还会有一篇又一篇尚未被创作出来的短篇故事和长篇小说。如果出版商们的地下室里有这样一台机器，他们要做的只是从垃圾堆中挑选出好的片段加以编辑就好了——反正他们现在差不多也在做这样的事情！

为什么不能这么做呢？

让我们统计一下要将所有的字母与印刷符号的组合全部写下来需要多少行。

英语中有26个字母、10个数字（0，1，2，3，4，5，6，7，8，9）和14个常用符号（空格、句号、逗号、冒号、分号、问号、感叹号、破折号、连字符、引号、省略号、方括号、圆括号、大括号），一共50个符号。让我们假设这台机器上有65个轮盘，与每一行平均有65个位置一一对应。一行中的第一个字符可能是以上50个字符中的任意一个，也就是有50种可能性，每一种可能性中跟着的第二个字符也可能是以上50个字符中的任意一个，这又是50种可能性，到此，总共有50×50=2500种可能性。而对于这前两个字符的每一种可能性，第三个字符也仍有50种可能性，以此类推。所有可能的组合的行数可以用以下算式表达：

50乘上65次

$$50\times50\times50\times\cdots\times50$$

或者是：

$$50^{65}$$

也等于：

$$10^{110}$$

为了更直观感受一下这个数字的浩大，我们可以假设宇宙中的每一个原子都是一台打印机，这样我们就有 3×10^{74} 台打印机同时工作。进一步假设所有这些打印机自宇宙形成以来就一直在不间断地工作，到现在已有 30 亿年，也就是 10^{17} 秒，其打印效率相当于原子的振动频率，相当于每秒打印 10^{15} 行。到现在应该已经打印出 $3 \times 10^{74} \times 10^{17} \times 10^{15}=3 \times 10^{106}$ 行字——而这些也仅仅是总数的三千分之一。

看来,要从这些自动打印出的材料中选出点儿什么确实要花相当长一段时间了。

2. 如何计算无穷数

在上一部分我们讨论了数字，其中很多是相当大的数字。如西萨所要求的麦粒的数目，这些数字巨人虽然都大得不可思议，但它们都是有限度的，只要时间充分，我们就可以将其精确地记录到最后一位小数。

但是有一些数字是无穷大的，比无论我们花费多长时间所写下来的数字都大。“所有数字的数量”显然是无穷的，“一条线上几何点的数量”也是无穷的，除了它们都是无穷的，还有别的方法可以描述这些数字吗？例如，可以比较两个无穷数哪一个更大吗？

“所有数字的数量更大还是一条线上点的数量更大？”这样的问话有意义吗？这些乍一看很有趣的问题是由著名数学家格奥尔格·康托尔[①]首次提出来的，他也是名副其实的“无穷数算术”之父。

要讨论无穷数的大小，我们首先要面临一个问题，即对我们所说出的或写下的两个数进行比较，在某种程度上类似于霍屯督人查看宝箱，想要知道自己拥有多少玻璃珠或铜币。但是，你应该还记得，霍屯督人最多只能数到 3。那么既然他不会数到更多，他应该放弃比较玻璃珠的数量和铜币数量吗？当然不是，如果他足够机智，他完全可以将珠子与铜币一个一个地比较后得出答案。他将一个珠子与一枚硬币放在一起，第二个珠子与第二枚硬币放在一起，以此

① Georg Cantor，1845—1918，德国数学家，主要贡献是集合论和超穷数理论。

类推，如果最后珠子用完了而硬币还有剩余，那么他就可知自己拥有的铜币的数量多于玻璃珠；反之，则他拥有的玻璃珠数量更多；如果两者同时用完，那么他所拥有的两种东西数量就一样多。

康托尔提出来的比较两个无穷数的大小的方法与此一模一样：如果我们将两个无穷数所代表的对象集合进行配对，这样一个无限集合中的每一个对象都与另一个无限集合中的一个对象配成一对，到最后两个集合中都没有多余的对象，那么代表这两个集合的无穷数就是相等的。但是，如果其中一个集合有剩余，那么我们就可以说代表这个集合的无穷数比代表另一个集合的无穷数更大，或者说更强。

这明显是最合理的，也是唯一实际可行的用来比较无穷数量的办法，但是当我们真正运用这个方法时，可能会产生意想不到的结果。以所有的奇数和所有的偶数两个无穷数列为例，你肯定会直觉地认为奇数的数量和偶数的数量是一样的，运用上述的方法也是完全合理的，因为它们直接可以建立一一对应的关系：

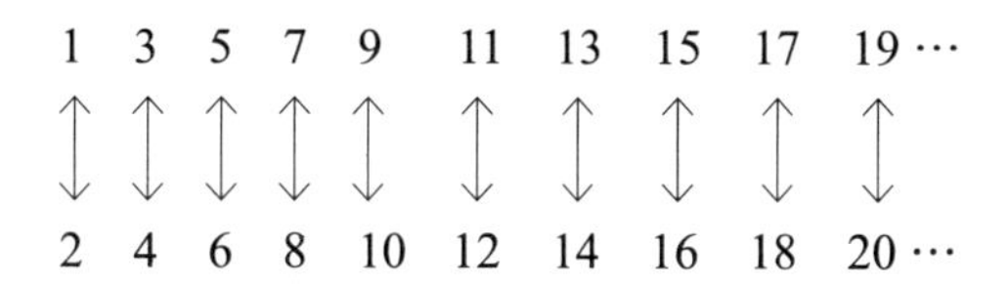

在这个表上，每一个奇数都有一个偶数与之对应，反之亦然。因此，奇数的数量与偶数的数量是相等的，看起来相当简单！

但是，且等一下，所有数字，包括奇数和偶数的数量和仅仅所有偶数的数量相比，你认为哪一个更大呢？你当然会认为所有数字的数量更大，因为它不仅包含了所有偶数的数量，还包含了所有奇数的数量。但这只是你个人的判断，为了得到确切的答案，你必须用上述方法将两个无穷数进行比较。而如果你用了该法则，你会惊讶地发现你的判断是错误的。实际上，所有的数字与所有的偶数也可以建立一一对应的关系，正如下表所示：

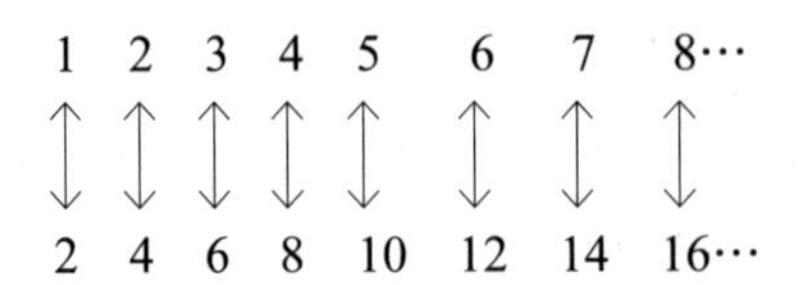

根据我们的无穷数比较法则，我们必须承认所有偶数的数量与所有数字的数量是相等的。当然，这听起来有些荒谬，因为偶数只是所有数字的一部分，但是，别忘了我们这里所处理的是无穷数，所以必须对遇到的不同的特性有所准备。

实际上，在无穷数的世界里，“部分可能等于整体”！关于著名的德国数学家大卫·希尔伯特①的一个故事可以很好地阐释这一点。据说他曾在关于无穷数的讲座中用下面的话来说明无穷数自相矛盾的特性②：

“让我们想象有一家旅舍，里面房间数是有限的，并假设所有房间都已客满。这时来了一个新客人想要订一间房，‘很抱歉，’老板会说，‘但是已经客满了。’现在让我们想象一个有无数房间的旅舍，并且所有的房间也已客满，而这时也来了一个新客人想要订一间房。

“‘当然可以！’老板喊道，然后他将占据了1号房间的人移到2号房间，将2号房间的人移到3号房间，将3号房间的人移到4号房间，以此类推。然后，经过这一番转移，1号房间空了出来，新房客就住到了里面。

“让我们想象一个有无数房间的旅舍，所有房间已客满。这时来了无限数目的新客人想订房。

“‘好的，先生们，’老板说，‘少安毋躁。’

“他将1号房间的客人移到2号房间，将2号房间的客人移到4号房间，将3号房间的客人移到6号房间，如此等等。

① David Hilbert，1862—1943，德国著名数学家，被称为“数学界的无冕之王”。

② 选自R.柯朗（Richard Courant，1888—1972，美籍德国数学家）从未发表过甚至从未见诸文字但是广泛流传的《希尔伯特故事全集》（*The Complete Collection of Hilbert Stories*）。——作者注

“现在所有编号为奇数的房间都空了出来，可以轻松地将无限多的新客人安置其中。”

因为当时正处于战争时期，即使在华盛顿，希尔伯特所描述的状况也很难被人理解，但是这个例子生动形象地描述出无穷数的特性与我们平时算术中所遇到的状况截然不同。

按照康托尔比较两个无穷数的法则，我们现在可以证实，所有的如$\frac{3}{7}$或$\frac{375}{8}$这样的分数的数量与所有的整数的数量是相等的。事实上，我们可以将所有的普通分数按照以下规则排成一列：先写下所有分子与分母之和为2的分数，这样的分数只有一个，即$\frac{1}{1}$；然后写下所有分子与分母之和为3的分数：$\frac{2}{1}$和$\frac{1}{2}$；接着是分子与分母之和为4的分数：$\frac{3}{1}$，$\frac{2}{2}$，$\frac{1}{3}$。以此类推。在这个过程中我们应该会得到一个无穷的分数序列，其中包含了所有的分数。现在，在这个分数序列上面写下整数序列，这样你就可以得到分数序列与整数序列之间的一一对应关系，因此它们的数量是相等的！

“好吧，这些都很有意思，”你可能会说，“但是这是不是意味着所有的无穷数都是相等的呢？如果是的话，它们之间还有什么好比较的呢？”

不，并不是这样的。我们可以轻松找出一个比所有的整数的数量和所有的分数的数量都大的无穷数。

实际上，如果我们将本章前面所提到的一条线上所有点的数量问题与所有整数的数量进行对比并加以研究，我们会发现这两个无穷数是不相等的，一条线上点的数量要多于所有整数的数量或分数的数量。为了证实这一结论，让我们试着将一条长度为1英寸的线段上的所有的点与整数序列建立一一对应关系，每一个点都可以用它到线段的一个端点之间的距离来表示，而这个距离可以被写成无穷小数的形式，例如，0.735 062 478 005 6…或者是0.382 503 756 32…[①] 因此我们要比较的就是所有整数的数量与所有无穷小数的数量。那么以上给出的无穷

① 我们假设线段长度为1，所以这里所有分数都应小于1。——作者注

小数与$\frac{3}{7}$和$\frac{8}{277}$这样的普通分数有什么区别呢？

你一定还记得算术课上学的所有的普通分数都可以转换成一个无限循环小数，如$\frac{2}{3}=0.666\ 66\cdots=0.\dot{6}6$，$\frac{3}{7}=0.428\ 571\ 428\ 571\ 428\ 571\ 4\cdots=0.\dot{4}28\ 57\dot{1}$。我们已经证实所有的普通分数的数量与所有的整数的数量是相等的，所以，所有循环小数的数量与所有整数的数量也是相等的。但是一条线上的点并不一定由一个循环小数来表示，其中大部分反而是由非循环无限小数来表示的。由此可见，在上述情况下，我们是无法建立一一对应关系的。

假设有人声称他已经建立好这样的关系，如下表所示：

N	
1	0.38602563078…
2	0.57350762050…
3	0.99356753207…
4	0.25763200456…
5	0.00005320562…
6	0.99035638567…
7	0.55522730567…
8	0.05277365642…
·	…
·	…
·	…

当然，要将所有的整数和所有的小数挨个写下来是不可能的，所以能做出上述声明意味着作者要遵循某种规律（类似于我们写出所有普通分数的规律）来构建上述表格，并且这个规律必须保证所有的小数早晚都会出现在这张表格上。

但是，我们总是可以写出一个不在上述表格中的无穷小数，所以可以轻而易举地证明任何一个这样的声明都是站不住脚的。那么要怎么写呢？噢，很简单！只要在第一个小数位写上与表中 1 号小数的第一位数字不同的数，第二个小数位上写上与 2 号小数的第二位数字不同的数，并以此类推。你写下来的数字可能是这样的：

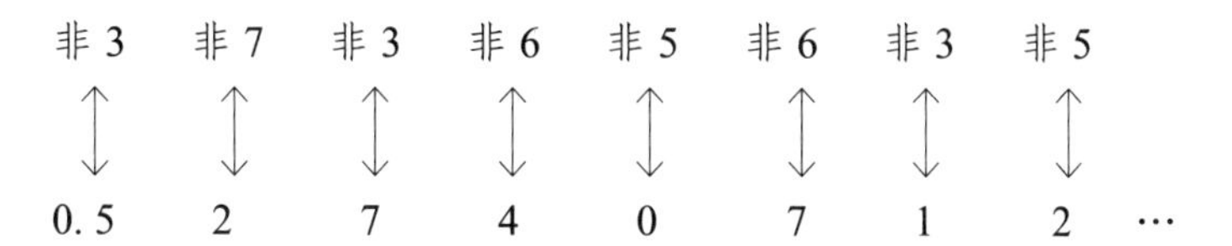

并且无论你怎么找，这个数字都不在上面的表格里。如果表的作者告诉你，你写的这个数字在他的表格中位列 137 号（或任何其他号），你可以立刻回答：“不是的，你表格中的 137 号小数的第一百三十七位数与我的小数的第一百三十七位数不一样。”

因此，线段上的点与所有的整数之间是无法建立一一对应关系的，这也表明“代表一条线上所有的点的无穷数要大于，或者说强于代表所有整数或分数数量的无穷数”。

一直以来，我们讨论的都是长度为 1 英寸的线段上的点数，但是，根据我们的“无穷数算术”法则，我们很容易证明任何长度的线都是一样的。事实上，“无论一条线长 1 英寸、1 英尺还是 1 英里，上面的点的数量都是一样的”。图 1 可以证明这一点，图中将两条不同长度的线段 AB 和 AC 上的点的数量进行比较。为了建立两条线之间的一一对应关系，我们过 AB 上的每一个点作 BC 的平行线，将平行线与 AB 和 AC 的交点进行两两配对，例如，点 D 和 D'，点 E 和 E'，点 F 和 F'，等等。AB 上的每一个点，在 AC 上都有一个与之对应的点，反之亦然。这样根据我们的法则，代表这两条线段上的点的无穷数是相等的。

通过对无穷数的分析，还可以得到一个更难以置信的结论：“一个平面上所有的点的数量与一条线上所有的点的数量是相等的。”为了证明这个结论，让我们来看一下一条长度为 1 英寸的线段 AB 上的点和边长为 1 英寸的正方形 $CDEF$ 上的点（图 2）。

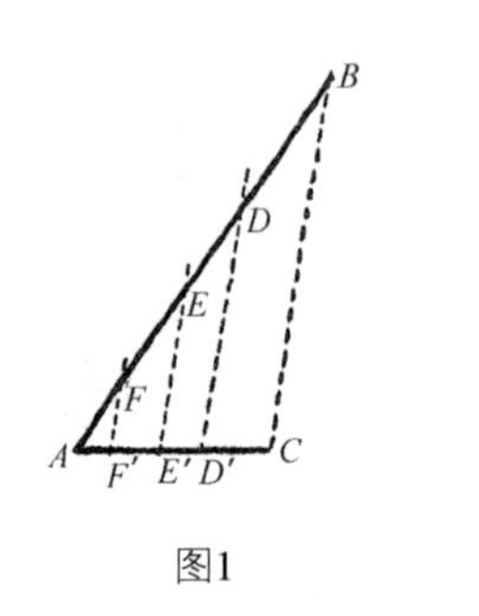

图1

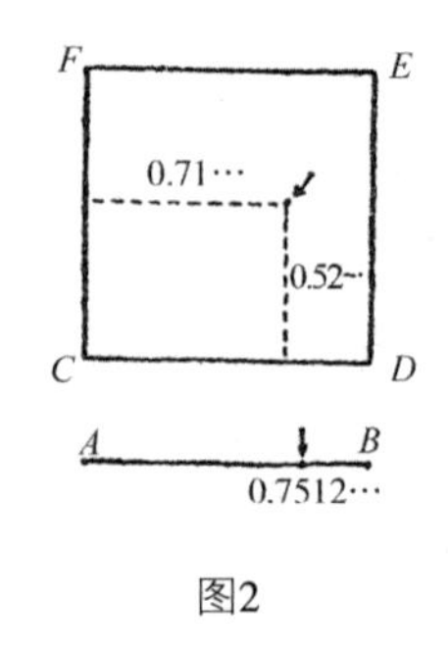

图2

假设用一个数字，如0.75 120 386···来表示线段*AB*上某个点的位置，我们可以将这个小数上的奇分位和偶分位上的数字分别选出来组成两个新的小数，得到了0.710 8···和0.523 6···。

在正方形*CDEF*中测量出这两个数字所代表的水平距离和垂直距离，从而得到一个点，我们称之为原来线段上的点的“对偶点”；反过来，我们取正方形内一点，假设其以0.483 5···和0.990 7···表示，如果我们将这两个数字合并，就可以得到该点在线段上相应的“对偶点”0.498 930 57···。

显然，两组点在这一过程中建立了一一对应的关系。线段上的每一个点都在平面上有一个对应点，平面上的每一个点也都在线段上有一个对应点，一个多余的点也没有。根据康托尔准则，代表一个平面上所有点数的无穷数与代表一条线上所有点数的无穷数是相等的。

用类似的方法就不难证明代表一个立方体里所有点的数量的无穷数与代表一个平面或一条线段上的所有点的数量的无穷数也是相等的。要做到这一点，我们只需要将最开始的小数分成三个部分[1]，然后用这样得到的三个小数来定

---

① 比如从

0.735 106 822 548 312···

我们可以得到：

0.718 53···

0.302 41···

0.562 82··· ——作者注

位立方体内的“对偶点”。并且，正如两条不同长度的线段拥有同样数量的点一样，无论多大尺寸，正方形或者立方体中的点数也都是一样的。

虽然几何点的数量比所有整数或分数的数量大，但它还不是数学家们所了解的最大数字。事实上，人们已经发现，所有的曲线的样式总数比所有几何点的数量还要多，因此被描述为第三级无穷序列。

作为“无穷数算术”的创造者，康托尔认为可以希伯来字母 $\aleph$（aleph，读作阿列夫）来表示无穷数，$\aleph$ 右下角的数字则用来表示这个无穷数的等级。这样，所有的数（包括无穷数）就排列为：

$$1, 2, 3, 4, 5, \cdots, \aleph_1, \aleph_2, \aleph_3, \cdots$$

而且我们就可以像说“世界上有七大洲”或“一副扑克牌有 54 张”一样来陈述“一条线上有 $\aleph_1$ 个点”或者“曲线的样式有 $\aleph_2$ 种”了。

总结一下我们关于无穷数的讨论，我们指出只需几个等级就可以容纳我们所能想到的所有无穷数。我们认为 $\aleph_0$ 代表所有整数和分数的数量，$\aleph_1$ 代表所有几何点的数量，$\aleph_2$ 代表所有曲线样式的数量，但迄今为止，还没人能说出需要用到 $\aleph_3$ 的无穷数（图 3）。

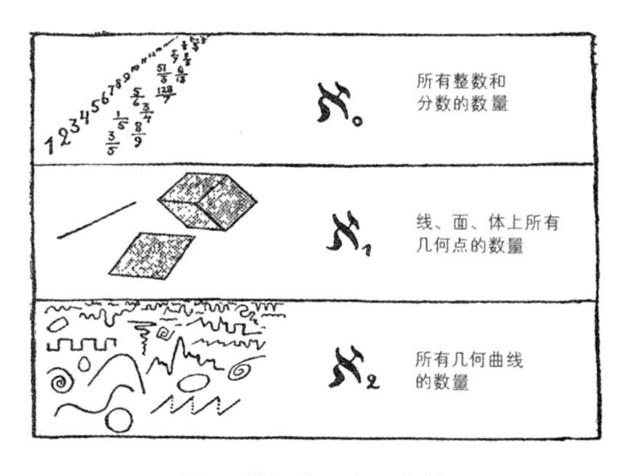

图3　最初的三个无穷数

似乎这三个无穷数已足以数完所有我们能想到的数，这正好与我们的老朋友——有很多数要数却只能数到 3 的霍屯督人的情况完全相反。

第二章 自然数和人工数

1. 最纯粹的数学

数学通常被人们，尤其是数学家们，看作科学中的女王，而作为女王，她自然要尽量避免屈就于其他学科。举例来说，希尔伯特在参加一次“纯数学与应用数学联合大会”时，受邀发表一次公开演讲，以打破这两派数学家之间的敌对状态，他是这样说的：

> 经常有人说纯数学和应用数学是彼此相对的。这句话不对，纯数学和应用数学并不是互相对立的，这两者之前没有互相对立过，以后也不会互相对立，这是因为纯数学和应用数学之间没有任何共同点，根本没有可比性。

虽然数学家们希望保持数学的纯粹性，对其他学科敬谢不敏，但是其他学科，尤其是物理学却颇为青睐数学，竭力与其建立“友好关系”。事实上，现在纯数学的每一个分支几乎都被用来解释物理宇宙中的这个或那个特性。其中包括抽象群理论、非交换代数、非欧几何这种一直被认为是绝对纯粹，不会有任何实用性的科目。

然而，迄今为止，数学中还有一大体系除了可以训练思维外没有任何实际应用，简直可以被光荣地授予“纯粹皇冠”了。这就是所谓的“数论”（这里指整数），数学中最古老的分支之一，也是纯数学思维最错综复杂的产物之一。

不可思议的是，作为数学中最纯粹的一部分，数论从某个方面来说却可以被称为一门经验科学甚至是一门实验科学。事实上，数论中的大部分定理都是人们在处理不同的数字问题时构思出来的，正如物理学中的定律是人们处理与实物相关的问题得到的成果。而且也像物理学一样，数论中的一些定理已经“从数学的角度”得到了证实，还有一些却仍停留在纯经验阶段，挑战着最优秀的数学家的大脑。

以质数问题为例，所谓质数，就是不能用两个或两个以上比其更小的数字的乘积来表达的数字。像 1，2，3，5，7 等这样的数就是质数，而 12 就不是质数，因为 12 可以被写成 $2\times2\times3$[①]。

质数的数量是无限的，还是存在一个最大质数，所有比之大的数都可以用我们已知的几个质数的乘积来表示？这个问题是欧几里得[②]最早提出并研究的，他给出了一个简洁明了的论证方法，证明了质数的数量是无穷的，因此并不存在所谓的“最大质数”。

为了验证这个问题，我们假设所有已知质数的数量是有限的，并用字母 N 来表示已知的最大质数，现在让我们计算所有已知质数的乘积并加 1，用以下算式表示：

$$(1\times2\times3\times5\times7\times11\times13\times\cdots\times N)+1$$

这个数当然比我们所提出的最大质数 N 要大得多，但是，这个数显然不可能被我们已知的任何质数（最大到 N，也包括 N）整除，因为从它的结构来看，用其他任何质数来除这个数都会留下余数 1。

因此，这个数字要么本身就是个质数，要么就必须能被比 N 还大的质数整除，但这两种情况都与我们最开始的假设“N 为已知的最大质数”相矛盾。

这种检验方法叫作归谬法，也叫反证法，是数学家们最喜欢用的方法之一。

既然我们已经知道质数的数目是无穷的，我们就要自问，是否有什么简便

---

① 在作者写作本书期间学界认为 1 应当为质数，而现在普遍认为 1 既不是质数也不是合数。为保证作品原样，此处不作修改。

② Euclid，古希腊著名数学家，活动于公元前 300 年前后，著有《几何原本》。

方法能把所有的质数一个不落地挨个写下来呢？古希腊哲学家兼数学家埃拉托斯特尼[①]最早提出了能做到这一点的方法，被称为“埃拉托斯特尼筛法”。你需要做的就是写下完整的整数序列，1，2，3，4 等，然后删掉其中所有的 2 的倍数，再删掉所有 3 的倍数、5 的倍数，等等。通过埃拉托斯特尼筛法筛选前 100 个整数，其中有 26 个质数。通过用这种简单的筛选法，我们已经得到了 10 亿以内的所有质数。

但是，如果能提炼出一个只能演算出质数的公式，并且能快速且自动地演算出所有的质数，那就更加简便了。然而经过了多少世纪的努力，人们还是没有得到一个这样的公式。1640 年，著名的法国数学家费马[②]曾以为他推导出了只能算出质数的公式。

在他的公式$2^{2^n}+1$中，n 指代 1，2，3，4，… 这样的连续自然数。

用这个公式，我们发现：

$$2^{2^1}+1=5$$

$$2^{2^2}+1=17$$

$$2^{2^3}+1=257$$

$$2^{2^4}+1=65\,537$$

以上每一个数都是质数。但是自费马的结论公布了一个世纪以后，德国数学家欧拉[③]发现费马公式的第 5 个算式$2^{2^5}+1$的结果 4 294 967 297 不是一个质数，而是 6 700 417 和 641 的乘积。因此，费马的推算质数的经验公式被证明是错误的。

还有一个可以推算出很多质数的公式也值得一提：

$$n^2-n+41$$

其中，n 也是指 1，2，3 等这样的数。人们已经证实，当 n 在取 1 到 40

---

① Eratosthenes，公元前 276—前 194，古希腊数学家、天文学家、地理学家。

② Pierre de Fermat，1601—1665，法国著名律师和数学家，主要成就为费马大定理、解析几何的基本原理。

③ Leonhard Euler，1707—1783。

之间的数时，以上公式的结果都是质数，然而不幸的是，当 n 取 41 时，这个公式就失效了：

事实上，$(41)^2-41+41=(41)^2=41\times41$，这是一个平方数，而不是质数。

还有一个失败的公式是：

$$n^2-79n+1601$$

当 n 取 79 及以下数值时得到的都是质数，但 n 取 80 时就无效了。

因此，找到一个能只推算出质数的通用公式的问题仍然是一个未解之谜。

数论中还有一个有趣的理论至今既没有被证实也没有被推翻，这就是哥德巴赫 1742 年提出的"哥德巴赫猜想"（Goldbach conjecture），其声称："任何一个偶数都可以表示成两个质数之和。"以一些简单的数字为例，你不难发现这句话是对的，如 12=7+5，24=17+7，32=29+3。虽然数学家们在这个问题上做了大量工作，但还是没能给出一个决定性的证据证明这一陈述是绝对无误的，也没能找出一个反例证明其是错的。就在 1931 年，苏联数学家施尼勒尔曼[①]朝着决定性证据迈出了关键性的一步。他成功地证明了"任何一个偶数都可以表示成不超过 300 000 个质数之和"。再往后，"300 000 个质数之和"与"两个质数之和"之间的差距被另一个人维诺格拉托夫（Vinogradoff）大大地缩小了，他将前者减少到了"4 个质数之和"。然而从维诺格拉托夫的 4 个到哥德巴赫的两个质数之间的最后两步看来是最为艰难的，谁也不能肯定还要多少年或者几个世纪才能证实或推翻这一难解的命题。

好吧，看来想要导出一个能自动计算出所有的以及任意大的质数的公式，我们还任重而道远，更何况我们还不能保证这样的公式一定存在呢。

我们可以问一个稍微简单点的问题——关于在给定的数值区间内质数所占的比例的问题。随着数字变大，这个比例是否会一直保持不变呢？如果变的话，是会增大还是减小呢？我们可以通过统计在不同区间内的质数的个数，从经验主义的角度试着来解决这个问题。我们发现，取值在 100 以内有 26 个质数、

① Lev Schnirelmann，1905—1938。

1000 以内有 168 个质数、1 000 000 以内有 78 498 个质数、1 000 000 000 以内有 50 847 478 个质数，用这些质数的数量除以与其对应的数值区间里整数的数量，我们得到以下表格[①]：

数值区间 1~N	质数数量	所占比例	$1/\ln_N$	偏差 %
1~100	26	0.260	0.217	20
1~1000	168	0.168	0.145	16
$1\sim10^6$	78 498	0.078 498	0.072 382	8
10^9	50 847 478	0.050 847 478	0.048 254 942	5

首先，从这个表中可以看出，随着数值区间变大，质数所占的比例减少了，但并不存在一个质数的终止点。

数学上有没有一种简单的方法来描述这一随着数值增大而减小的比例呢？不仅有，而且质数平均分布的规律是整个数学领域最了不起的发现之一。简单来说，就是“从 1 到任何大于 1 的数字 n 之间质数所占的比例约等于 n 的自然对数[②]”，并且 n 越大，这两个值越接近。

上表中第四列就是 n 的自然对数。如果你将其与第三列的数值对比一下，就会发现这两列的值很接近，并且 n 越大，就越接近。

正如数论中的很多其他理论一样，上述质数理论最开始是从经验主义的角度提出的，在其后很长一段时间里都无法用严格的数学方法加以证实。直到 19 世纪末，法国数学家阿达马[③]和比利时数学家德拉瓦莱普森[④]才终于用一种极其复杂的方法将其证实，三言两语难以说清，此处不赘述。

既然讨论到整数，就不得不提一提著名的“费马大定理”（Great Theorem of Fermat），这可以作为讨论与质数特性无关的问题的一个例子。这个问题的根源要追溯到古埃及，当时所有优秀的木匠都知道，一个边长之比为 3 ∶ 4 ∶ 5

① 在作者写作本书期间学界认为 1 应当为质数，而现在普遍认为 1 既不是质数也不是合数。为保证作品原样，此处不作修改。

② 简单来说，将表中的普通对数乘以常数 2.302 6 就可以得到其自然对数。——作者注

③ Jacques Solomon Hadamard，1865—1963，以素数定理闻名。

④ Louis de La Vallée-Poussin，1869—1938。

的三角形一定有一个直角。他们就用这样的三角形，现在被称为埃及三角形，作为自己的角尺[①]。

公元 3 世纪时，丢番图[②]开始琢磨，除了 3 和 4 以外，是否还有其他两个整数的平方和等于第三个数的平方。他也确实发现了一些（实际上有无数个）具有这种性质的数字三元组，并且给出了找出这些数的基本规则。这种三条边长均为整数的直角三角形现在被称作“毕达哥拉斯三角形”（Pythagorean triangles），埃及三角形就是其中的一个典型。毕达哥拉斯三角形的构建问题可以被简单地视为一个方程等式，其中 x、y、z 都必须是整数[③]：$x^2+y^2=z^2$。

1621 年，费马在巴黎买了一本丢番图的著作《算术》的新法语译本，书中就讨论了毕达哥拉斯三角形。他阅读时在旁边做了一处简短的笔记，其大意是，虽然等式 $x^2+y^2=z^2$ 有无数个整数解，但与其形似的等式 $x^n+y^n=z^n$，当 n 大于 2 时，则是永远无解的。

“我已经找到了一个绝妙的证明方法，”费马写道，“但是这里太窄了，写不下。”

费马逝世后，人们在他的资料室里发现了这本丢番图的著作，留白处的笔

---

① 在小学的几何学课程上，毕达哥拉斯定理是这样呈现的：$3^2+4^2=5^2$。——作者注

② Diophantus of Alexandria，约公元 246—330，代数学创始人之一。

③ 运用丢番图的理论（取 a 和 b 两个数并且 $2ab$ 为完全平方数。设 $x=a+\sqrt{2ab}$、$y=b+\sqrt{2ab}$、$z=a+b+\sqrt{2ab}$，则 $x^2+y^2=z^2$，普通的代数学就可以轻松证明这一理论），我们可以列出所有可能的解，其中前面几个是：

$3^2+4^2=5^2$

$5^2+12^2=13^2$

$6^2+8^2=10^2$

$7^2+24^2=25^2$

$8^2+15^2=17^2$

$9^2+12^2=15^2$

$9^2+40^2=41^2$

$10^2+24^2=26^2$ ——作者注

记内容才得以问世。那是三个世纪以前的事了，自那时开始，全世界最卓越的数学家们都曾试着重现费马在笔记中提到的他所想到的证明方法，但至今仍没有定论。但毋庸置疑，朝着这个最终目标，人们已经取得了巨大的进步，同时在试图证明费马理论的过程中，还诞生了一门被称为“理想数理论”的全新数学分支。欧拉证明了方程 $x^3+y^3=z^3$ 和 $x^4+y^4=z^4$ 不可能有整数解，狄利克雷[①]证明了方程 $x^5+y^5=z^5$ 也无整数解，其后经过几位数学家的共同努力，我们已经可以证明，当 n 小于 269 时，费马方程都是无解的。但是至今仍然没有找到能证明指数 n 取任何值时该结论都成立的总结性论证方法，越来越多的人怀疑，要么费马自己也没有证明方法，要么就是他哪里弄错了。后来有人悬赏 10 万马克寻找答案，这个问题更是成了热门话题，当然那些只为求财的业余人士并没有取得任何进展。

当然，这个理论仍然有可能是错误的，只要找出一个例子，其中两个整数的 n 次幂之和等于第三个整数的 n 次幂就可以了。但是要找到一个指数 n 必须是大于 269 的数字这样的研究可不简单。

2. 神秘的$\sqrt{-1}$

现在让我们来做一点高级算术题。二二得四，三三得九，四四十六，五五二十五，因此，四的算术平方根是二，九的算术平方根是三，十六的算术平方根是四，二十五的算术平方根是五[②]。

但是一个负数的平方根应该是多少呢？像$\sqrt{-5}$和$\sqrt{-1}$这样的式子有意义吗？

如果你理性地分析一下，就会毫不犹豫地断言以上式子没有任何意义。引用 12 世纪数学家布哈斯克拉的话说就是：“正数的平方是正数，负数的平方

---

① Dirichlet，1805—1859，德国数学家。

② 要算出其他很多数字的平方根也很简单。例如，$\sqrt{5}$ =2.236…，因为：（2.236…）×（2.236…）=5.000…；$\sqrt{7.3}$ =2.702…，因为：（2.702…）×（2.702…）=7.300…。——作者注

也是正数，因此，一个正数的平方根有两个，一个正的，一个负的。因此负数没有平方根，因为负数不是二次幂。”

但是数学家们都很执着，如果一个看起来毫无意义的东西不停地在他们的公式中出现，他们就会竭尽所能赋予其某些含义。负数的平方根就不停地出现在各个地方，不论是过去的数学家所面对的简单算术问题还是 20 世纪相对论框架下的时空统一问题都可见其身影。

第一个将明显毫无意义的负数的平方根写进公式里记下来的勇士是 16 世纪的意大利数学家卡尔达诺[①]。在讨论是否能将数字 10 分成乘积为 40 的两部分的问题时，他指出，虽然这个问题没有任何合理的解，但是如果将答案写成两个不可能存在的数学表达式 $5+\sqrt{-15}$ 和 $5-\sqrt{-15}$，这个问题就有解了[②]。

在写上面的式子时，卡尔达诺明知道它们毫无意义，是虚构的，不存在的，但他还是写下来了。

而既然有人敢把负数的平方根写下来，即便是虚构的，将 10 分为乘积为 40 的两部分的问题也就有解了。一旦僵局被打破，即使还有所保留并给出正当理由，数学家们还是越来越频繁地使用负数的平方根，或者叫卡尔达诺后来命名的“虚数”。

在德国数学家欧拉于 1770 年发表的代数学著作上，我们发现了大量的虚数的应用。但是他又解释：“所有像 $\sqrt{-1}$ 和 $\sqrt{-2}$ 这样的表达式都是不存在的，虚构的数字，因为它们表示的是负数的平方根，对于这样的数字，我们可以断言，它们本身什么都不是，既不会比任何数大，也不会比任何数小。由此可证，它们是虚构的，不存在的。”

即使得到了这样的非难和评判，很快，虚数还是像分数和根数一样成了数学中不可避免的一部分。倘若不用它，那简直是寸步难行了。

---

① Girolamo Cardano，1501—1576，意大利百科全书式学者。

② $(5+\sqrt{-15})+(5-\sqrt{-15})=5+5=10$ 且

$(5+\sqrt{-15})\times(5-\sqrt{-15})=(5\times5)+5\sqrt{-15}-5\sqrt{-15}-(\sqrt{-15}\times\sqrt{-15})=$

$(5\times5)-(-15)=25+15=40$ ——作者注

可以说，虚数是普通数或实数的虚构镜像，而且，就像我们可以由基数 1 得到所有的实数一样，我们也可以由基本虚数单位$\sqrt{-1}$得出所有的虚数，$\sqrt{-1}$通常用符号 i 来表示。

显而易见，$\sqrt{-9}=\sqrt{9}\times\sqrt{-1}=3i$、$\sqrt{-7}=\sqrt{7}\times\sqrt{-1}=2.646\cdots i$ 这样每一个普通实数都有一个对应的虚数。我们也可以将实数和虚数结合起来形成一个单一的表达式，正如卡尔达诺最开始写的 $5+\sqrt{-15}=5+\sqrt{15}\,i$ 那样。这种混合形式通常被称作复数。

虚数自闯入数学领域两个多世纪以来，一直笼罩着一层神秘的面纱，直到最后两位业余数学家为其做出了简单的几何解释。这两个人就是挪威测量师韦塞尔（Wessel）和巴黎会计师阿尔冈。

根据他们的解释，一个复数，例如 $3+4i$，可以像图 4 那样表示出来，其中，3 对应着水平距离，即横坐标；4 对应着垂直距离，即纵坐标。

所有的普通实数（无论正负）都可以用横轴上对应的点来表示，而纯虚数则用纵轴上对应的点来表示。如果我们把代表横轴上某点的一个实数，例如 3，乘以虚数单位 i，就可以得到一个位于纵轴上的纯虚数 $3i$。因此，“将一个实数乘以 i，在几何学上相当于将其对应点逆时针旋转 90 度”。

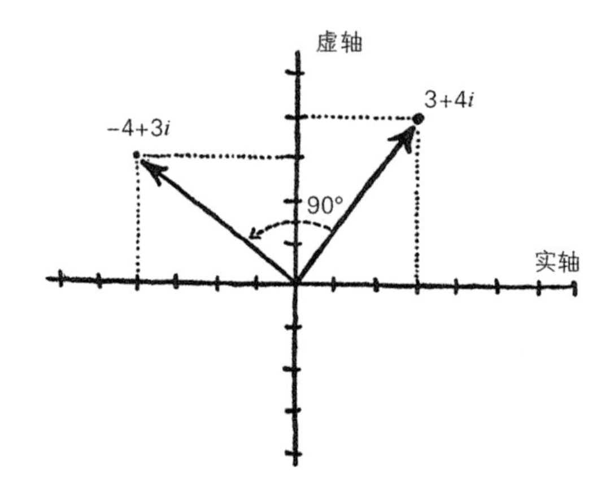

图4　横轴实数，纵轴虚数

现在，如果我们把 $3i$ 再乘以 i，则需要再旋转 90 度，这样得到的点又回到了横轴上，但是位于负数那一边。因此，$3i \times i=3i^2=-3$，也就是说，$i^2=-1$。

因此，“i 的平方等于 -1”这样的陈述就比“旋转 90 度两次（都是逆时针方向）你就会面对相反的方向”好理解多了。

当然，同样的规则也适用于实虚混合的复数。将 $3+4i$ 乘以 i 我们会得到：

$$(3+4i) \times i=3i+4i^2=3i-4=-4+3i$$

而且，从图 4 中你可以一眼看出来，点 $-4+3i$ 是点 $3+4i$ 以原点为中心逆时针旋转 90 度后的对应点。同理可证，从图 4 上也能看出，将一个数乘以 $-i$ 就相当于将其以原点为中心顺时针旋转 90 度。

如果你还是觉得虚数笼罩着一层神秘的面纱，那么通过解决一个虚数实际应用的简单问题，可能会帮助你揭开这层面纱。

有一个年轻的冒险家在他的曾祖父的文件中找到了一张绘有藏宝图的羊皮纸，上面写着：

> 乘船到北纬 ___，西经 ___[①] 到达一个荒岛。岛的北岸有一大片草地，上面种着一棵孤独的橡树和一棵孤独的松树[②]。在那里你还会看到一个曾是我们用来吊死背叛者的绞刑架。从绞刑架出发走到橡树下，并记下步数，到了橡树向右转 90 度，再走同样的步数，然后在地上做个记号。现在你必须回到绞刑架那里，然后走到松树下并记下步数，到了松树那里必须向左转 90 度再走同样的步数，然后再在地上做一个记号。在两个记号的中间点进行挖掘，那就是宝藏所在之处。

这些指示相当清楚明白，所以这个年轻人租了一条船航行到南海。他找到

---

① 羊皮卷中给出了实际的经度数和纬度数，但是为了防止泄密，文中将其省略了。——作者注

② 出于同样的原因，这里所提的树的品种也做了改变。一个位于热带的珍宝岛上无疑会有很多其他种类的树。——作者注

了荒岛、草地、橡树和松树，但是令他郁闷的是，绞刑架不见了。自藏宝图绘制以来已经过去很长时间，风吹日晒雨淋已经使得木头风化，重归大地，甚至连曾经存在的痕迹都没有留下。

我们这位年轻的冒险家陷入了绝望当中，在愤怒与疯狂中，他满地乱挖起来，然而一切都是徒劳的，这个岛太大了！所以他只能空手而归。而宝藏可能还被埋在那里。

这是一个遗憾的故事，而更令人遗憾的是，如果这个年轻人略懂数学，尤其是虚数的用法，他可能已经找到了宝藏。让我们看看是否能帮他找到宝藏，尽管对他来说为时已晚。

图5　用虚数寻宝

将岛看作一个复数平面，过两棵树画一条坐标轴（实数轴），然后过两树之间的中点（图 5）作实数轴的垂线作为虚数轴。用两树距离的一半作为我们的单位长度，这样我们就可以说橡树在实数轴的 -1 点上，而松树在 +1 点上。我们不知道绞刑架在哪里，所以我们用希腊字母 Γ 表示它的假设位置，这个字母甚至有点像绞刑架。由于绞刑架不一定在两个坐标轴上，所以我们必须将 Γ 看作一个复数：$\Gamma=a+bi$，图 5 解释了 a 和 b 的意义。

现在让我们来做一些简单的算术，同时别忘了之前讲到的虚数的乘法法则。如果绞刑架在 Γ，橡树在 -1，两者之间的距离可以表示为：$-1-\Gamma=-(1+\Gamma)$。同理，绞刑架和松树之间的距离可以表示为：$1-\Gamma$。为了将这两个距离分别顺时针（向右）以及逆时针（向左）旋转 90 度，根据上述法则，我们必须将它们乘以 $-i$ 和 i，这样才能找到我们需要做标记的两个点：

第一个标记点：$(-i)[-(1+\Gamma)]+1=i(\Gamma+1)+1$

第二个标记点：$(+i)(1-\Gamma)-1=i(1-\Gamma)-1$

由于宝藏在这两个标记点中间，我们现在必须计算出上面两个复数的和的一半，我们就得到了：

$$\frac{1}{2}[i(\Gamma+1)+1+i(1-\Gamma)-1]$$
$$=\frac{1}{2}[+i\Gamma+i+1+i-i\Gamma-1]=\frac{1}{2}(+2i)=+i$$

现在我们可以看出来，用 Γ 所表示的绞刑架的未知位置在计算过程中被抵消了，并且，无论绞刑架在哪儿，宝藏一定被埋在点 $+i$ 那里。

所以，如果我们年轻的冒险家当时做一点这样简单的数学计算，他就不需要挖遍整个荒岛，而大可直接去图 5 画 × 的点上挖掘宝藏，并且一定能在那里找到宝藏。

如果你还是不相信根本不需要知道绞刑架的位置就可以找到宝藏，你可以找一张纸，在上面画出两棵树的位置，假设绞刑架在几个不同的位置上，然后分别试着根据羊皮纸上的信息一步步往下走。最后你一定会得到同一个点，正是复数平面上 $+i$ 所在的点！

使用 -1 的虚构平方根，人们还发现了另外一个隐藏的宝藏，一个不可思议的发现：我们的普通三维空间可以与时间合二为一形成一个符合四维几何规律的四维图像。我们将在下一章讨论爱因斯坦的思想及他的相对论时再详述这一发现。

ONE
TWO
THREE
...

INFINITY

第二部分

空间、时间与爱因斯坦

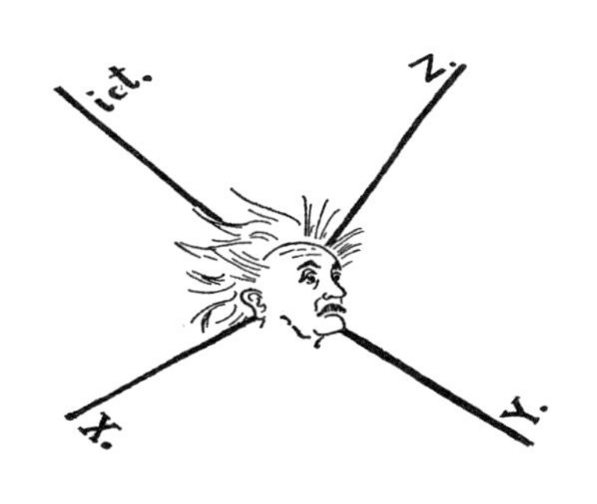

第三章　空间的独特性

1. 维度与坐标

我们都知道空间是什么，但一旦被问及“空间”这个词所指的准确定义时，我们还是会尴尬地发现自己竟很难说出个所以然来。这时候我们的措辞很可能会是：空间就是环绕着、包裹着我们的所在，且通过它，我们可以在其中进行前后、左右以至上下的移动。这个由三个相互独立且垂直的方位所组成的存在体，它代表的是我们居住的这个物理空间所具有的最基本的其中的一个属性；这就是我们会称我们所在的空间为三向抑或三维空间的原因。空间里的任何一个位置都可由这三个方向明确地定位出来。若我们现在正身处一座陌生的城市，并向酒店前台询问如何才能找到某个知名公司的办事处，这时候工作人员的回答可能是：“（您需要先）向南面步行五个街区，接着右转经过两个街区，最后再往上爬七层楼。”刚刚这个例子里所给出的三个数通常被认作坐标（的组成要素），其中涉及了街区与建筑物楼层以及酒店大堂这个原始出发点之间的联系。而很明显的是，通过使用坐标系，同一个地点的方位可由另外的任何一个点指出，这个坐标系将准确地表明新的始发点与终点之间的联系。而只要我们知道新坐标之于已有坐标的相对位置，那么经由简单的数学演算，新坐标就可以通过已有坐标表达出来。这个过程就是所谓的坐标变换。这里可能需做出的补充是，所有的这三个坐标都不需要使用代表一定距离的数字来表示，而实际上，在某些特定的情况下，使用角坐标则会更便利一些。

举例而言，在纽约，街区和道路间相交形成了直角坐标系，那么这就是其最为自然而合理的地址表达方式；而莫斯科（俄罗斯）的地址体系则必然要通过变换为极坐标才能获得。长久以来，这座古老的城市就是围绕着中央要塞——克里姆林宫发展起来的，故以克里姆林宫为中心，街道向四周呈放射状发展，而与之纵横交错的是几条同心的环形林荫道，所以要是有人描述有一栋房子是位于克里姆林宫宫墙西北偏北方向二十个街区的位置上，这样的说法倒也合乎情理。

另一个关于直角坐标系和极坐标系的经典例子是美国海军部大楼以及华盛顿特区陆军部大楼，因其与“二战”期间的战争部署工作紧密相关，故（只要提到）每个人都很熟悉。

在图 6 所给出的样例中，经由三个或表示距离或表示角度的坐标，我们展示了如何通过不同的方式来描述一个点在空间中的位置。但不论我们所选用的是何种体系，都需要三个数据来进行定位，因为我们试图解决的是三维空间内的问题。

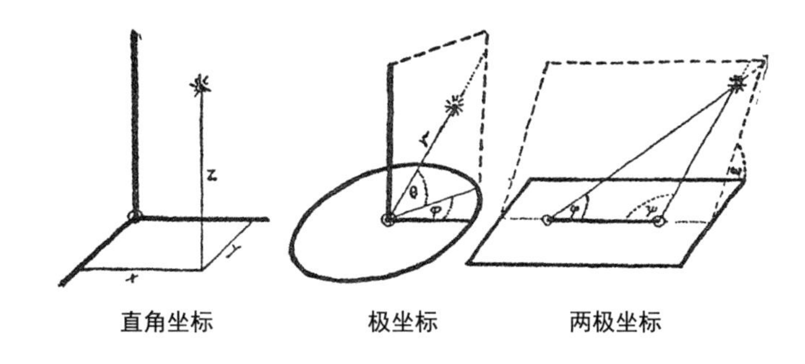

图 6　三个坐标表示空间中一点的所在位置

虽然对我们来说，使用根深蒂固的三维空间概念去想象超空间，即所拥有的维度多于三维的多维空间（然而，正如我们稍后将会看到的，这样的空间确实存在）是一件很不容易的事情，但其实我们很容易就能在脑海中构架出一个少于三维的子空间。一个平面、一个球体的表面，或者其他任何物体的表面，其实都是一个二维空间，因为表面上的一个点，其位置总能由唯一的两个数字表示出来。同样，（或直或曲的）一条线是一个一维度的子空间，且只需一个数字用于标示其所在位置。我们也可以说一个点就是一个零维度的子空间，原因是在一个点内不存在两个不同的位置。但谁又会对点产生兴趣呢！

作为三维生物，我们会发现要理解线段跟平面的几何属性会更简单一些，因为我们可以“由内而外”看见其全貌，而对于我们更为熟悉的三维空间属性，正因我们身处其中[①]，则更难窥其全貌，也就更难理解（三维的概念所指）。这就解释了为何你能毫无困难地理解什么是曲线或什么是曲面，却会被三维空间也可以弯曲这种说法吓到。

然而，只要通过一点练习来了解“弯曲率”这个词的真正含义，你就会发现一个弯曲的三维空间这样的概念的确非常简单，而在下一章的末尾部分，你将会（我们希望！）甚至是很放松地对一个乍一看似乎很可怕的概念——（将要提到的）弯曲的四维空间畅所欲言。

但在我们进行更进一步的讨论之前，让我们先来尝试接触一些有关普通三维空间、二维平面及一维线条的智力训练吧。

2. 不用测算的几何学

尽管你记忆中对几何学的了解可能还停留在学生时代，即你对几何学的第一认知可能是：这是一门对空间进行测量[②]的科学，而它所研究的问题需要考虑很多不同的距离和角度之间的数值关系（如著名的勾股定理，勾股定理探讨的是关于直角三角形与其三条边之间的数值关系），而实际上，许多空间中最基本的属性都不需要通过测算长度或是角度来进行研究。几何学的分支所关心

---

① 此处有当局者迷之意。

② “几何学”这个名称源自两个希腊词汇，即“ge”意为地球或者大地，而“metrein”意为去测量、测算。显然，追溯到这个词的形成之初，古希腊人对这门学科的兴趣主要受他们当时对地产问题重视的影响。——作者注

的是与拓扑学或拓扑[1]相关的问题，这同时也是数学中最令人兴奋却最为困难的部分之一。

如果需要给出一个简单的拓扑问题方面的例子，我们得先设想有一个封闭的几何面，就拿一个球体的表面来说，这个球体被网状的线分割为诸多不同的区域。

通过在此球体表面定位任意数量的点，并用互不相交的线将这些点都连接起来，这样我们就可以备好一个符合要求的几何体。那么在原始点的数量、代表相邻地域间界线的数量以及区域的数量之间又存在着怎样的关系呢？

首先，我们必须非常明确的就是，若选用的不是常规的球体而是扁平的球体，比如南瓜，或是像黄瓜一样细长的几何体，那么这类球体上点的数量、线的数量以及面的数量和常规球体上的数量皆是一致的。

事实上，通过拉伸、挤压或是做任何我们想要的变形，就可随意塑造出各种闭合的表面。当然，在此过程中，唯独不能进行切割或是撕裂操作，只有这样才能保证这个几何体的构造或我们的问题的答案不发生一丝一毫的偏差。这与几何学上普通的数值关系（像线性维度、平面区域以及几何体体积之间所存在的关系）显然是相反的，形成了鲜明对比。的确，如果我们把一个立方体拉伸成一个平行六边形，或是把一个球捏成薄饼，这个关系就会发生实质上的扭曲。

用这个已划分好区域的球体，我们现在能做的就是将其每个区域都展平开来，让这个球体最终变为一个多面体（图 7）。这样一来，原先连接各个不同区域的线就变作了这个多面体的棱，而最初任意选取的那些点也变为了多面体的顶点。

那么我们之前的问题（只因其考虑的关系发生了变化，而其本质和意义不发生任何改变）需要重新表述为：在一个任意类型的多面体中，其顶点数、棱数以及面数之间存在何种关系？

---

① 分别从拉丁语和希腊语方面来看，这都是一门研究位置的学科。——作者注

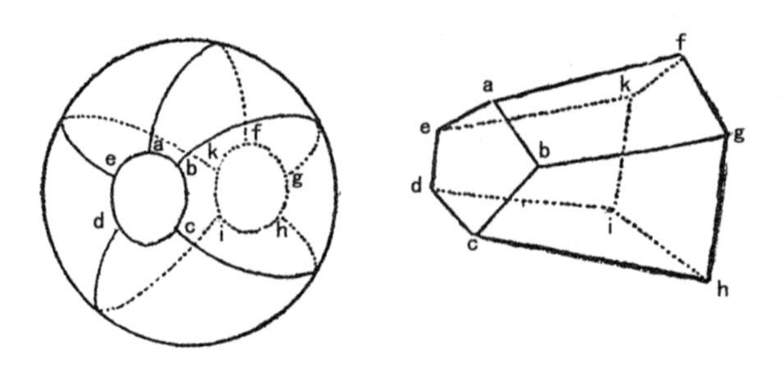

图7　一个因细分而转变成多面体的球体

在图 8 中，可以看见五个常规的多面体。换言之，所有这些面都拥有同等数量的棱、顶跟面，此外还附上一个仅凭想象画出来的非常规简化多面体。

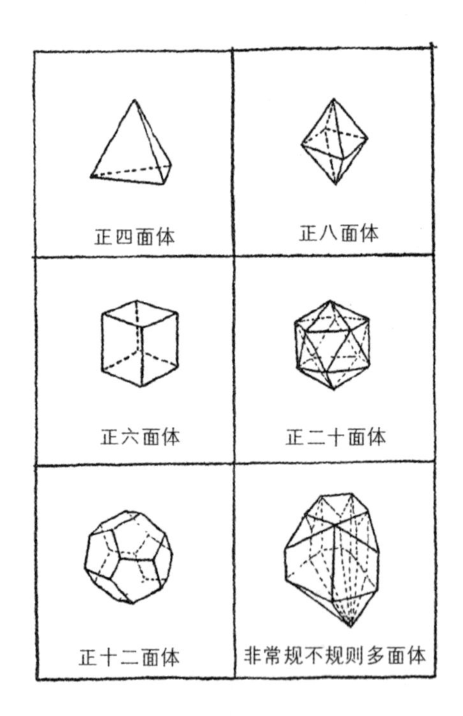

图8　五个常规多面体（只限于可能存在的）和一个非常规不规则多面体

在这些几何体中，每一个我们都可以数清顶点的数量、边的数量以及面的数量。那么如果这些数值之间存在一定的关系的话，这关系会是什么?

通过直观的数算可列出以下相应的表格。

名称	V	E	F	$V+F$	$E+$
	顶点数	棱数	面数	顶点数与面数之和	棱数 +2
四面体（金字塔）	4	6	4	8	8
六面体（立方体）	8	12	6	14	14
八面体	6	12	8	14	14
二十面体	12	30	20	32	32
十二面体或五边形十二面体	20	30	12	32	32
非常规不规则多面体	21	45	26	47	47

乍一看，上表前三栏所给出的数值（分别为 V 列、E 列和 F 列下面的数值）之间似乎并不存在任何相关性，但仔细研究一番之后，你就会发现 V 栏（顶点）跟 F 栏（面）的数值总和总是比 E 栏（棱）的数值要大 2。由此我们可得出如下数学关系：

$$V+F=E+2$$

那么这样的关系是否只存在于图 8 所列出的这五个多面体之中，抑或也同样适用于其他任何的多面体？如果你尝试着再画几个其他形状的多面体（不同于图 8 所列多面体），并统计一下它们的顶点数、棱数和面数，你将发现以上所得出的这种数学关系存在于每个多面体中。很显然，$V+F=E+2$ 就是一个拓扑性质的一般性数学定理，原因是其关系的表达不依赖于其棱边长度或是各个面面积的测量，而只需考虑到其中不同的几何单元（点、棱、面）的数目即可。

这样的关系只存在于一个多面体的顶点数、棱数以及面数之间，最先注意到这一关系的是17世纪法国的著名数学家勒内·笛卡儿①。而对其进行严格证明的却是另一个数学天才莱昂哈德·欧拉（Leonhard Euler），现在这个定理正是以欧拉的名字命名的，即著名的“欧拉定理”。

现在我们一起来看一看欧拉定理（Euler's theorem）。下面是从R. 柯朗②与赫伯特·罗宾（H. Bobbins）合著的《什么是数学？》③一书中节选出的一段原文，刚好阐明了以上所提及的欧拉定理：

为了证明欧拉公式，我们得先设想所给定的简单多面体是空心的，且其各个面均由薄橡胶制成（图9）。那么如果切除这个空心多面体的其中一个面，我们就可以将其余的面进行形状变换，拉伸至所有面都平铺在同一平面上（图9b）。当然，在此过程中，多面体的各个面与角度之间的区域也会随着改变。但平面中的这个由顶点和棱所组成的网囊括的顶点数与棱数却是不会变的，只是多面体数会比之前少一个，这是因为在变形的过程中有一个面被移除了。这样一来，我们应该就能看出，对于平面网来说，$V-E+F=1$④，而对于原来的多面体来说，如果把移除的面也算在内，结果就会是$V-E+F=2$⑤。

首先我们需要按如下方式将网状平面“进行三角形化”，也就是在此网状平面中，为形状不是三角形的多边形添加对角线（以形成三角形）。结果就

① Rene Descartes，1596—1650。

② R. Courant，理查德·柯朗。

③ 对于柯朗和罗宾博士以及牛津大学出版社允许此处原文的引用，作者特在此致谢。若对本书中出现的几个基本拓扑学问题感兴趣的读者，可以在《什么是数学？》一书中找到与之相关的详细说明。——作者注

④ 顶点数减去棱数再加上面数就等于1。

⑤ 顶点数减去边数再加上面的数量等于2。

是：E（棱）和 F（面）两者都增加了 1，这样一来就保证了 $V-E+F$ 的值恒定不变。现在我们继续添加对角线，将成对的点都连起来，直到此多边形完全变为内含三角形的图形为止，这才是我们最终要的效果（图 9c）。在进行三角形化的网状图中，$V-E+F$ 的值跟还未进行三角划分前的值一样，原因是进行对角线划分并不会改变这个数值。

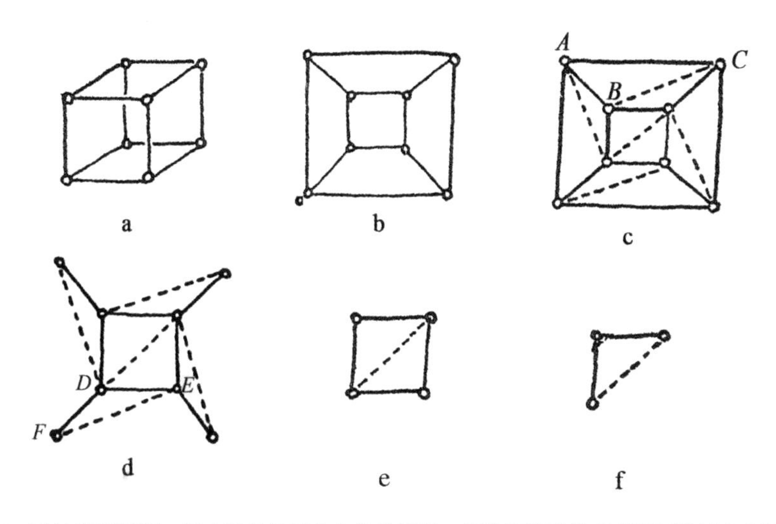

图9　欧拉定理证据。图中展示的是立方体的情况，但这不妨碍此定理运用到任意多面体上

有些三角形的边分布在网的边线上，与之重合。当然，还有些像三角形 ABC 这样的，只有一边位于边线上，以边线为三角形的其中一边，而另外一些三角形则可能有两条边与网的边线重合。我们取任意一个边线三角形，并去掉其中不属于其他三角形的部分（图 9d）。这样在三角形 ABC 中，我们就移除了 AC 这条边以及这个面，而留下了顶点 A、B、C 以及 AB 和 BC 两条边；从三角形 DEF 中，我们需要移除三角形 DEF 这个面，以及 DF、FE 两条边和顶点 F。

在对 ABC 这类三角形的移除过程中，E 跟 F 都减少了 1，而 V（顶点数）则不受影响，由此得出 $V-E+F$ 的值不变。在 DEF 这类三角形的移除过程中，V 减少了 1，E 减少了 2，F 减少了 1，由此得出 $V-E+F$ 的值再次保持不变。以适当的方式进行此类操作，我们可渐次移除边线三角（边线会随着每次移除发生改变），一直到最后只剩下一个三角形为止，亦即最终只剩下三条边、三个顶点和一个面（的三角形）。对于这个简单的网来说，$V-E+F=3-3+1=1$。但我们已经知道，$V-E+F$ 不会随着三角形的减少而发生改变。因而在最初的平面网中，$V-E+F$ 也必须是等于 1 的，且这样一来，对于少了一个面的多面体来说，这样的相等关系也还是存在的。我们于是得出如下结论：$V-E+F=2$ 适用于完整无缺的多面体。这样就完全支撑了欧拉公式。

欧拉公式中存在一项有趣的求证，即只可能存在五个常规多面体，也就是图 8 所示的各个多面体。

仔细回顾前几页所述的内容，你可能会注意到在画图 8 所示的各种多面体以及寻找证据以支撑欧拉定理的过程中，我们先做了一个隐含假设，结果导致我们的选择受到了很大的限制。也就是说，一直以来，我们习惯于将自己局限于多面体，不会有任何的洞透过其间。我们这里所说的洞，并不是那种橡胶气球上撕去一块而产生的洞，而是指甜甜圈或闭合的橡胶轮胎中间（凹陷）的空洞。

让我们来看一下图 10，图 10 将会为您澄清这个情况。在图中我们可以看见两个不同的几何体，其中任何一个都与图 8 中所展示的几何体一样，都是多面体。

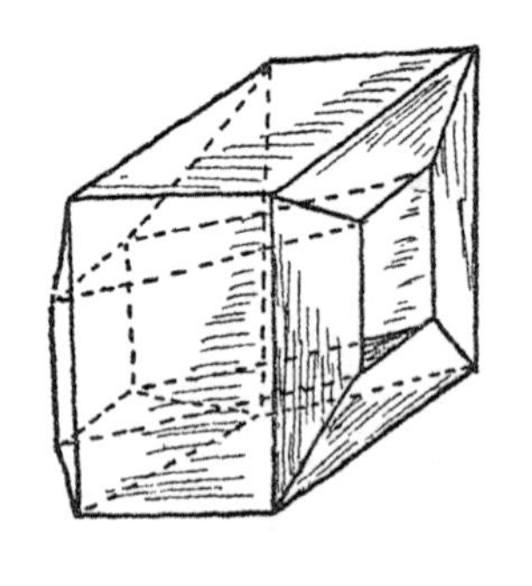

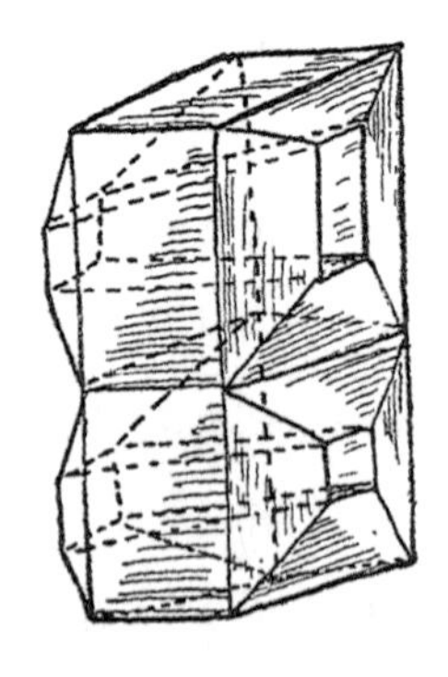

图 10　这两个普通的立方体分别只有一个和两个洞自其中透过。但它们的面却并非完全规则的，正如我们已知的，这在拓扑学上无关紧要

现在让我们来看看欧拉定理是否适用于这两个新的多面体。

在所给出的第一个案例中，（经计算）一共有 16 个顶点、32 条棱以及 16 个面。这样的话，$V+F=32$，而 $E+2=34$。在第二个案例中，通过计算我们得知这个多面体共有 28 个顶点、60 条棱和 30 个面，那么相应地，$V+F=58$，而 $E+2=62$。这又不对了！

那么为什么会这样呢？在上面所给出的例子中，为什么我们按欧拉定理给出的一般依据会不适用呢？问题到底出在哪里？

当然，问题就在于我们一直以来所研究的多面体可以看成一个球胆或气球，而这种新型的中空式多面体却更像是一个轮胎内胎或是橡胶制品中构造更为复杂的某种成品。

对于后面提到的这类多面体，以上所给出的数学证明就不适用了，原因是，对这种类型的几何体我们无法进行证明所需的所有步骤。所以，在实际生活中，遇到此类情况我们会被要求："切除中空多面体的其中一个面，还要将余下的面都拉伸变形直至平摊到同一个平面上。"

如果你用剪刀剪去足球表面的一部分，你同样可以满足这个证明步骤。但如果你选用的是一个轮胎内胎的话，那么不管你多努力地做出尝试，你都不可能满足上述证明步骤。要是观察图 10 还不能让你完全信服这一点的话，你倒是可以换一个旧轮胎亲自试试！

但是，一定不要想当然地认为对于较复杂的多面体来说，V、E 和 F 之间就不存在任何关系了，关系肯定是存在的，只是有别于之前的关系罢了。而对于甜甜圈状的，抑或更科学严谨一点说，对于环形曲面状的多面体而言，计算公式 $V+F=E$ 派得上用场。而对于椒盐卷饼状的多面体，我们又需要 $V+F=E-2$ 这样的公式。一般而言，在 $V+F=E+2-2N$ 中，N 表示的是透洞的数量。

另一类与欧拉定理密切相关的典型拓扑式问题是所谓的"四色问题"。

假设我们现在有一个表面被细分为数个区域的球，且需要给这些区域都标注上特定的颜色，还要求任意两个相邻的区域（那些共享一条边界的区域）的颜色不尽相同。那么，面对这样一项任务，我们将使用到的色调中，用量最少的会是什么颜色？很显然，当三条边界都归于一点（举个例子，观察标注在同一张地图的以下地点：图11中美国的弗吉尼亚州、西弗吉尼亚州和马里兰州）时，一般而言，两种颜色是不够用的，要为三个区域上色，必须用到三种不同的颜色。

而要找一个同时含有四种颜色的地图（这是德国吞并奥地利期间瑞士的地图标志）也不难（图11[①]）。

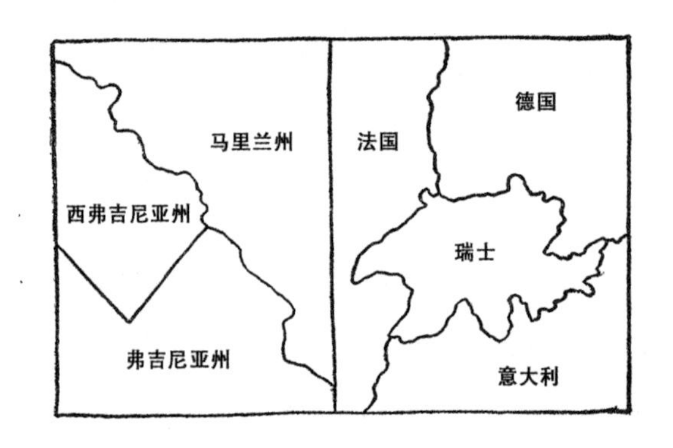

图11　美国弗吉尼亚州、马里兰州、西弗吉尼亚州

法国、德国、瑞士、意大利

不管你怎么尝试，你都绝不可能靠想象构建一张需要四种以上色调上色的地图，不论这地图是放在地球仪上来看还是放平在纸张[②]上来使用。看起来，人制地图的时候不管多复杂，四种颜色也总是够用了，也足以避免边界混淆的情况发生了。

---

① 在德国吞并奥地利之前，使用三种颜色已绰绰有余：瑞士为绿色，法国和奥地利为红色，德国和意大利为黄色。——作者注

② 平面地图的案例以及将其置于地球上从色彩问题的角度来看都是一样的，自从球体上的地图着色问题得以解决之后，我们总能在着色的地域上标注一格小洞，并将其平铺在一个平面上“打开”来看最终结果。这又是一个典型的拓扑转换案例。——作者注

如果最后的这个陈述是真的，那它一定能经由数学证明有效。但不论经过了多少代数学家的努力，最终的证明都没能给出。这属于那种实际生活中无人怀疑，但数学上却无人能证明的典型数学案例。现在，我们最多能成功地经由数学证明有五种颜色就足以应付所有会出现的情况。这个证明是基于对欧拉定理的实际应用做出的，证明的过程中考虑到了国家的数量、相应国家边界的数量，以及几个国家聚在一起时三倍、四倍等数量的交点。

我们不再演示这个证明过程，因为此过程实在太过繁杂难懂，很有可能将我们带离正在讨论的主题，读者自己（要是感兴趣的话）可从几本不同的拓扑学著作中找到相应的内容，并在其陪伴下度过一个愉快的夜晚（也可能是不眠之夜哦），以沉思个中奥秘。

要是有人能找出证据证明在给任何一张地图着色的时候，不需要五种颜色，其实四种就已经够用了；或者，要是有人对以上言论表示怀疑并设计出一张四种色调不够用的地图来，那么，以上两件事，只要有人做成了其中一件，那个人的大名就将于今后几世纪永载纯数学的史册。

但具讽刺意味的是，愈加复杂的表面，例如，甜甜圈或是椒盐卷饼的表面，都能被相对轻松地证明出来，而对于常规的球体或是平面，数学家却只能望洋兴叹、绕道而行，从未成功证明出来过。据可靠的例子表明，不管甜甜圈怎样划分和组合，七种颜色足以满足所有的需求，且能保证相邻的两个部分之间所上色调不尽相同。这还有相应的实例给予支持。

读者要是想再花些心思，弄到一个充气轮胎的内胎和一套七色的油彩，来给内胎表面上色，他得保证所涂的每一种颜色跟其他六种颜色相邻才行。完成这些之后，他就可以说："我现在真的知道炸面包圈的方法啦[①]。"

3. 由内而外翻转空间

截至目前，我们一直在讨论各种表面的拓扑性质，也就是说，这些问题其

① 意为对面包圈或是轮胎一类中间凹陷的多面体之形态了如指掌。

实只涉及了至多两个维度的子空间，但很明显，与我们所生活的三维空间息息相关的类似问题也有可能被问及。因此，地图着色问题的三维概括可以由如下文字表述出来：要使用不同形状、不同材质的多块材料来建构空间镶嵌式图形，并且要保证其中用到的材料中任意两块的材质都是不同的；若材质相同，则这两块材料就不能使用同一接触面。如果是这样，那到底需要多少种不同的材料呢？

与球面或环形这类二维平面相对应的三维类比是什么呢？有没有人能想出一些特殊的三维空间，这些空间与我们所处的普通空间联系紧密，就像球或环形的表面跟普通的平面之间的关系一样？这个问题乍一听毫无讨论的必要，但事实上，我们固然可以很轻松地想到各种不同形状的表面，但还是倾向于相信三维空间的类型只存在一种的说法，而这个独一无二的三维空间也就是我们名义上所生活着的这个三维物理空间。

但这样的观点实际上是一种很危险的错觉。因为只要我们稍微发挥一下自己的想象力，其实很容易就可以想象出很多有别于欧几里得式几何教科书所研究的三维空间。

想象这类奇异空间的困难主要在于：作为三维生物存在的我们，必须从内而外地观察这个空间，而非像处理各种奇形怪状物体表面那样“由外向内”研究这个空间。但通过一些心理训练，我们还是能征服这些奇怪空间（想象这些奇形怪状空间所带来的困难）的，以致我们在未来的想象中不再感到困难重重。

首先，我们得尝试着建立一个三维空间模型，它有跟球体表面相类似的性质。当然，球体表面的主要特性是：虽然没有边界，但它仍然有一个有限的区域，它只是能自我旋转、自我闭合而已。我们能否想象出一个可以以类似方式逐渐包围自身的三维空间，且不受任何尖锐边界的限制，还有着有限的体积？请想象存在着这样的两个球体，每一个都受球面的限制，就像苹果的身体受到其外皮的限制那样。

现在想象一下，这两个球形物体被“互相穿透而过”并沿着其表面黏结起来。当然，这不是在试图告诉你，一个人可以同时“操作”两具身体，比如说我们的两个苹果，需要把它们挤压在一起，使它们的外皮粘在一起才行。但实际上是苹果会被压扁，却绝不会相互融合，结为一体。

读者最好以一个苹果为例，想象这个苹果内部有一个复杂的通道系统，而虫子正通过此系统一点点慢慢吞食苹果。而且必须有两种虫子，就比如说有黑虫跟白虫，它们互相看不对眼，所以绝不可能将自己在苹果内部的通道连接起来，即使它们很可能在苹果外皮相邻的点开始蚕食苹果。将这两种蠕虫蚕食的苹果内部剖开看起来有点像图 12，分布着一个双通道网络，通道彼此紧密地交织，填满整个苹果的内部。尽管白色和黑色的通道彼此之间的距离非常近，但要从迷宫的一半到达另一半的唯一一条路径却是先得通过表面。如果你设想通道变得越来越窄，数量却越来越大，最终就会在苹果内部形成两个相互重叠的独立空间，它们只在共同表面上做连接。

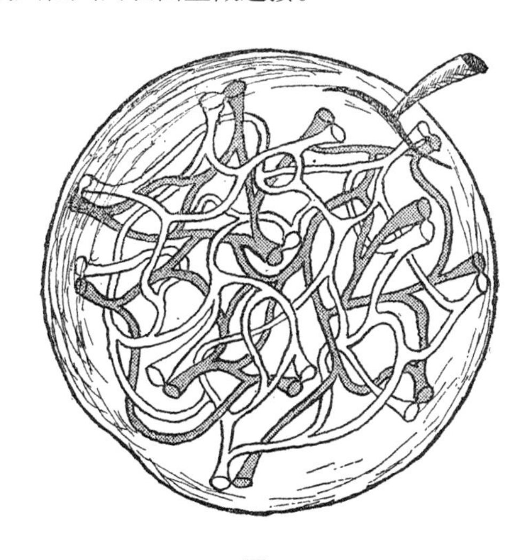

图12

你若不喜欢蠕动的虫子，那么可以想象有一个由封闭的走廊跟楼梯组成的双层系统。比方说，在上一届举办于纽约的世界博览会上，你所想象的这个双层系统就可建立在这个巨大的球形内部。届时每个楼梯系统被看作行走贯穿球体内部的通道，但要从第一个系统的某个点到达与另一个系统相连的点，只能一路走到球体的表面（原因是两个系统是在此进行连接的），然后又沿路返回。还有，这两个球体虽是重叠却互不干扰。假设你有一个朋友，他可能离你很近，但为了见到他，跟他握手，你此时却必须绕一大圈路才能到他身边去！需要特别注意的是，两个楼道系统的连接点实际上跟球体内任意的点别无二致，因为这些点的任何一个都总是有可能使整个结构变形，因而只能将连接点向内拉，而之前就已经存在球体内的连接点此刻就会露出球体表面。关于模型的另一个要点是，尽管所有通道合起来的总长度是有限的，但其中却不存在“死胡同”。你可以在走廊和楼梯上走来走去，而不会被任何墙壁或篱笆挡住道。但如果你走得够远，毫无疑问，你会发现自己此时正站在最初的起点处。站在外面来看整个结构，一个人自己会在迷宫里走动并最终回到出发点，这只是因为走廊会逐渐转弯闭合，但是对于迷宫里的人而言，外面有什么他们是不清楚的，因为在他们看来，这个空间的大小是有限的，但其间没有任何明显的边界。正如我们接下来将会讨论的，这个“三维的自我闭合空间”没有明显的边界，但又非无限的，而这在我们探讨整个宇宙的性质时却是非常有用的。

事实上，在过去穷极望远镜观测能力的情况下所观测到的景象似乎表明了，这些跨距甚巨的空间开始弯曲，显示出了很明显的自我折返、自我闭合的趋势，就像我们所举例子中的虫子蚕食苹果而出现交错通道一样。但在开始讨论这些令人兴奋的问题之前，我们必须更多地了解空间的一些其他属性。

看来虫子蚕食苹果的话题还需要再继续下去，因为接下来的问题是：被虫子吃的苹果能否变成甜甜圈。哦，当然，我们并不是想让这个被虫子吃的苹果尝起来像甜甜圈，而只要让它看起来像一个甜甜圈就可以了。别忘了我们是在讨论几何学问题，而非烹饪技艺。让我们拿一个“双苹果”，正如前一部分所讨论的那样，让这两个新鲜的苹果“透过彼此”并经由表皮“粘在一起”。如图13所示，假设有条虫子已经在一个苹果里“蚕食”出了一条宽敞的圆形通道。你需要注意的是，虫子是在苹果的内部蚕食而非外部，故这条（宽敞的圆形）

通道外部的每个点都属于两个苹果的点，亦即所谓的双重点。而在通道内部，只剩下没被虫子吃掉的材质（果肉抑或种子等成分）。现在我们的“双苹果”结构就有了一个由通道内壁组成的自由表面（图 13a）。

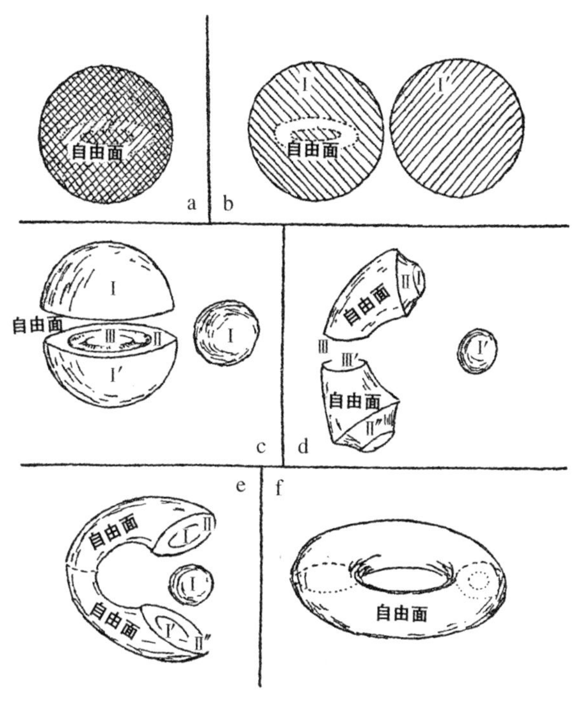

图13　如何将虫蛀的“双苹果”变成一个好的甜甜圈？没有魔法，只有拓扑

你能将这个坏苹果的形状变为甜甜圈的形状吗？当然，我们得先假设苹果的材料是塑胶的，这样一来你就可以按自己的喜好随意变换它的形状，唯一的条件是在模制的过程中，材料不能发生断裂。为方便操作，我们可先将苹果切开，只要在完成所需的变形之后再将其黏结回去就好。

我们首先要进行的操作是：去除两个苹果（形成“双苹果”时）外皮黏结在一起的部分，并将两个苹果分开（图 13b）。然后用罗马数字 I 和 I′ 标记两个一开始就没有被粘起来的表皮，以便在接下来的操作中进行跟踪，最终便于在完成所有操作之前将它们重新黏合到原来的位置上以进行复原。现在，需要切掉虫蛀通道的所有部分，这样切口会穿过整个通道（图 13c）。这项操作让我们得到了两个新切割出来的表面，亦即罗马数字Ⅱ、Ⅱ′和Ⅲ、Ⅲ′所标记出来的部分，做标记是为了之后我们能将其分毫不差地黏结起来。此外，这个操作让我们得到了通道的自由表面，而这注定了要成为甜甜圈的自由表面。现在，把切割得到的部分按照图 13d 所示的方式进行拉伸。现在，这个自由表面在很大程度上被拉伸出去了（但是根据先前的假设，我们所使用的材料本身具有很完美的拉伸延展性能）。与此同时，切割面Ⅰ、Ⅱ和Ⅲ的面积都缩小了。而在操作“双苹果”的前半部分时，我们还必须将其后半部分的尺寸缩小，把它压缩到樱桃大小。现在，我们准备好要将之前切开的部分粘回去了。最开始也是最容易的是，将标记为Ⅲ和Ⅲ′的表面再次拼接起来，这样一来就可以得到图 13e 所示的形状。紧接着，将半个缩小的苹果置于形成的钳状物两端，并将之合起来。这样标记为Ⅰ的球体表面自然就会跟其一开始没被黏结过的表面Ⅰ′黏结起来，且切割面Ⅱ和Ⅱ′也会将彼此包裹住。最终的结果就是（图 13f）：我们得到了一个甜甜圈，外表光滑，看起来漂亮极了。

那么这样做的意义何在？

说实话，除了“省下来”给你一个几何想象的练习空间、一种心理操练的方式之外，其他的还真什么都没有。当然，这个特殊的心理操练模式能帮你理解空间弯曲以及空间自我闭合这类不寻常的概念。

若你想把自己的想象力再拉长些，那么这儿倒有一个针对上述过程的“实际演练”可以运用起来。

你的身体也有甜甜圈的形状，虽然你可能从来没有想过它。实际上，在身体发育的非常早期阶段（胚胎阶段），每个生物都要经历所谓的“胚囊”期。此阶段的它为球状，其内部均有一条宽敞通道。食物经由此通道的一头摄入，在身体充分吸收应用之后，余下的废弃物经由另一头排出。在发育完全的有机体中，其内部的通道变得更薄、结构更复杂，但其原理仍然是一样的，即甜甜圈的所有几何特性保持不变。

既然你是个甜甜圈，那么不妨尝试着做一做图 13 所示的变换——将你的身体变回去，试着把你的身体（在心里想象！）转变成一个内含通道的“双苹果”。你尤其会发现的是，虽然你身体的不同部分进行了重叠，但却会最终形成一个“双苹果”结构的身体构造，亦即整个宇宙，而其中内含的地球、月亮、太阳和其他一些恒星，将会被挤压到你身体内部的圆形通道之中！

请试着画出你想象中它的样子，如果你画得好，说不定萨尔瓦多·达利[①]本人都会承认你在超现实主义绘画方面的才能呢（图 14）！

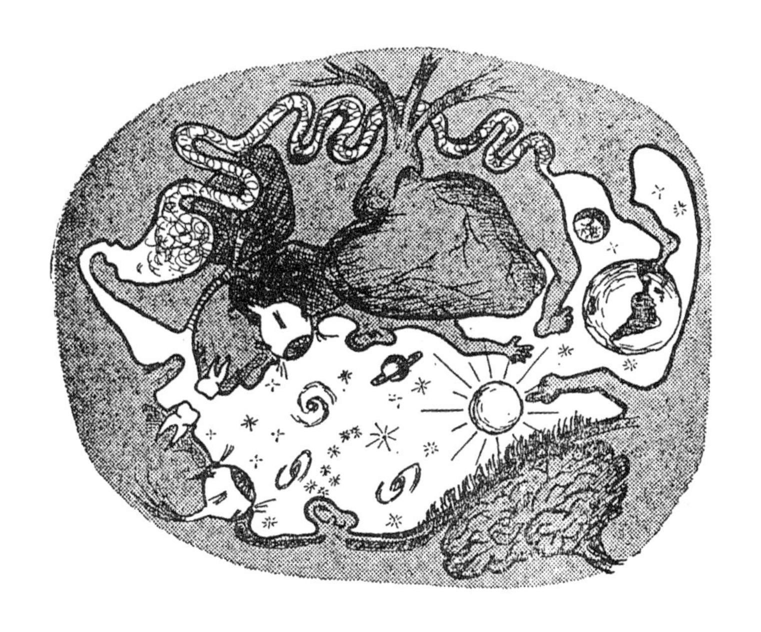

图 14　由内而外的宇宙。这幅超现实主义绘画描绘的是一个行走于地球表面的人，此时正抬头仰望星空。原图经过图 13 所示的方法进行了拓扑变换。这样一来，地球、太阳和其他恒星全都挤在一个相对狭窄的通道中，而此通道穿过了图示人物的身体，并被其内部器官所包围

但如果不讨论一下左、右手物体及其与空间一般性质之间的关系（不管会有多长）的话，我们都不能草草结束这一节。此问题的阐释可能需要一双手套的介入才能完美收官。对比一双手套中的两只手套，你会发现不论怎样测量，

① Salvador Dali，西班牙超现实主义画家，20 世纪最具代表性画家之一。——作者注

其所得的结果都是一致的，但仍有一处非常大的差异：你不能给右手套上左手手套，反之亦然。你可以随心所欲地转动和扭曲它们，但最终右手手套还是右手手套，左手手套仍是左手手套。这类型的左、右手物体差异还会出现在鞋的结构、汽车的方向盘机制（此处特指美国和英国汽车）、高尔夫球杆以及其他的许多东西中。

另外，像男士帽子、网球拍以及其他很多的物品却没有这样的差异，因为不会有人傻到去商店里订购一打①左手持的茶杯，而且如果生活中有人让你跟自己的邻居借用一下左手扳手，这样的事情根本就是闹着玩的，也是不存在的嘛。那这两类物体的差异是什么呢？

若你略加思考一下，就会发现像帽子或茶杯这类物件都有一个我们称之为"对称"的面，而沿着面，这些物件可被分割成长得一样的两半。但对于手套或鞋子来说，这样的对称面却是不存在的。因为不管你怎么努力，你也不可能把一只手套分割成完全相同的两部分。但如果一个物件没有对称的平面，也就是我们所说的，不对称，那么它就会被归类到两个迥异的模型中——一个属于左边，一个属于右边。这种差异不仅存在于人造物体，像手套或高尔夫球杆之中，在自然界中也很常见。例如，有两种蜗牛，除了在建造房屋的方式上有所不同外，它们其他所有方面都一模一样，而这种差异表现为：一种蜗牛的壳是按顺时针方向旋转的，而另一种蜗牛的壳则是按逆时针螺旋而成的。

即使是我们所说的分子，也就是那些组成所有物质的微粒，也常跟左、右手手套，或是顺、逆时针结构蜗牛壳一样，具有明显的左右手结构。当然了，你的肉眼看不到分子，但却能看见晶状体以及这些物质所具有的某些光学特性。比如说，有两种不同的糖，名叫左手糖跟右手糖，还有，你信也好，不信也罢，还有另外两种专门"吃糖"的细菌，而且每种细菌只吃某种相应的糖。

---

① 一打是12个。

图15　二维“影子生物在平面上生活的概念”。这类二维生物不太“实际”。图中这个人有正面的脸，却没有侧面的轮廓，且不能将手里的葡萄放进自己的嘴里。驴子倒是可以吃到葡萄，但却只能向右走才行。而如果要向左移动，驴子则需要向后退着走才成。这样的行走方式对驴子来说虽不算惊世骇俗，却总归不太好

正如前面所提到的，将右手物件（如手套）变成左手物件似乎是不可能做到的。但真的是这样吗？抑或，是否能通过想象得出一个可以将这一切变作现实的奇幻空间？要想回答这个问题，我们需要站在更为有利的三维空间立场上进行观察，以便更好地研究平面上的扁平“居民[①]”。观察图15，它所展示的是平面上，亦即仅有两维的空间之上可能存在的居住者。手里拎着一串葡萄的人叫作“单面人”，原因是他只有“正脸”没有“侧脸”。而图中的动物则叫作“侧面驴”，或说得更具体一些，叫作“右脸驴”。当然，我们也可以画出一头“左脸驴”来，而因为两头驴都只“生活在”平面上，所以从二维的角度来看，它们跟我们在三维空间所知所识的左、右手手套一样存在着差异。你没办法将“左脸驴”跟“右脸驴”叠映在一起，因为要想实现完全的叠映，你需要将它们的鼻子以及尾巴都合在一起，这样的话你就不得不将它们都颠倒过来，最后的结果就是驴子四蹄朝天，驴背着地，没法稳当当地站在地上。

但如果你将其中一头驴从二维平面中拿出来，并在三维空间中将之翻转，再把它放回平面中，最终两头驴子就变得一模一样了。通过类比，我们可以说

① 包括人以及动物。

右手手套可以在第四个方向从我们的空间中取出并在放回之前以适当的方式旋转，从而变成左手手套。同样，通过类比，我们也可以这样说，在将一只右手手套放回原来空间之前，它能够经由适当的方式先脱离三维空间而后进入四维空间最后变为左手手套。但由于我们所处的物理空间并非四维空间，故而上述方式被视作不可能。难道真的没有别的法子可想了吗？

让我们再次回到二维世界里来，但是这一次，我们研究的对象不再是图15所示的一般平面，而是所谓的“莫比乌斯面（Möbius，莫比乌斯环）”，我们需要考量“莫比乌斯面”所具有的特性。将近一个世纪以前，因为是德国数学家莫比乌斯第一个开始研究这个特殊的曲面，所以“莫比乌斯面”由此而得名。制作“莫比乌斯面”的方法很简单，只需要取一条长度相当的纸带，先将其扭转一下，再将之首尾相接粘成一个环，这就是一个“莫比乌斯面”。图16向你展示了制作“莫比乌斯环”的方法。这个曲面有很多独特的属性，其中之一通过剪切可以很容易地发现：拿一把剪刀沿着平行于边缘的线（沿图16所示的箭头）修剪即可。这时你可能会想当然地以为，这样做的结果无非就是剪出了两个环而已。不过先别臆断，做一做看看，你会发现你的猜测实际上大错特错：最后的成品不是两个分开的环，而是一个！只不过其长度比原来的长一倍，宽度则只有原来的一半而已。

图16　莫比乌斯曲面和克莱因瓶

现在让我们来看看当一头影子毛驴沿着莫比乌斯表面行走时会发生什么。假设它[1]从位置1（图16）出发，我们可以看清它是一头“左侧脸毛驴”。它一步步前进，相继路过位置2和3，这些在图中都清晰可见，最终它慢慢接近的点却是它最初出发的起点！但出乎读者跟它自己的意料，我们的驴子发现自己（正在位置4）正处在一个十分尴尬的境地——它四条腿现在正笔直地朝向天空！当然了，这头驴子也可以选择转动一下自己的表面，以便自己朝向天空的腿得以顺顺当当地放下来，但果真这样做的话，它的脑袋又将面向错误的方位了。

简而言之，在莫比乌斯表面上行走，我们的“左侧面”驴子已经变成了“右侧面”驴子。而且，请注意，尽管驴子一直留在表面上，但是没有在太空中被抱起或翻转，但这种情况还是发生了。简而言之，通过沿着莫比乌斯面行走，我们的这头“左面脸”驴子的确变成了“右面脸”驴子。但请注意，这是在驴子始终沿着曲面行走，而未被自二维平面空间中取出来进行空间翻转的情况下发生的。由此我们发现在一个被扭曲的平面上，只要通过扭曲处，一个右手物件就可被翻转变换为一个左手物件，反之亦然。图16中所示的莫比乌斯面代表的是一个更普通的平面的一部分，也就是闻名遐迩的克莱因瓶（图16右侧所示部分）。这种瓶子仅有一面，且自身封闭，没有任何尖锐的边沿。若这在普通的二维平面中是可能的，那么这在我们的三维空间中自然也会发生，当然前提是这个三维空间要以适当的方式发生扭曲。而实际上，要凭空想象出一个莫比乌斯扭曲面是相当不容易的一件事。那是因为我们不能从外面“围观”我们现在所处的空间，这跟我们看驴子平面的道理如出一辙，且“身在庐山”却想要“看清庐山真面目”无疑是非常困难的事。如果情况确乎属实，那么宇宙旅行者们就会在空间旅行结束后带着一颗位于右胸腔的心脏（旅行之前心脏位于左胸腔）回到地球来，而手

① 指驴子。

套制造商以及鞋子制造商很有可能因此获益：因为只要制造同样的鞋子和手套，并将其中一半送往宇宙空间环形一圈以进行变换，就可得到另一边手脚所需的鞋子和手套，这样将是多么简单易行！

在此奇思妙想中，暂且让我们关于这不寻常空间的不寻常特性讨论告一段落吧。

第四章　四维的世界

1. 第四维——时间

第四维度的概念常招致很多神秘说和怀疑说的声音。作为只拥有长、宽、高而生于三维空间，长于三维空间的生物，我们又怎敢言及四维空间之事？是否存在这样的可能：利用我们所有的三维智慧去想象建构出一个四维的超空间？那么一个四维的立方体或是球体会是什么样子的？当我们说“想象”一条长着鳞状尾巴和火焰从鼻孔流出的巨龙，或者一架超级客机，机翼上有一个游泳池和几个网球场，你实际上是在脑海中描绘出它突然出现在你面前的样子。

若这就是“想象”这个字眼的含义，那么要在普通三维空间的基础上想象出一个四维度的形体就是不可能的，这跟将三维形体挤压入二维平面一样，都是天方夜谭。但也请少安毋躁，因为从某种意义上说，我们的确可以经由画画而将三维物体“挤压进”二维平面。但无论如何，在完成这项工作的时候，我们都不借助液压机或者任何的其他物理压力，而只采用大家熟知的几何“投影”或阴影构建方式。

仔细观察图 17，你马上就能看出将物体（如一匹马）挤压进一个二维平面的两种方式之间的异同。

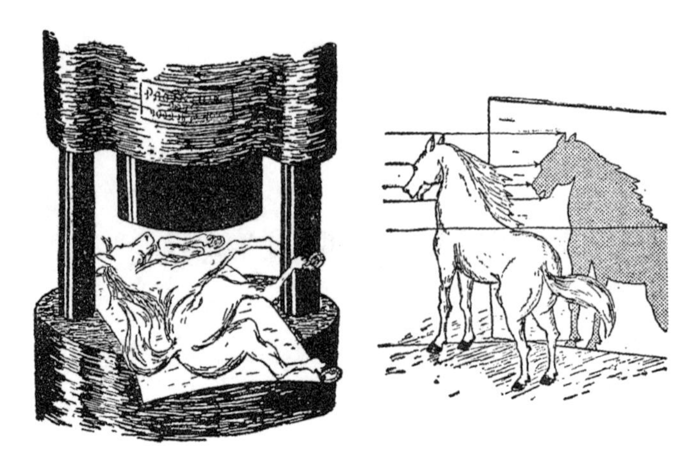

图17　将三维物体“挤压进”二维平面的错误之法及正确之道

进行类比之后，我们可以说，尽管将四维物体完全“挤”进三维空间而没有些微突出是不可能的，但我们却可在仅有三维的空间中畅言各种四维形体之“投影”。而必须谨记于心的是，四维超形体在我们这个普通三维空间中的投影会是立体的空间形状，这跟三维形体在二维平面上的投影为二维或平面形状是一样的道理。

图18　二维生物满是惊讶地盯着三维立方体投射到自己身上的影子

为使问题脉络更为清晰，让我们先思考一下：生活在平面上的二维影子生物是如何建构出三维立方体的概念的。其实，我们很容易就可以想象出来，因为我们作为更具优势的三维存在，可以从第三个角度观察、研究整个二维的世界。图18中所展示的就是通过“投影”将立方体“挤压”进二维平面的唯一方法。观看这样一个投影以及其他各种可经由原始立方体旋转得到的投影，我们的二维“伙伴们”将至少会对那名叫“三维立方体”的神秘形体之间的适当联系产生某种看法。他们虽不能像我们一样“跳出”自己所处的平面来观察立方体，但只要看着投影，他们就可以，例如，说出这个立方体有8个顶点和12条棱。现在我们来看图19，那些可怜的二维影子生物此刻正不停地探究一个普通的立方体投射在它们平面上的影子，你会发现自己跟它们一样，也正处于同样的境地①。事实上，图中让这一家子目露惊色的奇异结构体正是一个四维超立方体投射在我们习以为常的三维空间中的影子②。

图19　四维超立方体的直线投影。四维空间访客！一个四维超立方体的正投影

① 亦即自己也正不停地在探究一个四维形体投射在自己所处空间中的影子。

② 更为确切地说，图19给出的是四维超立方体在我们的三维空间的投影转而又投射于纸上或是其他二维平面上的投影。——作者注

请仔细观察这幅图，你可以很容易地辨认出图中有些特征跟图 15 中那惯于迷惑人的影子生物一模一样：平面上的一个普通立方体其投影经由两个正方形呈现出来，它们两两相套，顶点相接；而超立方体在普通三维空间中的投影则由两个立方体构成，且两个立方体也是通过同样的顶点相连形式而相互嵌套在一起的。经过数算之后，你会很容易发现一个超立方体共有 16 个顶点、32 条棱和 24 个面。就是一个立方体，不是吗？

现在让我们来看看所谓的四维球体是什么样子的。我们首先需要做的是将视线转向更为熟悉的情况上来，因为我们要探讨的是一个普通球体在平面上的投影问题。举一个例子，比如，有一个透明的地球，其表面上标有陆地和海洋，此刻正被投射在一面白色的墙壁上（图 20）。当然，在投影中两个半球无可避免会重叠在一起，而通过观察投影，我们可能会觉得美国纽约跟中国北京之间的距离十分短。但那真的只是一个错觉而已。

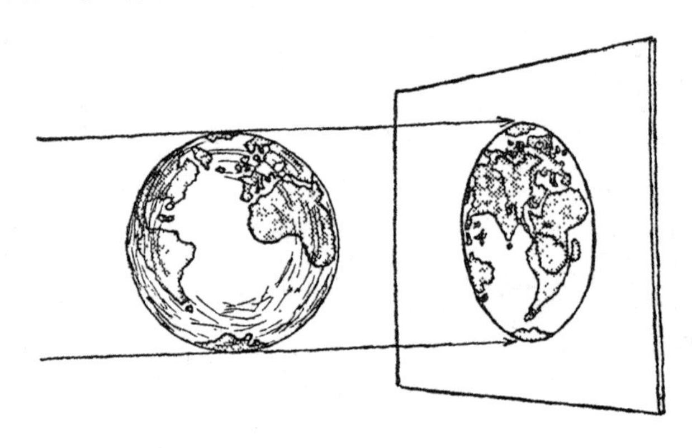

图20　地球的平面投影

事实上，位于这幅投影上的每个点代表的是实际球体上截然相反的两个点，而一架自纽约飞往中国的客机在地球表面的投影则会一路沿着平面投影的边移动，然后再以同样的方式全程退回来。尽管图片所显示的两条航线之投影可能是重合在一起的，但在实际的飞行过程中，只要它们是位于地球的两端，那么就绝不会发生飞机相撞的情况。

这就是一般球体的平面投影属性。现在，让我们的想象力更开阔一点，我们就能毫不费力地看到一个四维超球体在三维空间中形成的投影。这与由两个扁平光盘（点对点）放在一起，而只靠外围连接组成的普通球体所投射出的影像一样，超球体的空间投射一定会被想象成两个球形物体相互穿过并沿着它们的外表相连形成的图形。而实际上，在前面的章节中，我们已经探讨过这类特殊的结构，当时提到的是一个闭合的三维空间，作为类似于闭合球体表面的例子而提出的。因此，我们还需要做出的补充是，说白了，四维球体的三维投影就是我们先前讨论中提到过的那两个孪生苹果——两个常见的苹果沿整个外皮黏合在一起。

以同样类比的方式，我们还可以回答很多与四维形体属性相关的其他问题，但不管做出怎样的尝试，我们也无法在我们所处的物理空间中“想象”出第四个独立方向。

但要是你再略加思索一下，你就会发现：为了想象出第四个方向而变得神神道道是完全没有必要的。的确，我们每天都会用到一个词，来指明在物质世界中可以而且实际上应该被视为第四个独立的方向。那就是我们这里将要提到的“时间”，它通常与空间一起被用来定义和描述我们周围所发生的事。当我们谈论宇宙中发生的任何事情时，无论是在街上偶然遇到一个朋友，还是在遥远的星球上爆炸，我们通常不仅要说发生在哪里，还要说发生在什么时候。就这样，除了描述方位时用到的三个方向指示词外，我们又加进了另一个词——“时间”。

如果你再进一步考量一下这个问题，很容易就会意识到每个物理存在体都有四个维度，亦即三个空间维度和一个时间维度。因此，你居住的房子其实是在长度、宽度、高度以及时间四个维度上延展开来的。而其最后的延展算的则是房子从动土到烧毁或是被拆或是房子“寿终正寝”，自动解体之间的时间段。

毫无疑问，时间这个方向跟其余的三个空间方向存在着很大差别。时间间隔用时钟来衡量，并分别以时钟的嘀嗒声和叮咚声暗示时间的流逝；空间则不同，相比较而言，空间间隔需要通过尺度测量得出。而且，你可以使用同样的尺度去测量空间的长、宽、高，却不能将之变成时钟来测量时间的长短。而且在空间的三个方向上，你同时可以向前、向右或是向上移动，然后再回到原地。但你却不能在时间的方向上回来，原因是时间迫使你驶离了过去而进入了未来。但是考虑到时间方向和空间的三个方向之间存在的所有差异，我们仍可用时间作为三维物理世界的第四个方向，需要特别注意的是，归根结底，时间与空间还是很不一样的。

在选择时间作为第四维度时，我们发现本章一开头就提到过的“将四维形体可视化”现在更容易做到了。还记得那由四维立方体投影剪切得到的奇形怪状体吗？它一共有 16 个顶点、32 条棱和 24 个边（面）！无怪乎图 19 中的人会对这个几何体怪物震惊不已了。

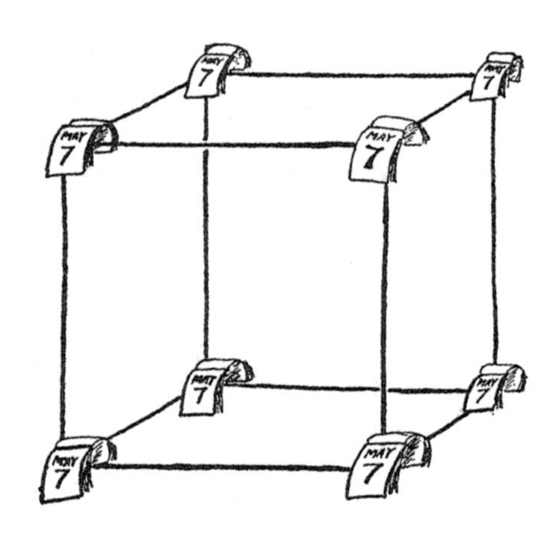

图21

然而，从我们的新观点来看，四维立方体不过就是存在于特定的时间段的普通立方体罢了。假设你在 5 月 1 日的时候自 12 条直线上构建了一个立方体，并于一个月之后将其拆解，那么这个立方体每个角上的点一定会被视为实际存在中的一条线沿着时间方向延伸一个月所得到的长度。这时候你就可以在每个顶点上附上一份日历，并每天翻一页以示时间进度。

现在，我们很容易就可以数出四维形体中的肋数（图 21）。实际上，在它（这个四维形体）刚形成之际，我们就有了 12 条空间肋[①]、8 条“时间肋”，其所表示的正是每个顶点所示的时间段，而到了形体存在的末期，我们还是有 12 条空间肋。所以，共计是 32 条肋。同样，通过计数我们可以得到一共 16 个顶点：它们分别是 5 月 7 日的 8 个空间顶点和 6 月 7 日的 8 个空间顶点。这里我们就卖个关子，把它留作练习，让读者自行使用上述所示方法来数算这个四维形体的面数。不过在做练习的过程中，希望读者能记住，这些面的其中一些会是原始立方体的一般正方形面，而另一些则会是由立方体的原始肋沿着 5 月 7 日到 6 月 7 日这个时间方向延展形成的“半时间半空间”面。

我们在这里提到的四维立方体的说法，当然可以应用到其他任何的几何体上，或者是任何活物或死物上。

具体来说，你可以将自己想象成一个四维形体，这时候你就像一根长长的橡胶条，自你出生那一刻起到生命的终结，这根橡胶条都在不断延伸。但不走运的是，没人能将四维事物跃然纸上，故在图 22 中，我们使用一个二维影像人为例，试图将此想法表达出来。图中所取的时间方向跟这个二维影像人所居住的二维平面垂直。这张图片只展示了这个影像人整个人生的一小部分。整个寿命应当由更长的橡胶条来表示，而且这根橡胶条开始的时候（胚胎期）较细，到了婴儿期会出现多年摇摆不定的情况，直到死亡来临时刻，橡胶条才会逐渐趋于恒定，形状也稳定下来（这是死人不再动的缘故），再接着就进入了分解状态。

① 如果你想不通这一点，不妨以有四个角点四条边的正方形为例进行思考，我们需要在垂直于这个正方形的表面移动一段距离，而所移动的距离刚好与其边长相等。——作者注

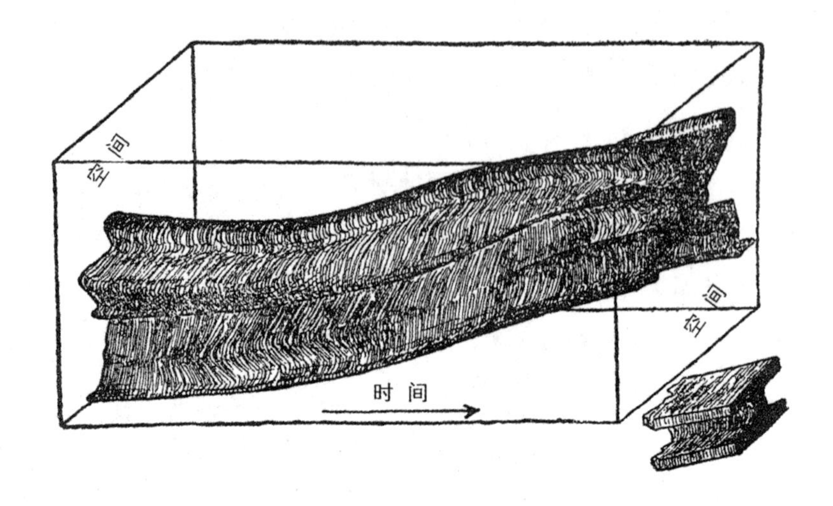

图22

更确切地说，这个四维条（指上述的橡胶条）其实是由许许多多分开的纤维组成的，而且每一条纤维也都是由各自独立的原子组成的。在整个生命的过程中，这些纤维大部分以群组的形式聚在一起，只有少数会自行脱落，比如毛发的脱落或是指甲的修剪。由于原子是坚不可摧的，所以人体在死后的分解其实应该被看作各自分开的细丝（除了可能会形成骨头的细丝外）在朝着不同方向分散游离。

在四维时空几何语言中，历史线代表着每个物质粒子，同时被称作“世界线”。同样，我们也可以说“世界带”是由“世界线”构成的，而这些世界线是组成形体的必要条件。

在图 23 中，我们给出了一个天文学方面的案例，以展示太阳、地球和彗星的世界线。恰如其分地说，我们这里所讨论的是“世界线”，但若从天文学的角度来看，我们却可以将恒星和行星都看作点而非线或带。在之前所给出的行走人的例子里，我们在此选取了二维空间（地球轨道平面）并使时间轴与之垂直。那么太阳的世界线在图中就会用一条平行于时间轴的直线表示出来，因为我们把太阳看作恒定不动的[①]。地球的世界线是一条环太阳线的螺旋线，其运动非常接近环形轨道。而彗星的世界线则是先靠近而后远离太阳线。

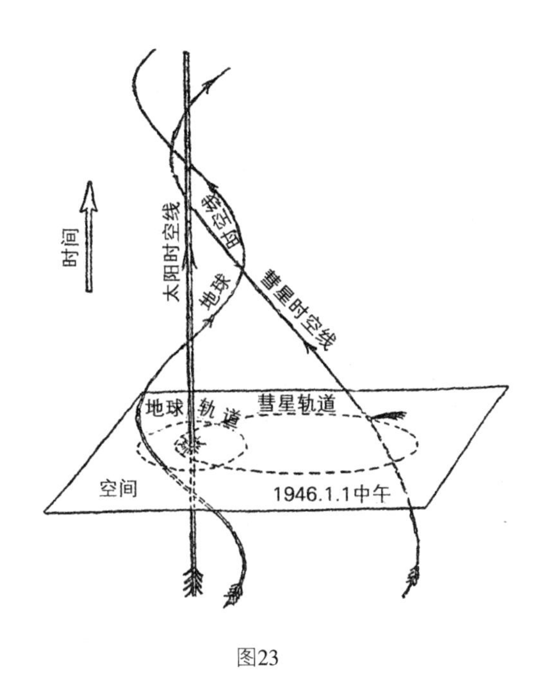

图23

从四维时空几何的角度来看，我们发现宇宙的拓扑形态跟历史融合为一幅和谐的画面，而我们现在所要考虑的只是代表原子、动物或是恒星的一束相互交缠的世界线罢了。

2. 时间等值

在将时间看作四维或至少也是三维的空间时，我们“偶遇”了一个相当棘手的问题。那就是：当测量长、宽、高时，在所有会出现的三种情况下我们可以使用同一个单位，比如英尺或英寸。但是时间的长度不能用英尺或英寸进行

① 事实上，太阳是相对于恒星的运动而言的，故在恒星系统中，太阳的世界线应该会稍微偏向一边。——作者注

衡量，所以我们必须使用不同的单位，比如分钟或小时。那么它们如何作比较呢？若设想一个空间中存在一个规格为1英尺乘1英尺乘1英尺的四维立方体，则需要在时间方向上延长多久才能使我们的四个维度都相等？是像我们先前例子中所假设的1秒、1小时还是1个月？1小时比1英尺长还是短？

这个问题乍一看毫无探讨的必要。但如果你略加思索一下，就会发现有一个可比较空间长度跟时间长度的合理方式。你可能常听人说，有的人住在"离市中心20分钟左右"车程的地方，乘公交车就可以到达，而有的人住的地方到市中心则需要"乘火车5个多小时"。我们这里通过给出选乘某种交通工具到达某地所需的时间来具体化我们在空间上的长度。

因此，只要我们能在某种标准速度的选择上达成一致，就能够用单位长度来表示时间间隔，反之亦然。当然，所选择的标准速度显然要作为空间和时间之间的基本"翻译"因子而存在，故而不论人类的主动性或其周围的物理环境如何，它们二者具有的基本性质和一般属性都必须是相同的。光在空间中传播的速度是物理学上已知的唯一具有人类所想要的一般属性的速度。虽然通常称为"光速"，但其实还有更好的表述，即"物理相互作用的传播速度"。因为任何作用在物体之间的力，不论是电吸引力还是重力，都是以相同的速度在空间中进行传播的。此外，正如我们稍后会看到的，光速代表了任何可能（存在）的物质的速度的上限，而且没有任何物体能够以超过光的速度穿越空间。

第一个尝试测量光速的人是17世纪意大利著名科学家伽利略（Galileo Galilei），在一个黑夜里，伽利略和他的助手走到佛罗伦萨（Firenze）附近的空旷田野中，他们手里举着两盏灯，每盏灯都配备有一个机械快门。两人站在离彼此几英里处的地方，伽利略首先打开灯，朝助手所在的方向闪射出一束光（图24A）。后者一看到伽利略发出的光信号，也立马打开机械快门，放出光响应。由于光从伽利略传到助手处，助手接收到再回射光给伽利略需要一些时间，所以预计在伽利略打开灯的时刻以及他看到助手发回的光线之间会有一定的延迟。这个小小的延迟的确被注意到，但当伽利略把他的助手派到比之前距离远两倍的位置并重复实验时，延迟的时间却没有增加。很显然，光传播的速度是如此快，以至于几乎没花时间就能够覆盖住几英里的距离，而所注意到的延迟只是由于伽利略的助手在看到光的同时不能完全打开他的灯所造成的，而这个，我们现在称为“反射延迟”。

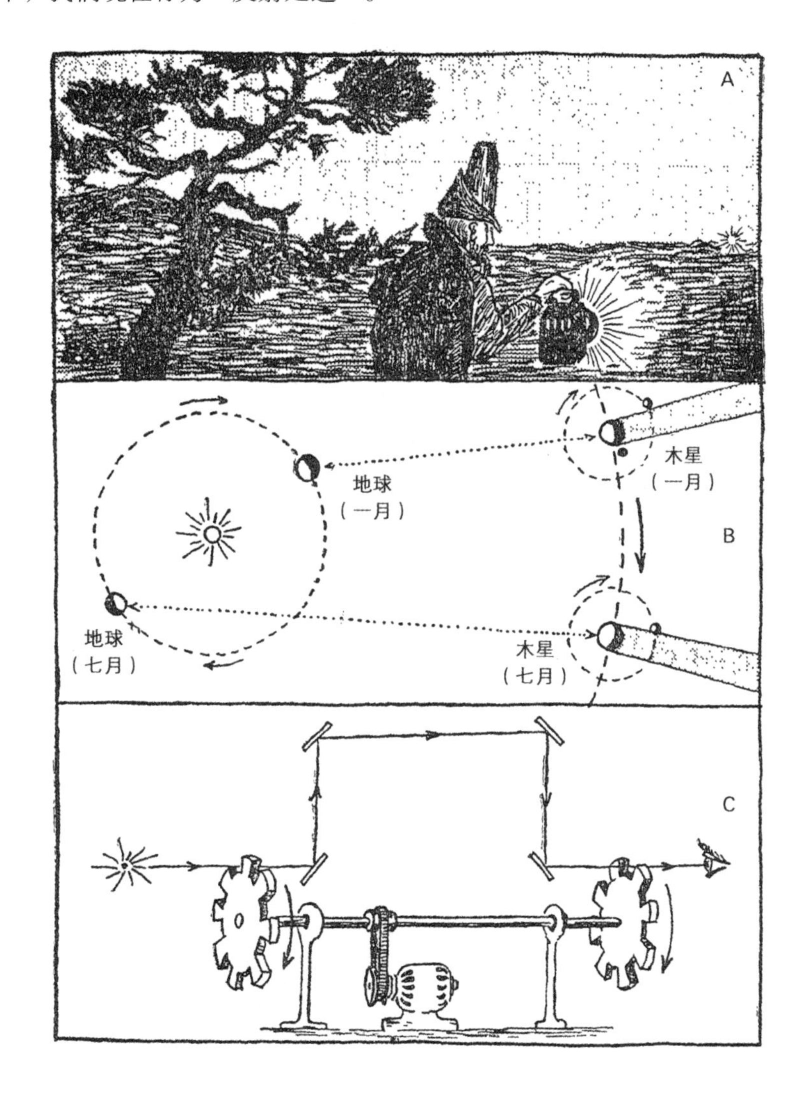

图24

尽管伽利略的实验没有产生任何积极的结果，但他的其中一项发现，即木星卫星的发现，却为第一次实际测量光速打下了基础。1675 年，丹麦天文学家罗默（Roemer）在观察木星星食时注意到，月球消失在行星投射的阴影中所产生的时间间隔并不总是相同，而是根据木星和地球之间的距离在特定的时间变得或长或短。罗默立即意识到（正如你观察图 24B 后会意识到的），这一结果不是由木星的卫星运动过程中的任何不规则运动造成的，而仅仅是由于木星跟地球之间的变动距离被我们肉眼所接收而产生了不同的延迟。从他的观察中，我们发现光速大约是每秒十八万五千英里。难怪伽利略不能用他的装置进行光速的测量，因为从灯发出的光只需要几十万分之一秒就能到达他的助手身边并返回啊！

但伽利略无法用他这套当时最先进的快门灯做到，后来通过使用更精密的物理仪器做到了。在图 24C 中，我们看到了法国物理学家斐佐（Fizeau）首次用于测量相对小距离的光速的装置。他的装置的主要部分由两个齿轮组成，两个齿轮设置在一个公共轴上，这样如果你观察平行于轴线的轮子，你就可以看到第一个齿轮的轮齿对着第二个齿轮的齿缝。因此，不管轴以何种方式转动，平行于轴的光束都不能通过。现在假设这两个齿轮的系统被设置为快速旋转。那么从第一个齿轮的两个轮齿之间射进的光必须花费一些时间，才能到达第二个齿轮。如果在这段时间内，齿轮系统正好转动了半个轮齿的距离，那么，这束光也刚好能穿过第二个齿轮。这里的情况很像汽车以适当的速度沿着有定时红绿灯的马路行驶的情形。如果齿轮转动的速度提高到原来的两倍，那么，当光线到达第二个齿轮时，转上来的齿刚好又会挡住这束光，所以光还是无法通过第二个齿轮。但要是处于更高的转速时，齿轮会在光到达前转回去，并最终让光得以透过去。因此，只要留心到与光连续出现以及消失相对应的旋转速度，我们就能够估算出光在两个齿轮间传播的速度。为了帮助实验更好地进行，并降低所需的旋转速度，可人为地迫使光在两个齿轮间多走路程，这可借助几面镜子来实现（图 24C）。在这个实验中，斐佐发现，当这套齿轮装置以每秒

1000 转的速度旋转时，人就能通过离他最近的齿缝看到光线。这证明了在那样一个特定的转速下，光从一个齿轮到达另一个齿轮时，一个齿轮的齿刚好覆盖住另一个齿轮的一半齿缝。由于每个齿轮都有 50 个大小相同的齿，故而这个距离正好是齿轮的圆周的 1/100，且齿轮走过这段距离所用的时间与其完成旋转所花费的时间刚好吻合。将以上计算与光走过两个齿轮间的距离联系起来，斐佐得出以下结论：光速为每秒 300 000 公里或 186 000 英里，这与罗默在观测木星卫星时得到的结果大致相同。

继两位先驱的工作之后，科学家们又利用天文学和物理学的方法进行了大量的独立测量。目前，人们对光在空间中行走之速度做出的最佳估计值（通常用字母“C”表示）为：

C=299 776 公里 / 秒

或：

C=186 300 英里 / 秒

由于需要测算的天文距离数值一般都很大，若采用我们现有的英里或公里来表示，可能光数字就需要写满一张纸，故而，采用速度极快的光速作为描述单位就显得十分便利了。所以，天文学家要是说某颗恒星距离我们 5 光年，那么这与我们说乘火车需要 5 小时（走过的路程）是一样的。由于一年有 31 558 000 秒，相应地，一个光年就有 31 558 000 × 299 776≈9 460 000 000 000 公里，或 5 879 000 000 000 英里。在这个单位术语中，“光年”表示距离的测量，而我们实际已把时间当作了一种维度，并用时间单位测算空间。当然，我们也可以将这个单位颠倒过来。如此一来，我们得到的就是光英里，即光传播 1 英里所需的时间。现在将上述光速值代入，我们发现 1 光英里等于 0.000 005 4 秒。同样地，1 光英尺等于 0.000 000 001 1 秒。这就回答了我们上一节关于四维立方体问题的讨论。如果这个立方体的空间尺寸为 1 英尺乘 1 英尺乘 1 英尺，那么它的空间间隔大约只有 0.000 000 001 1 秒。如果棱长 1 英尺的空间立方体存在了整整一个月，那就应该把它看作在时间轴方向上延长得多得多的四维条。

3. 四维空间距离

空间轴和时间轴所使用的单位如何比较的问题得到解决之后，我们应该可以问问自己：在四维时空世界中，两点之间的距离应该怎样理解？需要留心的是，在这种情况下，我们通常将每个点所对应的称为“事件”，也就是空间和时间的组合。而为了弄明白这个问题，我们需要思考以下两个事件：

事件 1：1945 年 7 月 28 日上午 9 点 21 分，纽约市第五大道和第五十街拐角处一楼的一家银行遭到抢劫[①]。

事件 2：一架在雾中迷路的军用飞机于当天上午 9 点 36 分在纽约第三十四号大街撞上了位于五、六号大道的帝国大厦的第七十九层（图 25）。

在空间上，这两个事件南北相距 16 个街区、东西相隔半个街区、垂直方向上相隔 78 层楼；而在时间上，两个事件相隔 15 分钟。如果只是为了清楚表述出两个事件之间的空间距离，显然不必刻意提到街区数量以及楼层数量，因为我们可以直接使用著名的毕达哥拉斯定理，将它们换算为直线距离，即根据该定理，将空间中两点坐标的距离平方和开方，即可得到一个直线距离（图 25 右下角所示）。而顺利应用毕达哥拉斯定理的前提是，必须使用可进行比较的单位来表示，比如将所有的距离换算为英尺。

① 如果这个拐角处真有这么一家银行，那么这种相似性纯粹是巧合。——作者注

图25

如果一个南北区块的长度为200英尺，一个东西区块的长度为800英尺，而帝国大厦一层楼的平均高度为12英尺，那么在南北方向上三个坐标之间的距离就变成了3200英尺，在东西方向上是400英尺，而在垂直方向上则为936英尺。

利用毕达哥拉斯定理，我们得出两个位置之间的直接距离为：

$$\sqrt{3200^2+400^2+936^2}=\sqrt{11\,280\,000}\approx3360\text{（英尺）}$$

如果以时间作为第四坐标的概念，且这个概念具有实际有效性的话，那么现在我们应该能将原本表示两个事件空间距离的3360英尺，和表示两个事件时间间隔的 15 分钟组合起来，以获得一个表示两个事件间四维距离的数值。

根据爱因斯坦的最初设想，实际上，简单运用毕达哥拉斯定理，就可以计算出这样的四维距离，且在事件的物理关系中，此距离所起的作用要比单独的空间距离和时间间隔所起的作用更为基本。

如果我们把时空的数据结合起来，当然我们必须将其换算成可比较的单位，比如必须用英尺来核算街区的长度和楼房之间的距离。结合我们之前的论述，若用光速作为平移因子，那么这点很容易做到，比如，15 分钟的时间间隔可变为 8000 亿“光英尺”的空间距离。如果对毕达哥拉斯定理做简单的应用，也就是将四维距离定义为所有四个坐标（包括三个空间坐标和一个时间坐标）的平方和再开平方根。而这么做的时候，我们首先需要完全消除空间和时间的差别，实际上这就变相承认了空间和时间是可以相互转换的。

然而，从来没有人——即使是伟大的爱因斯坦也无法拿一块布盖住一个标尺，然后挥动魔杖，再使用一些神奇的咒语，例如，“时间，空间，张量，变”，而将标尺瞬间变为闪闪发光的新闹钟！

因此，若我们想要通过勾股定理把时间与空间联系起来，我们就必须采取一种非常规的方式来处理，这样才能保留它们的某些本质差异。根据爱因斯坦的观点，在广义毕达哥拉斯定理的数学公式中，可在时间坐标平方数前加负号以强调空间距离和时间间隔之间的物理差异。因此，两个事件的四维距离可表示为三个空间坐标的平方之和减去时间坐标的平方，然后再开平方。当然首先要将时间坐标换算为空间单位。

因此，银行抢劫和飞机失事事件之间的四维距离可以这样计算：

$$\sqrt{3200^2+400^2+936^2-800\,000\,000\,000^2}$$

与其余三项相比，第四项的数值非常庞大，这是因为我们这里用到的例子来源于“日常生活”，而根据一般的生活经验，合理的时间单位确实很小，不像光年这样意指庞大。所以，我们应该列举出更多的可比数字，因为如果我们考虑的是发生在纽约市范围以外的两起事件，比如随便从宇宙中拿出一个例子来研究，那涉及的数据将是多么庞大啊！因此，如果把1946年7月1日上午9点比基尼岛原子弹爆炸当作第一个事件，而把同一天上午9点10分的陨石撞火星作为第二个事件，那么这两个事件的时间间隔应该是540 000 000 000光英尺。相应地，其空间距离应为650 000 000 000英尺。

在这种情况下，两个事件的四维距离就是：

$$\sqrt{(65\times10^{10})^2+(54\times10^{10})^2}=36\times10^{10}\text{（英尺）}$$

这在数值上与纯空间和纯时间间隔是截然不同的。

当然，有人可能会反对这样一种看似不合理的几何。因为在这种几何中，一个坐标区别于另外三个坐标，但在人们的常识中，任何用来描述物理世界的数学系统都必须符合实际的情况。且要是空间和时间在四维结合的过程中，其行为产生了分歧，那么，相应地，四维几何的法则一定也会发生改变。此外，爱因斯坦的几何学还可以通过另一个简单的数学方式得到发展，以便在爱因斯坦式的几何学中，空间和时间能像我们在学校里学过的欧几里得几何学一样简单明晰。为此，德国数学家明科夫斯基（Hermann Minkovski）提出了一个补救方法，即把第四个坐标看作一个纯粹的虚数。你可能还记得本书的第二章提到过用一个普通数乘以$\sqrt{-1}$就变成了一个虚数，而在各种几何问题的求解过程中，使用虚数的方法十分便利。根据明科夫斯基的说法，为了证明有第四坐标的存在，除了必须把时间单位换算为空间单位外，还需要用到乘法，即乘以$\sqrt{-1}$。因此，出现在我们例子中的四个坐标距离就可分别表示为：

第一坐标：3200英尺

第二坐标：400英尺

第三坐标：936英尺

第四坐标：$8\times10^{11}i$光英尺

现在我们可以将四维距离定义为：所有四个坐标距离的平方和之平方根。事实上，由于虚数的平方总是负的，故而在数学上，明科夫斯基坐标系中的一般毕达哥拉斯表达式等价于爱因斯坦坐标系中看似不太合理的毕达哥拉斯表达式。

有个故事讲的是一位患有风湿的老人问他的朋友如何避免疾病。

朋友的回答是：“每天早晨洗个冷水澡。”

“哦！”第一个人喊道，“那你换成冷水浴吧。”如果你不喜欢看起来叫作风湿的毕达哥拉斯定理，那你可以换成假想时间坐标的冷水浴。

由于时空世界中第四坐标具有虚幻性质（虚数），所以，两种不同物理类型的四维距离就一定会出现。

事实上，在上述提到的纽约事件中，两个事件间的三维空间距离在数值上要小于时间间隔（换算为同样单位进行比较），这时，毕达哥拉斯定理中根号下的数值为负。因此，我们得出的是广义的（虚数的）四维距离。而在另一些情况下，时间间隔要比空间距离小，所以根号下的数值为正。当然，这就意味着，在这种情况下，两个事件之间的四维距离是实的而非虚的。

如上所述，因为空间距离被看作实数，而时间间隔则被看作纯虚数，因此我们可以说，实的四维距离与普通的空间距离具有较紧密的相关性，而虚的四维距离则接近实际的时间间隔。若采用明科夫斯基术语来表述，则第一种四维距离可被称为空间，而第二种则叫作时间。

在下一章中，我们会学到空间距离转换为规则的空间距离，而时间间隔可转换为规则时间间隔的相关知识。它们两个，一个用实数表示，另一个则用虚数表示，而要把这一个变为另一个，这个过程是一个不可逾越的障碍，这就是我们无法将标尺变为时钟或将时钟变为标尺的原因。

第五章　时空的相对性

1. 时空之间的相互转换

虽然在一个四维世界中，欲将时间和空间合为一体的数学尝试并未完全消除空间距离与时间间隔之间的差异，但它们确实揭示了：时间与空间这两个概念具有比任何时候都更为明显的相似性，这是爱因斯坦之前的物理学未能做到的。

事实上，各事件之间的空间距离和时间间隔只应该被看作这些事件在空间以及时间轴上的基本四维分离之投射。这样的话，四维轴线交叉旋转才可能将空间距离部分变换为时间间隔，反之亦然。那么我们所谓的四维空间轴线交叉的选择又是什么意思呢？

让我们先来考虑一个由两个空间坐标构成的轴线交叉，如图 26a 所示。假设其中有两个固定的点，相距为一定的距离 L。那么，现在将这段距离投射到图中的坐标轴上，我们会发现这两个固定点在第一根轴方向上相距的距离为 a 英尺，而在第二根轴上的距离为 b 英尺。

若我们将这个坐标系[①]旋转一定的角度（图 26b），那么相同的距离在两个新的坐标轴上形成的投影就会跟之前的有所不同，这时我们分别用 a' 和 b' 来进行标记。然而，根据毕达哥拉斯定理，在两种情况下，两个投影平方和的平方根是相同的，因为它对应于点之间的实际距离，而点之间的实际距离不会

① 轴线交叉。

因为轴旋转而改变。然而，根据毕达哥拉斯定理我们知道，两个投影的平方和的平方根在这两种情况下的值都会是一致的，原因是这个值要与两个固定点之间的实际距离相对应，且不会随着轴的选择而发生变化。这也就是说：

$$\sqrt{a^2+b^2}=\sqrt{a'^2+b'^2}=L$$

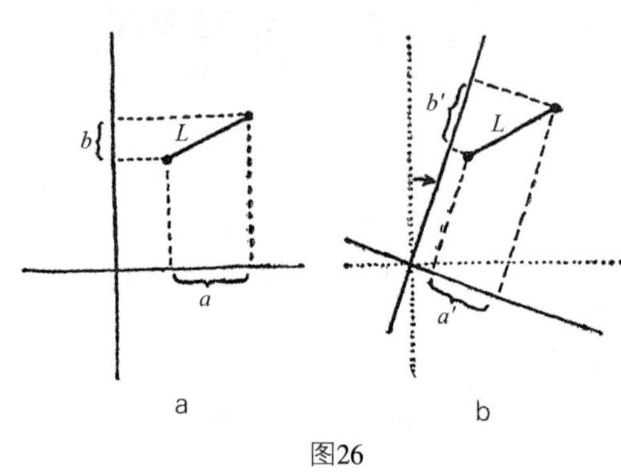

图26

我们说平方和的平方根对于坐标的旋转是不变的，而投影的特定值是偶然的，并且取决于坐标系的选择。

由此我们说，尽管这个平方和的平方根在坐标发生旋转的情况下是不变的，但其投影的特定值是附带而来的（伴随事件），且需要取决于坐标系统的选择。

现在让我们来考虑有这样一个坐标，其中它有一边的轴对应着一段空间距离，另一根轴对应时间上的间隔。在这样的情况下，先前例子里的两个固定点就会变成两个固定的事件，而两个轴上的投影则分别代表它们的空间距离跟时间间隔。据此，我们就可以将前一节讨论过的银行抢劫以及飞机坠机两个事件在一张简单的图上面表示出来（图 27a），这张图跟图 26a 极其相似，都表现了空间中的两个坐标系（图 26a）。那么我们要怎样才能旋转这个坐标轴呢？答案很出乎人的意料，甚至还很令人费解：因为若要旋转这个时空坐标轴的话，你需要先上一辆汽车。

那么现在，就假设我们真就在 7 月 28 日这个性命攸关的早上稳坐在一辆公交车顶层上，且车子正沿着第五大道行驶着。从利己主义的角度来看，如果只因为距离决定我们是否能看见发生的事情的话，那么我们在这种情况下主要关心的问题就会是银行抢劫和飞机坠机的事发地点离我们所乘坐的公交车相距多远。

如果你仔细观察图 27a，就会发现公共汽车世界线的连续位置与银行抢劫事件以及飞机失事事件都被标示在了同一张图上，你会注意到这些距离与——比如说，交警在拐角处所记录的距离是不同的。因为这辆公共汽车正沿着街道——比方说，以三分钟一个街区（这在纽约拥挤的交通状况下并不算罕见！）的速度前行，那么从汽车上往外看去，这两个事件之间的空间分离（距离）就会变得越来越小。实际上，这辆车是在上午 9:42 时穿过第五十街的，同一时刻，银行正发生抢劫事件，而且就发生在这条街两个街区外的地方。而飞机失事时（上午 9:36），这辆车正在第三十四号大街上，也就是离坠机事发点 14 个街区远的地方。由此，在测量银行抢劫事件与飞机失事事件之间的距离时，以公共汽车作为参照物和以城市建筑物作为参照物测量得到的距离分别为：14-2=12 个街区；50-34=16 个街区。让我们再一次将视线转向图 27a，我们可以看见在汽车上记录的距离一定不是之前从竖轴上（驻守警察的世界线）测算的值，却是从代表公共汽车世界线的斜线上测算得到的值，以至于后面这条线现在扮演的就是新时间轴的角色。

刚刚所说的“一堆琐碎事”可以概括如下：要想把从运动着的物体上观察到的时空图表如实绘制下来，我们需要将时间轴旋转一定的角度（这个角度取决于物体的移动速度），但是需要让空间轴保持不变。

虽然从经典物理学和所谓的“常识”的角度来看，上面这句话代表了真理的福音，然而，这却与我们关于四维时空世界的新观念相悖。事实上，如果时间被看作独立的第四坐标的话，那么时间轴就总得保持垂直于这三个空间轴的状态，且不管我们身处何处，不论是在公共汽车上还是在电车上，抑或在人行道上！

在这一点上，我们可以遵循两条思路中的任何一条，亦即要么我们必须保留关于时空的传统观念（固守），而放弃对统一时空几何学任何进一步的考虑；要么我们就必须打破“常识”所规定的旧观念，并假定在我们的时空图中空间轴必须随时间轴转动而转动，以便两者始终保持相互垂直的状态（图 27b）。

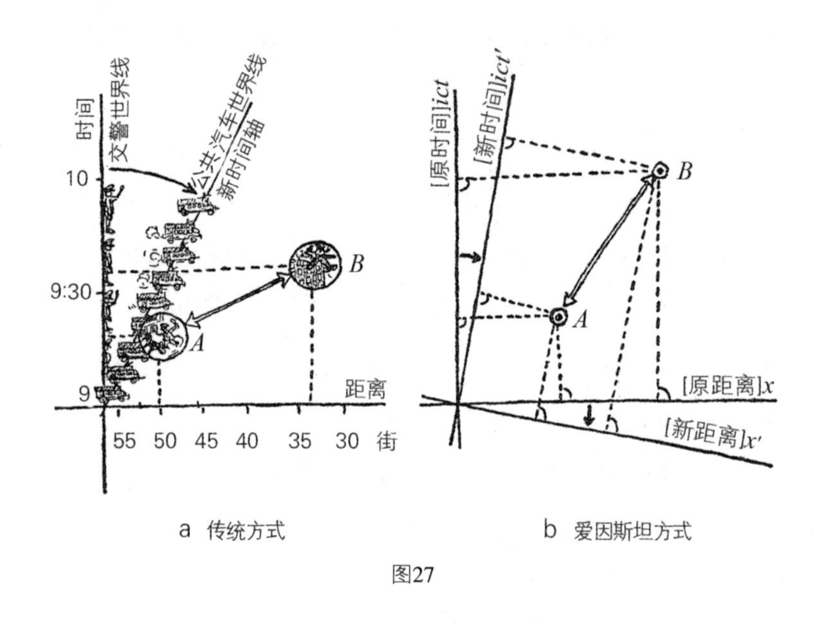

图27

但与此同时，以同样的方式旋转时间轴，在物理上也就意味着当观察者处于移动的物体上进行观察时，两个事件的空间距离是不同的（在上述例子中就是 12 个街区以及 16 个街区）。这时候，旋转空间轴就意味着从移动物体视角观测到的两个事件的时间间隔不同于静止状态下观测到的两个事件的时间间隔。因此，如果对照市政大厅的时钟，银行抢劫事件跟飞机坠机事件相隔 15 分钟，而对照公共汽车上一个乘客的手表，其所记录的时间间隔却是不同的，这并不是由于机械上的瑕疵造成钟表走时的不准，而是因为观察者所处的物体在以不同的速度移动，故而时间本身流逝的速度也就不一样了。所以，实际机械记录的时间也相应变慢了，但由于汽车是以低速在行驶，所以这种延迟就细微到难以察觉了（本章将会对此现象进行更为详尽的探讨）。

再举一个例子，让我们假设有一个人正在火车的餐车里用餐，而火车正在行驶中。在餐车服务员看来，这个人一直都在同一个地方（靠窗子的第三张桌子处）享用餐前开胃菜和甜点。但对两个固定在铁道某处的铁路扳道工来说，他们透过车窗看见的景象却是：一个刚好看见车里人在吃开胃菜，另一个却正好看见他在享用甜点。这是因为这两个事件发生的“地点”彼此相距许多英里。因此，我们可以说，某人觉得有两个事件于不同时间点发生在同一地点，但在处于不同状态或不同的运动状态的另一个观察者看来，不同的是事发地而非时间。

鉴于时空等效性的考虑，需要将上句中出现的“地点”（place）换成“时间点”（moment），而将“时间点”一词换为“地点”。这样这个句子就可写成：在一个观察者看来发生于同一时刻、不同地点的两个事件在处于不同运动状态的另一个观察者眼中却是发生在不同时刻的两个事件。在我们所用到的餐车例子中，我们希望服务生能拍着胸脯保证，用完餐后，坐在餐车两头的两位乘客在同一时刻点燃了香烟。那么在列车呼啸而过的瞬间，站在铁道上的扳道工看过车窗里的景象后，会坚持说刚刚车里已经有一位先生做过点燃香烟这个动作了。

因此，在一个观察者看来发生于同一时刻的两件事在另一位观察者的眼中却变成了发生于两个时间段的两件事。

这些都是四维几何必然会出现的结果：空间和时间只是恒定不变的四维距离在其对应轴上的投影。

2. 以太风和天狼星之旅

现在，让我们先扪心自问，对于我们已经适应的旧有时空观，使用四维几何语言的渴望是否会触发革命性的改变？

若答案是肯定的，那么我们挑战的将是整个经典物理学体系，因为它是以伟大的物理学泰斗牛顿在二百五十多年前为时空所下的一段定义为基础而建立起来的物理学体系："绝对空间，就其本身性质而言，与外界事物没有任何关联，总是恒定不变，且从不运动"，"绝对而真实的数学时间，就其本身的性质而言，与外界事物并无任何关联，只不偏不倚自顾流淌"。在写这些话时，显然牛顿没想过自己是在引述任何新的观点，或者是任何会为人所争议的事，他只是单纯地用一种精确的语言来表达空间和时间的概念，因为只要是稍有常识的人都会将其视为理所当然的事。而事实上，正因为人们对这些经典时空观坚信不疑的态度，才使得哲学家总是无条件地将之视为先验，奉为圭臬，以致在科学界，竟无一人（更不用说外行人了）考虑过这类的时空观念是错误的，且是需要重新接受检验和阐释的。那么，为什么我们应该现在来考虑这个问题呢？

答案就是，摒弃经典物理学的时间观，而将时间和空间都统一在四维的图景之中，不是由爱因斯坦式的纯粹美学欲望所决定的，也不是由爱因斯坦那源源不绝的天才式数学冲动所决定的，而是由实验研究中不断涌现的"顽固的事实"决定的。因为爱因斯坦的实验结果根本已经融入不了独立时空的经典图景之中，所以经典物理学的时空观难以解释这些"顽固的实验结果"。

对经典物理学这座固若金汤、状似永恒的美丽城堡制造第一次冲击波的是美国物理学家阿尔伯特·亚伯拉罕·迈克尔逊[①]，通过一次毫不起眼的实验，他发动了这次几乎撼动了这座精致建筑物的每一块石头的冲击波，使其城墙摇摇欲坠，就像约书亚[②]的号角下阵阵抖动的耶利哥（Jericho，《圣经》中提到的城名）一样。迈克尔逊实验的设想非常简单，它基于一个物理图景，亦即，光在通过所谓的"光介质以太"（一种均匀充盈于宇宙星际空间以及所有物质

① Albert Abrahan Michelson，亦即 A. A. Michelson，波兰裔美国籍物理学家，因发明精密光学测量仪及其在光学方面的相关贡献，于 1907 年获诺贝尔物理学奖。——作者注

② Joshua，约书亚是古希伯来人领袖摩西的接班人，带领古希伯来人进入上帝的应许之地迦南。——作者注

原子间的假想物质）时，会出现某种波状运动。

往一个池子里扔一个石子，波纹涟漪就会向四面八方扩散。同样，任何明亮物体发出的光也会以波动涟漪传播，就连一个振动的音叉所发出的声音也是以同样原理进行传播的。但是，就算水面的波纹清晰地表明了水中颗粒物质的运动，而且众所周知，声波是由于声音穿过空气或其他物质所产生的，我们还是无法找到任何可以做光波载体的物质媒介。事实上，光穿过空间是那样的轻而易举（这与声音恰好相反），以至于让人觉得似乎这空间完全就是虚空的！

但是，因为当时明明没有东西在振动，却硬要说有什么在振动，这似乎不太符合逻辑。所以，在试着解释光的传播时，物理学家们不得已只好引入了“光载以太”的新概念，以便为动词“振动”配备一个实体主语。因为从纯语法的角度来看，任何一个动词都必须有主语，而“光载以太”的存在是不可否认的。不过，此处的“但是”是一个涵盖甚广的“但是”，因为语法规则没有也无法向我们明确指出，在一个完全符合语法规则的句子里，必备的主语具有什么样的物理特性！

如果说光是由穿过光以太的波组成的，那么我们就可以把“光以太”定义为：光波传播穿过光以太。这样看来，我们的确是在讲一个福音式的真理，但这不过也就是絮絮叨叨的重复罢了。设置这个全然不同的问题只是为了找出“光以太”是什么和“光以太”的物理特性为何。所以，没有任何的语法（更不用说希腊语！）可以帮得了我们，因为答案只能来自物理科学。

正如我们接下来将会讨论到的，19 世纪物理学犯的最大一个错误就是：假设这个光以太所具有的性质与我们熟知的普通物理实体之性质十分相似。人们一旦提及光以太，总免不了谈论其流动性、刚性以及各种弹性性质，甚至有时候还会涉及光以太的内在摩擦。如此一来，光以太就具有了如下特性：一方面，在承载、传递光波时，光以太表现为振动的固体[1]；而另一方面，却又显示出其完美的流体性能，以及其对天体的运动没有任何阻力的特性——这是将其与火漆封蜡一类物质进行对比后得出的结论。而众所周知的却是，在机械的冲击下，火漆封蜡以及其他类似的物质极容易碎。但如果将其静置足够长的时间，它们却又能像蜂蜜“流动”一样，因着自身重量的力而流动。与此类似，旧有物理学假设充盈于所有星际空间里的光以太，就像一种坚硬的固体，对光的传播造成了速度极快的干扰。而相对于运行速度还要比光速慢上几千倍的恒星以及行星，以太光却又只能像一种性能良好的流体一般被星体们推离其运行轨道。

可以说，试图用一种人们除了名字外什么都不知道的事物，来归纳总结出人们已知的一般性物质所具有的特性，这种拟人化的思考方式，从一开始就大错特错了。也正因为如此，所以不论人们做出怎样的努力，都迟迟找不到对这种神秘光波载体最为合理的力学解释。

根据目前已有的知识背景，我们可以很容易地看出这类尝试错在哪里。事实上，我们知道所有的一般性物质，其力学属性都可追溯到构成物质的原子之间的相互作用上。如此一来，像水的高流动性、橡胶的弹性以及金刚石的硬度，所有的这一切都由以下事实所决定，即水分子间的滑动没有太多摩擦，橡胶分子可以容易地变形，而形成金刚石晶体的碳原子是以刚性点阵的形式紧密结合在一起的。因此，各种物质所共通的一切力学属性都源于它们的原子结构，但在面对绝对连续的物质，如光以太一类的物质时，这个规则就不再适用了。

光以太是一种类型奇特的物质，与我们平时所熟知的叫作“有形物质”的原子嵌套极不相似。我们可以将光以太称为“实体”（如果只是因为它充当了动词“振动”的主语的话），当然，我们也可以将之称为“空间”，但要留心我们先前看到的和将要再次看到的，空间可能具有的某些形态或

① 光波的振动被证实与光传播的方向垂直。对于普通材料来说，这种横向振动只发生在固体身上，而对于液体和气体而言，振动粒子只能沿着波前进的方向运动。——作者注

结构特征会使它比欧几里得几何学的概念复杂许多。而事实上，现代物理学却将“以太光”（先不考虑其所谓的动力性能）和“物理空间”这两个表达视作同义词。

我们现在已经跑题太远了，竟然跑到了对“以太光”的哲学分析上去了，让我们趁早回到迈克尔逊的实验主题上来吧。正如我们之前所说的，这个实验的出发点其实很简单。迈克尔逊当时的假设是：如果光就是通过以太的波，那么地表上的仪器所记录的光速就会被地球的空间运动所扭曲。站在地球上，朝向的方向正好与地球绕太阳运动的方向一致。如此一来，我们应该就可以感受到一阵阵“以太风”扑面而来，这就像一个人站在一艘船的甲板上，此时船正在快速航行，而就算在很平静的天气里，这个人也能很明显地感受到阵阵劲风掠过。当然，我们无法在现实生活中感知到“以太风”，因为据我们的假设，它能轻轻松松地在形成我们躯体的原子之间穿行，不过，如果测量跟我们运动相关的不同方向上的光速，那么我们应该就可以觉察到它的存在。众所周知，顺风而行的声音，其传播的速度要比逆风的快，同理可得，顺以太风传播的光，其速度自然也要比逆以太风传播的光速快。

因此，迈克尔逊教授开始着手建造一种装置，用于记录光在不同方向上传播速度的差异。当然，要实现这一目标，最简单的方法就是采用前面提到的斐佐实验仪器（图 24C），使用时需要将其转向不同的方向，以进行一系列的测量。然而，由此法得到的测量结果并不理想，因为这需要每一次的测量都达到很高的精准度。而实际上，由于我们所预期的速度差（与地球的运行速度一致）大概只是光速的万分之一，所以，我们需要保证每一次单独的测量都能达到极高的精确度才行。如果你有两根长度差不多的长棍，且你想要确切地知道它们之间到底相差多少，那么，只要把它们的一头并头放在一起来进行测量就能很容易得出差值。这就是所谓的“零点”法。

图 28 形象地展示了迈克尔逊的装置，通过使用这种零点法，该装置比较了光在两个垂直方向上的速度。

如图所示，装置的中心部分由玻璃板 *B* 构成，其上覆盖着一层薄薄的、半透明的银层。它将 50% 的光线发射出去，而让余下的 50% 的光线通过。因此，来自光源 *A* 的光束被分成彼此平行且均等的两部分。这两束光分别由两个反射镜 *C* 和 *D* 进行反射，而反射镜 *C* 和 *D* 与中心板的距离相等，被反射的最终将被送回中心板。

从 *D* 处折回的光束部分会穿过薄银层，且会跟由 *C* 处返回的光束——这束光部分会被银层所反射——合在一起。这样一来，这两束光线最终会在观察者的眼瞳中合为一体。根据一条众所周知的光学定律，我们可以说这两束光会相互干涉，并形成肉眼可见的明暗条纹系统。若 *BD* 和 *BC* 两段距离相等，那么这两束光就会同时返回到中心区，光亮的条纹区也将位于图像的中心部位。但如果距离稍微改变，相对于其中一个光束来说，另一束光就会迟一些到达，而条纹区域也将向右或向左移动。

由于此装置位于地表上，且地球空间运动的速度很快，所以我们必须寄希望于以太风的吹拂速度与地球运动的速度相等。比如，我们可以假定这阵以太风正从 *C* 处吹向 *B* 处（图 28 中所示），那么我们先猜猜看，在这两束光急匆

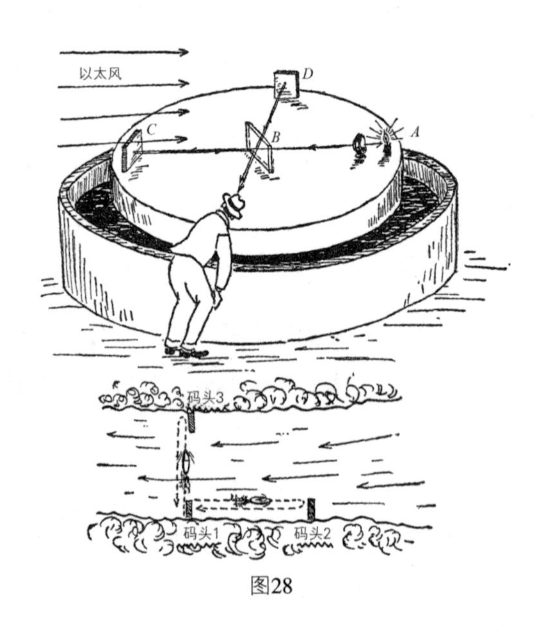

图28

匆赶到交会点时其光速会有什么差别？

记住，其中一束光先逆风而行，然后才是随风而返，而另一束光则同时与逆风和顺风相遇。那么，请问哪一个会先折返呢？

假设有一条河，河中有一艘摩托艇正从1号码头逆流驶向上游的2号码头，然后再顺流驶回下游的1号码头。水流在航程的前半段起了阻碍作用，而在顺流而返的途中起了正向帮助作用。这时候，你可能比较倾向于相信前后两种作用会彼此抵消，但事实却并非如此。为了弄清楚这一点，我们可以假设摩托艇的速度与水流的速度相等，即两者呈相对静止。在这种情况下，摩托艇将永远无法到达2号码头！所以，不难看出，在所有情况下，水的流动都会使往返行程的时间增长一个因子：

$$\frac{1}{1-(\frac{V}{v})^2}$$

此处的 V 是水流的速度，v 是船的速度①。

由此看出，如果船速是水流速度的10倍，那么，往返一趟所需的时间将是：

$$\frac{1}{1-(\frac{1}{10})^2}=\frac{1}{1-0.01}=\frac{1}{0.99}=1.01\text{（倍）}$$

也就是说，全程耗时将比在静水中所用的时间多1%。

如法炮制，我们可以计算出在河两岸往返一趟所耽搁的时间。这里的耽搁是因为从1号码头驶到3号码头的途中船必须稍微横向行驶，以便补偿流水所造成的漂移。在此种情况下，耽搁的时间就会稍微减少，减少的因子如下：

$$\sqrt{\frac{1}{1-(\frac{V}{v})^2}}$$

也就是说，在上面的例子中，时间只增长了0.5个百分点。要证明这个公式很简单，既如此，我们就把它留给好奇的读者自己探索吧。现在，让我们把

---

① 事实上，以 l 表示两个码头之间的距离，并记住下游的组合速度为 $v+V$，上游为 $v-V$，那么，我们在往返行程中的总耗时将是：

$$t=\frac{l}{v+V}+\frac{l}{v-V}=\frac{2vl}{(v+V)(v-V)}=\frac{2vl}{v^2-V^2}=\frac{2l}{v}\cdot\frac{1}{1-\frac{V^2}{v^2}}$$ ——作者注

河流换成流动的以太，把摩托艇换成传播中的光波，把码头换成两端的镜子，那么这就是一个迈克尔逊的实验方案。从 B 到 C 并返回 B 的光束现在将被延迟一个因数，即光通过乙醚的速度，而从 B 到 D 和返回的光必须被延迟这个因数。一束光从 B 处到 C 处然后再折回 B 处，由于因子 c 是光在以太中的传播速度，故而，时间被耽搁了：

$$\frac{1}{1-(\frac{v}{c})^2}$$

而自 B 处到 D 处又返回 B 处的光在传播的过程中一定会被耽搁：

$$\sqrt{\frac{1}{1-(\frac{v}{c})^2}}$$

由于以太风的速度与地球的速度相等，皆为每秒 30 公里，而光的速度是每秒 30 万公里，故而，两束光一定会分别延迟 0.01% 和 0.005%。因此，在迈克尔逊仪器的帮助下，要观察光束顺以太风传播以及逆以太风行进的速度都应该是很容易的事。

现在你就可以想象，迈克尔逊在进行试验时，他是有多惊讶，以至于略过了干涉条纹的小幅移动细节。

显然，不论光在以太风中怎样传播，以太风对光的速度都没有影响。

这一事实实在令人惊讶，以至于迈克尔逊起初都无法相信，但经过重复的仔细实验之后，他才最终确定自己最初得出的结论，尽管惊世骇俗，却绝对正确。

对于这意料之外的结果，唯一可能的解释似乎得基于大胆的假设，即在地球穿越太空的运动方向上，安装了迈克尔逊反射镜的巨大石质桌子发生了略微的收缩（所谓的斐兹杰惹收缩[①]）。事实上，如果 BC 收缩了一个因子：

$$\sqrt{1-\frac{v^2}{c^2}}$$

而 BD 保持不变，那么，这两束光所耽搁的时间就会相等，如此设想中的

① 斐兹杰惹第一个引进了此种概念——认为这纯粹是机械运动产生的效应。故而，此概念以他的名字命名。——作者注

干涉条纹的漂移就不会发生。

但是，迈克尔逊的桌子收缩这种可能性说起来容易，理解起来就会比较困难。没错，在我们的期望中，物质的确会在通过一个有阻力的金属层时收缩。比如，在湖面上疾驶的摩托艇，在其桨杆的驱动力和船头处的水流阻力的相互作用下，船体会受到轻微的挤压。但是，这种机械收缩的程度是由船艇材料的强度所决定的。一般而言，在受到以上机械压缩力时，钢质船艇将比木质的收缩得小。不过，在迈克尔逊实验中，导致这种消极收缩大小差异的，却是船艇的运动速度，而非所用材料的强度。

若安装镜子的桌子不是由石头做的，而是由铁、木头，抑或其他任何一种材料制成的，那么，其收缩量还是一样。很显然，在此我们碰到的是一个普适效应，就是这个普适效应使得一切运动物体都以完全相同的程度进行收缩。或者，我们应当效仿爱因斯坦在 1904 年对此现象做出的描述："在这里我们要处理的是空间本身的收缩问题，而所有运动速度相同的物体也都以相同的方式进行收缩[①]，这只是因为它们都处于相同的收缩空间之中。"

我们早已在前面两章（第三章、第四章）中对空间的性质做了充分的论述，所以上述陈述听起来才合情合理。为了将各种情况阐述清楚以避免歧义，我们可以想象空间具有某种弹性果冻的特性，而其中印有不同物体的边界痕迹。当空间因挤压、拉伸或扭曲而变形时，身处其中的一切物体之形状都将自动改变，且改变的方式也都相同。空间的变形引起了材料体的变形，而这些材料体的变形则必须与单个的变形区分开来，这里的单个变形是由各种外力造成的，而这些外力又会在如此变形的物体中产生内应力和应变。仔细观察图 29，图中描绘的二维情境有可能帮助解释这一重要区别。

不过，虽然空间收缩效应对理解物理学的基本原理至关重要，但实际上，人们在日常生活中却很少予以关注。这是因为在日复一日的生活经验中，能影响到我们的最高速度与光速相比简直小得可怜。

---

① 此处隐含收缩程度也相同的意思。

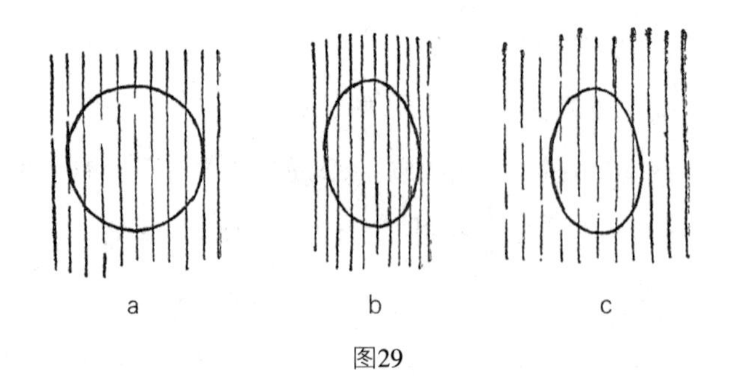

图29

比如，一辆时速为50英里的汽车，在行驶的过程中，其车身长度只减少了0.999 999 999 999 99个因子，这相当于整辆车的长度只减少了一个原子核直径的长度！而一架时速超过600英里的喷气式飞机，其长度在飞行的过程中也只减少了一个原子直径的长度。就连一枚全长100米的星际火箭，在以每小时超过25 000英里的速度上冲时，其长度也只减少了0.01毫米。

不过，若我们能将物体想象为以光速的50%、90%及99%的速度运动时，它们就分别会减少到其原有静止长度的86%、45%和14%。

下面是一首由无名诗人创作，纪念所有高速运动物体之相对收缩效应的打油诗：

年轻后生菲斯克（Fisk），
剑术精妙声赫赫。
招招带风自是歌，
不想一日遇菲德[1]，
长剑也要缩了个。

当然，这位菲斯克的出剑必须快如闪电才行！

从四维几何学的角度来看，可被观察到的所有运动物体的普遍性缩短，可

① 菲斯克、菲德首尾缩写，为押韵之故。

简单地解释为其恒定不变的四维长度在空间中的投影，而这个四维长度却又是由时空坐标旋转变化而成的。实际上，你必定还记得前一节提到过的坐标吧，当人们从运动着的系统上进行观察时，那些坐标的时间轴和空间轴都以一定的速率按一定的角度转动进而描述其观察到的事件始末。因此，如果在静止的系统中，我们于空间轴上投射了百分之百的四维间隔（图 30a），那么它在新的时间轴上的空间投射（图 30b）就总是更短些。

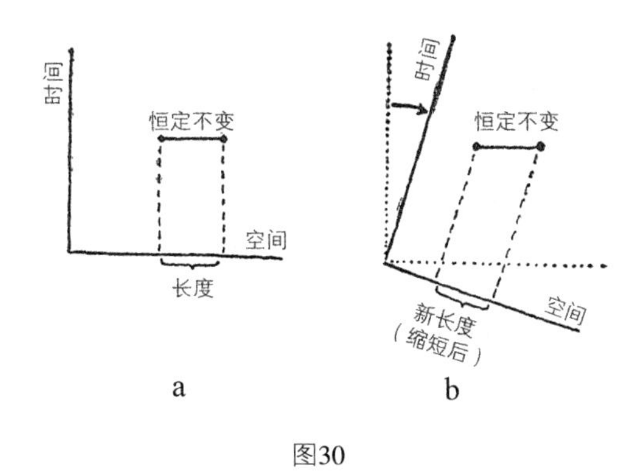

图30

不过，需要留心的一点是，预期缩短的长度只跟两个做相对运动的系统存在相关性。如果我们考虑的是一个相对于第二系统呈静止状态的物体，那么，它在这个新空间轴上的投影需要用与之平行的一条横线来表示。这样一来，它在旧轴上的投影就会缩短同样的因子数。

如此一来，想办法证实这两个系统中哪一个是“真正”运动的不仅没有必要，更没有实际的物理意义。所以重要的只是它们在运动中的关系。最重要的是它们二者在运动中的相对关系。所以，如果未来在地球和土星间有两艘“行星际通信有限公司”载客飞船在高速行驶的途中相遇，那么，透过舷窗，每艘船的乘客看到的景象都会是：另一艘飞船发生了明显的“缩小”，但与此同时，他们察觉不到各自乘坐的飞船其实也发生了相对缩小的情况。所以，争论哪一艘船“实际”缩小了是徒劳的，因为飞船缩小是搭乘不同飞船的乘客看到的景象，而对自身乘坐的飞船，从自身的角度出发，却看不到任何变化[1]。

此外，四维推理还让我们明白了为什么运动物体的相对收缩只有在其速度接近光速时才会变得明显。事实上，决定时空坐标旋转角度的是移动系统所覆盖的距离和覆盖该距离所需的时间的比率。

如果我们测量的距离以英尺表示，时间以秒计数，那么这个比率不过是将普通速度以每秒 × 英尺，即英尺 / 秒的形式表示出来而已。原因是，四维世界中的时间间隔是由普通时间间隔与光速之积来表示的，而旋转角度的比率则是由每秒运动的英尺（英尺 / 秒）数除以同样计算单位下的光速来决定的。因此，只有当两个移动系统的相对速度接近光速的时候，旋转角度及其对距离测量的影响才会变得明显。

同样，正如它会影响到长度的测量，转动时空坐标也会影响到时间间隔的测量。不过，显而易见的是，由于第四坐标具有特殊的虚数本质[2]，所以，当空间距离缩小时，时间间隔反而会扩大。如果在快速行驶的汽车上安一个计数用的表，你会发现这个表的走时要比安在地面上的同款钟表慢一些，连续的嘀嗒声之间的时间间隔会被延长。这种情况跟我们上面提到的长度缩短的情况一样，也是宇宙中一个普适的效应，只受运动速度的影响。所以，不论是新式的现代腕表，还是带有摆锤的祖父辈老式钟表，抑或是以流沙计时的沙漏，只要运动速度一致，那么，它们变慢的方式也将一致。当然，这种效应并不仅限于我们称为“时钟”和“手表”这一类特殊机械装置。事实上，所有的物理过程、化学过程或生物过程都将以同样的程度变慢。因此，当你在飞速运动的火箭船上煮鸡蛋做早餐时，你不用担心鸡蛋会因为表走得太慢而导致煮得太老，因为在煮的时候，鸡蛋内部的变化过程也会相应减慢，所以，请看着你的表，将鸡

---

① 当然，所有这些都是理论上的景象。事实上，如果两艘飞船以此处我们所提出的速度互相擦肩而过，那么这两艘船上的乘客就根本看不到另一艘船，就像你不可能看到步枪以该速度的零头所射出的子弹一样。——作者注

② 如果你愿意的话，也可以解释成是因为在四维空间中，毕达哥拉斯公式并不适用于时间维度。——作者注

蛋放在沸水里煮五分钟即可，这样的话，煮出来的鸡蛋便是广为人知的“五分钟蛋”啦。但在这里，我们用到的例子是一艘火箭船，而不是火车餐车，因为正如空间长度的收缩一样，只有当物体的运动速度接近光速时，时间的扩展才会变得明显。时间被扩展了：

$$\sqrt{1-\frac{v^2}{c^2}}$$

空间膨胀如同空间收缩一样，都由同样的因子表示出来。不同之处就在于，空间收缩时，这个因子是除数而不是倍数（乘数）。所以，若一个人运动的速度非常快，以致其长度缩短了一半，那么，与之相关的时间间隔就会变为原来的两倍。

这种在运动系统中时间变慢的情况，在星际旅行中成了一个有趣的现象。假设你决定去参观天狼星的一颗行星，而它距离太阳系 9 光年，你搭乘上一艘以光速行驶的飞船。这时候，你很自然地会认为从天狼星到回天狼星的往返一程至少要 18 年，因此你一定会筹划着携带上大量的食物以做供应。但如果你乘坐的飞船运行速度接近光速，那么你的所有担心都将是没有必要的，而所有的防患措施也完全是多余的。事实上，如果你的速度能达到光速的 99.999 999 99%，那么，你的手表、你的心脏、你的肺、你的消化和思考过程都将会减慢 70 000 倍。如此一来，地球到天狼星往返一趟所需的 18 年（这是从地球人的角度看到的时间）对你而言，不过是区区几个小时而已。而事实上，若是你一吃完早饭就从地球出发，那么，当你的飞船降落在天狼星的一个行星上时，正好是你想吃午饭的时间。或者，如果你行程匆忙，吃完午饭后马上就得回家，你也很可能会赶到晚饭时回到家。但在这里，如果你忘了相对论定律，那么，当你回到家时定会大吃一惊，因为你会发现自己的朋友和亲戚已经“弃”了你，认为你已经迷失在了星际之中，而且自你走了之后，他们一共享用了 6570 顿晚餐了！且因为你是以接近光速的速度在运动，故而地球上的 18 年对你来说，也不过才一天的光阴而已。

但要是移动得比光还快呢？我们可在另一首相对论打油诗中找到答案：

花季少女布赖特，
莲步轻移快过光。
一日白天出门去，
爱因斯坦遥指说，
昨夜早已归家来。

所以，很显然，接近光速的速度可以让时间慢下来，而超越光速的速度定会把时间倒过来！此外，由于毕达哥拉斯根式下代数符号发生了变化，时间坐标就会变为实数，从而变为我们所熟知的空间距离。同样，在超光速系统中，所有长度都通过零变成虚数，进而变成时间间隔。

若所有这些都是可能的，爱因斯坦把一个标尺转变成了一个闹钟也将变为可能，只要他能设法获得超光速的速度，相应地，这个戏法就能变为现实。

不过，虽然这个物理世界很疯狂，但也没那么疯狂。这种黑魔法式表演明显不可能存在，不过可简单概括如下：没有一样物质能以光速或超光速的速度运动。

这条基本自然定律的物理基础在于：大量的直接实验证明了，所谓的惯性质量在运动物体进一步加速的过程中会产生机械阻力，且在物体运动速度接近光速时会无限增大。因此，如果一颗转轮手枪的子弹以光速 99.999 999 99% 的速度射出，那么其对进一步加速的阻力相当于一发 12 英寸的炮弹。而当速度达到 99.999 999 999 999 99% 的光速时，这颗小子弹所具有的惯性阻力将等同于一辆重载货车的惯性阻力。所以，不管我们怎么努力，怎么给这颗子弹施加压力，我们也永远征服不了最后一位小数，使其速度完全等同于光速——这个宇宙中所有速度的上限！

3. 弯曲空间与重力之谜

读者在读过以上的几十页文字后，一定觉得那些关于四维坐标的讨论太过晦涩难懂，为此，我深表歉意。现在，我邀请大家先到弯曲空间去散散步，换换心情。谁都知道什么是曲线、什么是曲面，但是“弯曲空间”对你来说又是什么呢？之所以很难想象出这样一种现象，并不主要因为受到固有概念不寻常性的影响，事实却是由于即使我们能从外部观察曲线和曲面，但三维空间的弯曲只能从内部进行观察，而矛盾的点就在于，我们就身处三维空间之内[①]。为了理解三维空间里的人如何才能感知到他所处空间的曲率，我们需要先设定一个二维影子生物在平面以及曲面上生活的情况。在图 31a 和图 31b 中，我们可以看到平面以及曲面（球面）这类“表面世界”，影子科学家正在研究其所处的二维空间的几何学特征。当然，可以用来研究的最简单的几何图就是三角形，即由连接三点的三条直线构成的图形。大家在高中几何课上都学过，平面上的任何一个三角形，其三个角的角度之和都是 180 度。但是，对于绘于球面上的任意三角形，这样的定理却是不适用的。实际上，一个球面三角形可由两条从极点发散出的地理子午线的部分构成，并且它们切割成的平行部分（此处借用了地理学上的概念）在基部相交形成了两个直角，同时还形成了一个角度分布于 0 到 360 度的顶角。比如在图 31b 中，这两个二维影子科学家正在研究的三角形，其三个角的角度之和就是 210 度，而非 360 度。由此可见，通过测量二维世界中的几何图形，这两个二维影子科学家不需要从外面进行观察，就可以探知到自己所处世界的曲率。

那么现在，将上述观察应用到一个增加了一维的世界，我们非常自然地就可以得出以下结论：生活在三维空间中的科学家只要测量自己所处空间中连接三个点的三条直线之间的夹角，就可以很容易地确定自己所在空间的曲率。若三个角之和为 180 度，那么空间是平坦的；否则，空间就一定是弯曲的。

但是在我们进一步论证之前，必须将直线这一表达的意思弄清楚才行。观察图 31a 和图 31b 中的两个三角形，读者可能会说，平面上的三角形（图 31a）

① 此处大有“只缘身在此山中，当局者迷”之感。

之边都是真正的直线，而球面三角形（图 31b）的边是服帖于球面的大圆弧[1]，赤道和子午线均是这样的大圆。所以实际上，这些边是弯的。

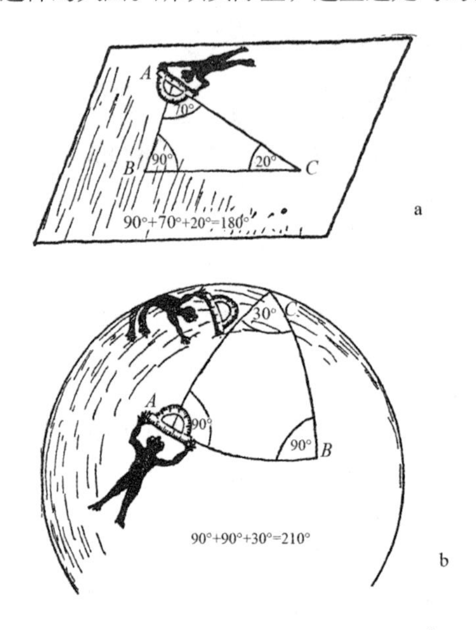

图 31　平面以及弯曲“表面世界”的二维科学家们用欧几里得定理检验各自所处空间中的三角形之和

这是基于我们的几何学常识而提出来的一种说法。这种说法否定了二维影子科学家对他们各自所处的二维空间发展的可能性。关于直线的概念需要一个普适的数学定义，以便它不仅能在欧几里得几何学中站得住脚，也能在平面的线段及更复杂的空间中寻到自己的立足点。这种概括可以通过将“直线”定义为表示两点之间最短距离的线来获得，该线与绘制它的表面或空间相符。通过对“直线”下定义，我们可以得到如下概括：直线表示的是曲面或空间内两点之间的最短距离。当然，在平面几何中，上述定义和我们认知里的直线概念是一致的，而在更复杂的情况下，比如说在曲面上，有一束符合定义的线，那么它们在这里所扮演的角色与欧几里得几何中普通“直线”所充当的角色相同。

① 大圆指的是被一个通过球体中心的平面分割而得的圆。——作者注

为避免产生误解，人们常把代表曲面上两点之间最短距离的线称为测地线或大地测量线。之所以使用这样的称谓，是因为这个概念首先被运用在大地测量学中，即在地球表面的测量学科中使用。事实上，当我们说起纽约到旧金山之间的直线距离时，我们指的是“像乌鸦一样直线飞行”——沿着地表曲率，而不是假设一个巨大的矿工钻头会向前推进，直直地钻透地球。

以上所提内容将“广义直线”或“测地线”定义成了两点间的最短距离，这表明我们可在所讨论的两点之间拉一条线以构造出这样的线，这是制作此类线最简单的物理方法。如果你选择在平面上做以上操作，那你会描绘出一条普通的直线，但如果在球面上操作，你会发现这根“线”沿着球面圆弧伸展开来，这个圆弧对应的是球面的测地线。

用同样的方法，我们还可以弄清楚我们所居住的三维空间是平的还是弯曲的。需要做的就是将空间中的三个点彼此拉开，看看这种情况下形成的三角形三个内角之和是不是 180 度。但在实验的设计阶段，我们必须记住两个要点。第一点是因为曲面或空间的很小一部分在我们看来可能平，所以必须进行大范围的实验；显然，我们不能指望测量自家后院就能确定地球表面的曲率！第二点是曲面或空间的某些区域可能是平的，而另一些则是弯曲的，因此彻底地测量就很有必要了。

在创设广义弯曲空间理论时，爱因斯坦的想法中包含了以下一项了不起的假设，即物理空间是在巨大质量的附近才变得弯曲的，且质量越大，弯曲率就越大。为了通过实验来证明这个假设，我们可以选一座漂亮的大山（图 32A），绕着山安置三个木桩，并在木桩间拉三根绳子，然后再测量三根绳子之间形成的夹角。就算你选到最大的山，即使是喜马拉雅山的一个山丘，你最终也会发现：在测量误差允许的最大范围内，三个内角的度数之和恰好是 180 度。然而，这个结果并不一定意味着爱因斯坦就是错的，也并不表示大质量的存在不会使周围的空间弯曲。因为即使是喜马拉雅山这样大质量的存在，也不一定能让其周围的空间弯曲到用最精密的测量仪器就可以测算出差值的地步。

大家一定还记得伽利略尝试用快门灯测量光速却惨遭失败的事吧！

图32A

所以，你不必气馁，但这一次一定要找一个更大的质量存在，例如太阳。

你会发现，你要是从地球上的某个点拉一根弦到一颗恒星上，然后再从这颗恒星上拉一根弦到另一颗恒星上，最后将弦引回地球原来的那一点上。需要注意的是，你在选择恒星时，太阳的位置始终要处在三根弦围成的三角形之中。这样一来，你就会发现，这个三角形三个内角之和与 180 度相比发生了明显的出入。看吧，这下子，我们的尝试不就成功了嘛！如果你没有足够长的绳子来做这样的实验，那么不妨用一束光来代替它，这不会对最后的结果产生任何影响。因为光学告诉我们，光总是选择最短的路线进行传播。

如图 32B 中所示，我们可以直观地感受测量光束之间夹角的这项实验。位于太阳两侧（观测时）的恒星 S_{I} 和 S_{II} 的光线会聚入经纬仪，进而由经纬仪测算出它们之间的夹角；接着，需要在太阳离开时再进行一次测量，并将两次测量的结果，亦即两个夹角进行比较。测量结果如有不同，则证明太阳的质量改变了它周围空间的曲率，进而使光线偏离了原来的路径。这项实验最初由爱因斯坦提出，目的是检验他自己的理论。读者可参考图 33 所示的二维类比景象，以便更好地理解情况。

图32B

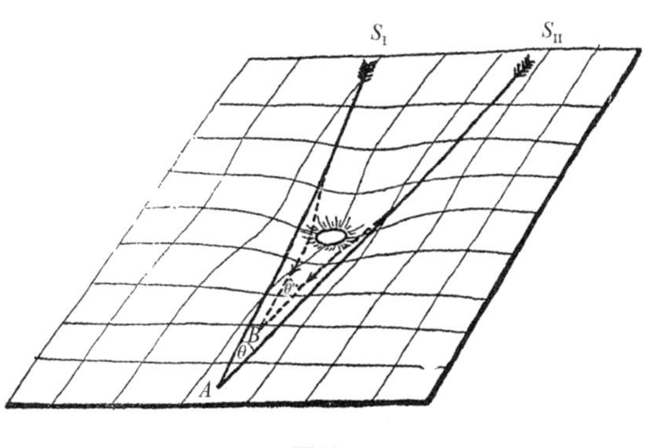

图33

在一般情况下要进行爱因斯坦的这项实验，有一个很明显的障碍：因为太阳光本身亮度灼眼，所以我们无法看清其周围的恒星，但在日全食期间，人靠肉眼也可在白天清楚地看到恒星。而发现这一实际情况的是英国的天文队。在1919年的时候，英国天文队到普林西比群岛（西非）探险，当时刚好遇到日全食的情况，他们就是在这样的状况下进行了实际的观测，并得出以下结论：在有太阳和无太阳的情况下，两颗恒星之间的角距离相差为1.61″±0.30″。而爱因斯坦的理论估测值为1.75″。此后，人们又在有太阳和无太阳两种情况下做了多次观测，得到的都是类似的结果。

当然，这不能算作一个多大的角度，但它却足以证明太阳的质量确实迫使其周围的空间发生了弯曲。

如果我们用的是比太阳还要大的恒星来代替太阳，那么欧几里得的三角形内角定理就会因出现若干分，甚至若干度这样的误差而被认定为不再适用。

对三维空间中的观察者来说，想要习惯三维弯曲空间的概念，的确需要一些时间来适应，同时也需要具备丰富的想象力才行。而你一旦找到了感觉，它就会像任何其他广为人知的古典几何概念一样，清晰而明确地显现在你眼前。

为了全面地弄清爱因斯坦的弯曲空间理论，并理解其与万有引力基本问题的关系，我们还需要再向前迈一步。为顺利达成这个目标，我们必须谨记，之前一直在讨论的三维空间只是四维时空世界的一部分，而四维时空世界才是一切物理现象发生的大背景。因此，三维空间本身的曲率所反映的只不过是四维时空世界更一般的弯曲而已，而代表光线和物质运动的四维世界线则必须被看作超级空间中的曲线。

从这个角度再来审视这个问题，爱因斯坦就得出了一个相当重要的结论，即重力现象仅仅是四维时空世界弯曲而产生的效应。而实际上，现在我们可以摒弃以下过去的观点，即太阳以某种力直接作用于行星，从而使得行星围绕特定的圆形轨道运动。那么新的、更准确的说法应该是：太阳的质量使它周围的时空世界发生了弯曲，而图 23 中行星的世界线看起来之所以是那样的，只是因为它们本身是穿过弯曲空间的测地线而已。

如此一来，重力作为一种独立力的概念就从我们的原有推理中完全消失了，取而代之的是纯几何空间的概念：所有的物质都在其他巨大质量造成的弯曲空间中，沿着“最直的线路”或称测地线运动。

4. 闭空间和开空间

在没有对爱因斯坦时空几何的另一个重要问题——有限宇宙和无限宇宙的有无——做简要的探讨之前，我们还不能结束这一章。

到目前为止，我们一直在讨论的都是大质量物质附近空间的局部弯曲情况。这些局部弯曲就好像是在宇宙这张巨脸上长出了各种“空间粉刺”。那么，除了这些局部偏差之外，宇宙的表面是平的还是弯曲的？如果真是弯曲的，那又是以怎样的形式发生的弯曲？在图 34 中，我们给出了一个平面空间的二维图解，还有“两个可能类型的曲面空间”。所谓的“正弯曲”空间对应的是球体表面或任何其他封闭的几何图形，也就是说，无论它朝哪个方向走，它弯曲的方式都是一样的。而与之相反的“负弯曲”空间，则是在一个方向上朝上弯曲，而在另一个方向上向下弯曲，且状似马鞍的表面。若你从足球上割下一块皮革，从马鞍上割下另一块，并将这两块皮革都放在桌面上，展开弄平，你可以很清楚地看到这两块皮子的弯曲率是不同的。你会注意到，如果不人为地将它伸展或收缩，那么无论哪一块都不能展平于桌面。但是，从足球上割的这块皮子一旦被展平，马鞍皮子就会缩成褶子。而足球皮子边缘部分皮子料不足，所以很难摊平；相反，马鞍皮子又太多，所以不管我们怎样费力拉平，它表面都会出现褶子。

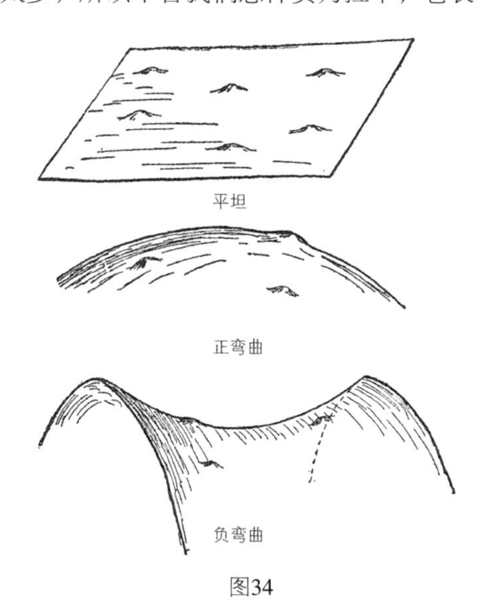

图34

我们可以换一种方法来陈述这一观点。假设我们从某一定点开始，算一算1英寸、2英寸、3英寸（需要沿着表面计数）内的这类“粉刺”数量。那么，我们会发现，在平坦的、未经雕刻的表面上，“粉刺”的数目会像距离的平方增长方式那样以2次指数增长，即1，2，3对应的是1，4，9，余下的以此类推。而在球面上，粉刺数的增长要比平面上慢，但到了“鞍形”面上却又增长得很快（甚至比在平面上还要快）。所以，生活在地表的二维影像科学家们无法从外部观察到自己所处的二维世界的形状，但却仍然能够通过计算不同半径的圆内“粉刺”的数量来了解其弯曲的情况。在这里，我们也可以注意到，在测量三角形内角度数时，位于正曲面和负曲面上的三角形内角度数是不同的。这就是我们在前一节中学过的内容，即绘制在球面上的三角形，其内角之和总是大于180°。而你要是在马鞍面上画一个三角形，测算之后，你会发现其内角之和总是小于180°。

以上通过曲面实验得出的结果可以推广到三维空间的情况下使用，由此，得到了下表：

空间种类	远距离的表现表征	三角形三个内角之和	球体增加的体积
正弯曲（球体模拟类球体）	自我封闭	>180°	比半径立方体慢
扁平化（类平面）	无限延展性，无限延展	=180°	与半径立方体一致
负弯曲（类鞍形）	无限延展	<180°	比半径立方体快

该表可用于探寻我们所居住的三维空间是有限还是无限这一问题的答案。而这个问题将在第十章中予以讨论，届时将会涉及宇宙的大小问题。

ONE
TWO
THREE
...

INFINITY

第三部分

微观世界

第六章　下降的阶梯

1. 古希腊人的思想

在分析物质的性质时，一种明智的做法是从熟悉的“正常大小”的物体开始，然后一步步深入到其内部结构，探寻人眼所看不到的导致其性质的根本原因。所以不妨让我们从你餐桌上的一碗蛤蜊浓汤说起。我们之所以选择蛤蜊浓汤，不是因为它有营养又美味，而是因为它是一个很好的“非均质材料”的例子。就算不借助显微镜，你也可以看出来这是很多种不同的配料组成的混合物：蛤蜊片、洋葱片、番茄丁、西芹段、大小均匀的土豆块、胡椒末、小肥肉粒，全都混合在咸咸的汤水里。

我们在日常生活中所见到的大部分物质，尤其是有机物，都是由不同的成分组成的，虽然很多时候我们都要借助显微镜才能确认这一点。比如，只要用一个低倍放大镜，你就可以发现牛奶是由一种均匀的白色液体和浮在液面上的小油滴组成的稀薄的乳状液体。

普通的花园土也是一种精妙的混合物，其中含有石灰石、高岭土、石英、氧化铁、其他矿物质和盐类等微观颗粒物，还包含动、植物腐烂后产生的各种有机物。如果我们将普通的花岗岩抛光打磨，我们应当立刻可以看出这块石头是由三种不同物质（石英、长石和云母）的结晶体紧密结合在一起形成的固体。

在我们对物质内部结构的研究中，对非均质材料的组成的研究仅仅是第一步，或者说是我们下降的阶梯的最上面一级。在每一个这样的实例中，我们可以对形成混合物的各种“均匀的”材料直接进行调查研究。而对于真正的均匀物质，比如说一截铜丝、一杯水、室内的空气（当然要忽略悬浮其中的灰尘），即便放在显微镜下观察，也看不出其中有不同成分的痕迹，整个物体看起来是完全一致的。没错，就铜丝而言，其实也是就几乎所有的固体（不包括那些由玻璃材料组成的非结晶体）而言，在高倍率放大之后所展现出来的正是所谓的“微晶结构”。但是我们在均匀材料中看到的独立晶体本质上都是一样的——铜丝中的铜晶体、铝锅中的铝晶体等——譬如一小把紧密压缩的精制盐里只有氯化钠晶体。通过一种特殊的技术（缓慢结晶法），我们可以将盐晶体、铜晶体、铝晶体，或其他任何均匀物质增大到我们想要的尺寸，而这样一块“单晶体”物质就会如水或玻璃一样每一部分都是均匀的。

通过肉眼，再辅助以现今最先进的显微镜进行观察，我们能够证明我们所说的均匀物质无论被放大多少倍看起来都是一样的吗？换句话说，我们是否可以认为，无论我们手中的铜丝、盐或水的数量有多少，它们总是与更大的样本具有完全一样的特性，并且总是可以被分成更小的部分呢？

最早提出这个问题并尝试寻找答案的人是大约2300年前生活在雅典的古希腊哲学家德谟克利特[①]。他给出的答案是否定的。他更倾向于认为无论给定的某种物质看起来有多均匀，它一定是由大量（多大量他不知道）独立的非常小（有多小他也不知道）的微粒构成的，他将这些微粒称作“原子”或者“不可分物”。在不同的物质中，原子或不可分物的数量是不同的，而在性质方面，它们实际上是一样的。火原子和水原子看似不同，本质其实相同。所有的物质实际上都是由相同的永恒的原子组成的。

一个与德谟克利特同时代的叫恩培多克勒的人则持不同的观点，他认为世界上有几种不同的原子，它们按照不同的比例混合在一起就形成了众多不同的已知物质。

---

① Democritus，约公元前460—前370，原子唯物论学说的创始人之一。

基于当时已有的初级化学知识，恩培多克勒辨别出四种不同的原子，分别对应着四种当时所谓的基本物质：土、水、空气和火。

根据以上观点，土壤就是土原子与水原子之间紧密混合在一起形成的。混合度越高，土质就越好。土壤中长出的植物将土原子、水原子与来自太阳光线的火原子结合在一起，形成了木的复合分子。将失去了水元素的干木柴进行燃烧，可以看作将木分子分解成原始的火原子和土原子，火原子逸散在火焰中，而土原子仍化归灰尘。

这种解释在科学处于萌芽状态的时期听起来很符合逻辑，但我们现在知道这实际上是错误的。我们知道植物是从空气中获得生长期所需要的大部分物质，并不是如古人所想的吸收自土壤——虽然如果没有人告诉你，可能你也如古人所想的一样。土壤本身，除了为植物提供支撑，并作为储水器储存其需要的水分外，仅仅能提供很小一部分植物生长所需要的盐类，故而一小抔土壤上就可以长出一大棵玉米秸秆。

而空气实际上则是一种氮气和氧气的混合物（并不是古人认为的简单元素），还含有一定数量的由氧原子和碳原子构成的二氧化碳。在阳光照射下，植物的绿叶吸收空气中的二氧化碳，二氧化碳与植物根部提供的水分发生反应后就生成了植物生长所需要的各种有机养料，产生的部分氧气则被返还到空气中，这一过程证实了“植物可以净化空气”的说法。

当木头燃烧时，木分子再次与空气中的氧气结合，又变回二氧化碳和水蒸气，在烈焰中逸散出去。

至于古人所认为的进入了植物材料结构中的“火原子”其实并不存在。阳光所提供的仅仅是二氧化碳分子分解所需要的“能量”，从而使得这种气体食物可以被生长中的植物消化，而且，既然火原子并不存在，显然它们的“逸散”并不能解释什么是火，火焰不过是受热后的聚集气流，只是在受热过程中释放出来的能量使其变得可见了。

现在让我们再举一个例子来说明古代和现代化学转化观点之间的这样的

差异。你肯定知道不同的金属是由相应的矿石在高炉中经高温冶炼出来的。乍看之下，原矿石跟普通的岩石没多大区别，所以也难怪古代科学家们认为矿石跟普通岩石都是由相同的土原子构成的。但是当他们将一块铁矿石投入烈火中后，却得到了一种跟普通石头完全不同的东西——一种可以做出好刀和锋利的矛头的坚硬而有光泽的物质。当时对这种现象的最简单的解释就是金属是由石头和火结合形成的——换言之，土原子与火原子相结合形成了金属分子。

将这种解释广泛地用来解释所有金属时，他们将铁、铜和金等不同的金属具有不同的性质解释为其形成过程中所参与的土原子和火原子的比例不同。闪闪发光的金比暗淡无光的铁含有更多火原子，这不是显而易见的吗？

但是如果是这样的话，为什么不往铁中，甚至更进一步往铜中加入更多火原子，把它们变成珍贵的黄金呢？颇具实用精神的中世纪炼金术士们这样想着，就在烟熏火燎的炉边度过了大半生，企图用便宜的金属做出“人造黄金”。

我们从他们的观点来看，他们所做的跟现代研究合成橡胶制作方法的化学家所做的事情一样合理。他们在理论与实践上的谬误，要归咎于他们将各种金属看作复合物，而不是元素。但是，倘若不做尝试，人们怎么能知道哪种物质是元素，哪种是复合物呢？如果不是这些早期化学家将铁铜转化为金银的徒劳尝试，我们可能永远也不会知道金属是基本化学物质，而含金属矿石则是金属原子与氧气结合形成的复合物质（现代化学称之为金属氧化物）。

铁矿石在高炉的烈焰中转化为金属铁的过程并不是像古代化学所认为的那样是一种原子（土原子和火原子）的结合，而恰恰相反，其实是一种原子的分离，即氧原子从复合的氧化铁分子中分离的过程。暴露在潮湿环境中的铁器表面上出现的锈迹也并不是在铁分解过程中火原子逸散后留下的土原子组成，而是由铁原子与空气或水中的氧原子反应生成的氧化铁复合分子组成[1]。

从上面的讨论可以看出，古代科学家对物质内部结构和化学转化本质的概念基本上是正确的，他们的错误在于对基本要素的构成有所误解。实际上，恩培多克勒所列出的4种物质没有一种真正是基本的。空气是几种不同气体的混合物，水分子是由氢原子和氧原子组成的，岩石具有非常复杂的成分，包含许多不同的元素，最后，火原子甚至根本就不存在[2]。

实际上，自然界中存有不是4种而是92种不同的化学元素，即92种不同的原子。这92种化学元素中的某一些，如氧、碳、铁和硅（大多数岩石的主要成分）在地球上存量相当丰富，大家耳熟能详；有一些则相当稀少，你甚至可能从没听说过，例如镨、镝、镧这样的元素。除了自然元素，现代科学还成功地人工合成了几种全新的化学元素，我们稍后会加以讨论，其中一种被称为钚的元素注定会在原子能的释放中发挥重要作用，无论是出于战争需要还是为了维护和平。这92种基本元素的原子之间以不同的比例结合，可以形成无数的各种复杂的化学物质，如白水和黄油、石油和土壤、石头和骨头、茶叶和炸药，以及许多其他物质，等等。那些优秀的化学家可以倒背如流的化合物名称，大部分人却很可能一下子都读不上来。并且，现在还正有大量的化学手册问世，以总结由各种原子组合出来的无穷无尽的物质的属性和制作方法等。

---

① 因此，炼金术士会通过以下公式表达对铁矿石的处理过程：

土原子（矿石）+ 火原子→铁分子

铁的锈化则表达为：

铁分子→土原子（铁锈）+ 火原子

而对于以上过程，我们是这样表达的：

氧化铁分子（铁矿石）→铁原子 + 氧原子

铁原子 + 氧原子→氧化铁分子（铁锈）——作者注

② 在本章后面我们会提到，火原子的概念在光量子理论中又得到了部分重现。——作者注

2. 原子有多大?

当德谟克利特和恩培多克勒谈到原子时，他们的论点基本上立足于一些模糊的哲学观点，认为物质不可能被不断分成更小的部分，其实迟早会成为不可分的单元。

当一个现代化学家谈到原子时，他指的是更明确的东西，因为对基本原子及其在复杂分子中的组合的精确认识对于理解化学基本定律是绝对必要的，根据该定律，不同的化学元素仅仅按照明确的质量比例进行组合，这个比例必须能明显反映这些物质的不同原子之间的相互权重。因此，化学家就会总结氧原子、铝原子和铁原子一定分别比氢原子重 16 倍、27 倍和 56 倍。不过，虽然不同元素的相对原子质量代表了最重要的基本化学信息,但原子的实际质量(以克表示) 在化学工作中绝对不重要，对于精确质量的了解程度绝不会以任何方式影响其他化学事实，也不会影响到化学规律以及化学方法的应用。

然而，当物理学家想到原子时，他想到的问题必然是："原子的实际尺寸是多少厘米，它们的重量是多少克，以及在一定数量的材料中有多少个原子或分子？有没有什么办法能让我们单独地观察、评估和操纵一个原子和分子？"

估算原子和分子的大小有许多不同的方法，其中最简单的方法是，如果没有现代实验室设备，德谟克利特和恩培多克勒能想到这种方法，可能也会使用它。如果任何材料，比如一截铜丝的最小组成单位是一个原子，那么再怎么延展也不会使这种材料比其原子的直径还薄。因此，我们可以试着将铜线拉长，直到它最终变成一条原子链，或者我们可以将它锤打成一片只有原子直径那么厚的薄铜箔。但是如果用铜线或任何其他固体材料进行上述尝试，其实几乎是不可能成功的，因为在得到所需的最小厚度之前，这类材料必然会破裂。但是液体材料，例如水面上的薄油层，却很有可能被延展成一个由油分子组成的单层薄膜，一种由"单个的"分子水平相连并且没有上下堆积的、纯粹的单层膜。

只要谨慎和耐心，读者们就可以自己进行这个实验，从而通过简单的方法测量出油分子的大小。

将一个较浅的长容器（图 35）放置在桌面上或地板上，使其绝对水平，往里面加水直到边缘位置，然后把一根金属丝横着放在上面并使其能接触到水面。如果你现在在金属丝的某一侧滴下一小滴纯净的油，那么油滴就会迅速扩散并覆盖该侧的水面。现在，如果沿着容器边缘向没有油的一侧移动金属丝，油层就会跟着金属丝扩散，并且变得越来越薄，直到最后会变成如一个油分子的直径那样薄。在这之后，如果继续移动金属丝，完整的油层就会破裂，露出下面的水。已知你向水中滴入的油的量，加上保证油层不破裂情况下所能覆盖的最大面积，你就可以轻松算出一个油分子的直径了。

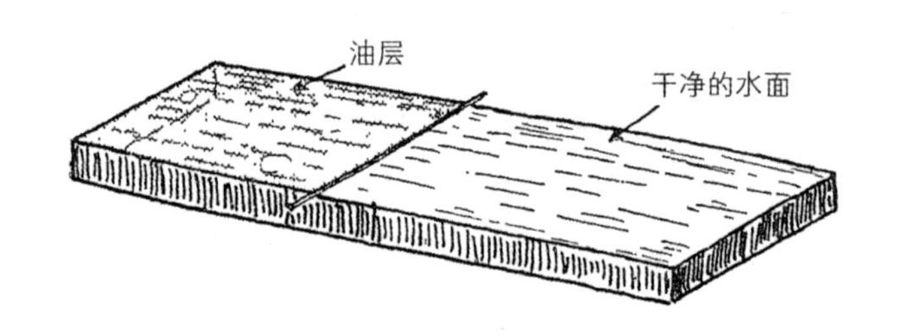

图35　延展过度时水面上的薄油层破裂了

在进行这个实验时，你可能会观察到另一个有趣的现象。当你向干净的水面上滴入油时，你首先会注意到油面上熟悉的彩虹色，正如你可能在船来船往的港口的水面上也经常看到的一样。这种色彩是由一种著名的现象——光线在油层的上、下两层界面上的反射光互相影响——造成的，而不同的地方颜色不同则是因为延展过程中的油层还没有均匀分散开，不同的地方厚度不同。如果你再等一会儿，等到油层均匀分散开，整个油层就都具有同一种颜色了。随着油层变薄，光线波长递减，油层颜色将逐渐从红变黄，从黄变绿，从绿变蓝，从蓝变紫。如果使油层继续扩散，这种色彩就会彻底消失。这并不意味着油层不在了，而仅仅是它的厚度变得小于最短的可见波长，其色彩已经超出了我们的可见范围。但是你仍然能够区分油性表面和清澈的水面，因为这极薄的油层上下界面的反射光互相干扰会使得油面亮度降低，所以，当颜色消失后，在反射光下，油性表面看起来会比水面更"暗淡"，以此与之区分开。

在实际进行这项实验时，你将会发现1立方毫米的油可以覆盖约1平方米的水面，但如果使油层继续伸展，水面就会露出来了[①]。

3. 分子束

在对气体和蒸气通过小孔流入周围真空区的研究中，还可以用另一种有趣的方法展示物质的分子结构。

假设我们有一个高度真空的大玻璃球（图36），里面放置一个由黏土圆筒做成的电炉，圆筒的一端有一个小孔，筒身缠绕着具有加热作用的电阻丝。如果我们在电炉内放入一些低熔点金属，如钠或钾，圆筒内部会充满金属蒸气，这些金属蒸气会通过圆筒壁上的小孔进入到周围空间，遇到冷的玻璃壁后就会粘在上面，在玻璃壁的不同地方形成镜面般的薄膜，这些薄膜将清晰地向我们展示物质离开电炉后的运动方式。

---

① 那么，油层在恰好未破之前有多薄呢？为了便于计算和理解，我们将1立方毫米的油滴设想成一个边长为1毫米的立方体，为了将1立方毫米油扩散到1平方米的面积上，就要将油立方体与水面相连的一面的边长从1毫米扩大1000倍（面积则从1平方毫米到1平方米），因此，为了保持总体积不变，原始立方体与水面垂直的边长必须缩小$1000 \times 1000 = 10^6$倍。而这就是油层的最终厚度，也就是油分子的实际直径，这个值大约为$0.1cm \times 10^{-6} = 10^{-7}cm$。而一个油分子是由多个原子组成的，所以原子的尺寸还要更小。——作者注

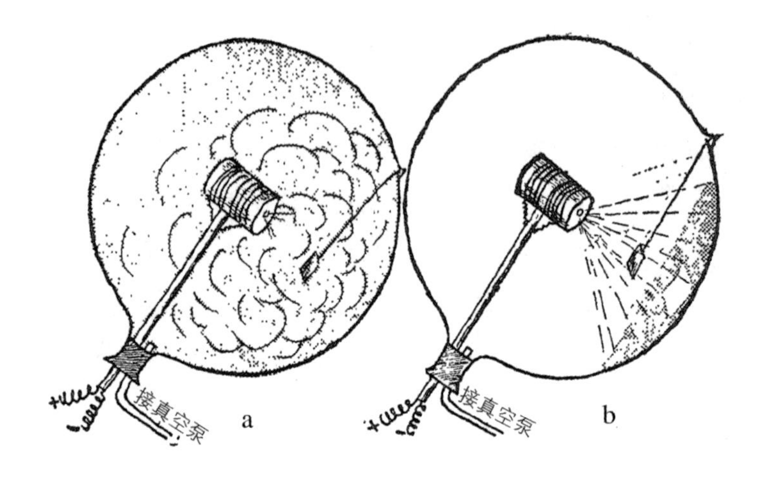

图36

此外，我们还能发现，电炉的温度不同，薄膜在玻璃壁上的分布也不同。当电炉温度很高时，其内部的金属蒸气密度也相当高，这时所见的现象看起来就跟水蒸气从茶壶中逸出来的景象一样。金属蒸气从小孔中出来后会向各个方向扩散（图 36a），充满了整个球体，并在玻璃壁上形成一层大体上比较均匀的附着物。

但是，当温度较低时，电炉内部金属蒸气密度较低，整个现象看起来就大不相同了。从小孔中逸散出来的金属蒸气不再是向四面八方扩散，看起来反而是沿着一条直线移动，并且其中大部分都附着在正对着小孔的玻璃壁上。如果将一个小物体放置在小孔正前方（图 36b），这个现象看起来就更明显了：该物体后方的玻璃壁上没有形成附着物，并且无附着物区域的形状与该障碍物的几何阴影的形状一模一样。

如果你还知道蒸气是由大量的独立分子在一定空间内向各个方向横冲直撞并且不断地相互碰撞而形成的，就不难理解在高密度和低密度下逸出的气体之间的行为差异。当蒸气密度高时，通过小孔流出的气流可以被比作起火的剧院门口冲出的汹涌人流，虽然已经冲出大门，但是溃散在街道四面八方的人还是会互相碰撞。另外，当密度较低时，就好像每次只有一个人通过，因此可以不受干扰地直接往前走。

从炉孔出来的低密度的物质流被称为“分子束”，是由大量并排飞过空间的独立分子组成的。这种分子束在研究分子个体的特性方面非常有用。例如，可以用它来测量热运动的速度。

用于研究这种分子束速度的装置最早是由奥托·斯特恩①发明的，其与斐佐②用来测量光速的设备（图 24C）几乎一模一样。斯特恩的装置由安装在公共轴上的两个齿轮组成，这样的结构使得只有当旋转角速度达到一定值时，分子束才能从其中通过（图 37）。在这个装置中，通过用隔膜拦截薄分子束，斯特恩成功证明分子运动的速度一般非常高（温度为 200℃时，钠原子每秒移动 1.5 公里），并且还会随着气体温度的升高而增加。这一发现为热动力学理论提供了最直接的依据，该理论认为物体热量的增加仅仅是其分子的不规则热运动的加剧。

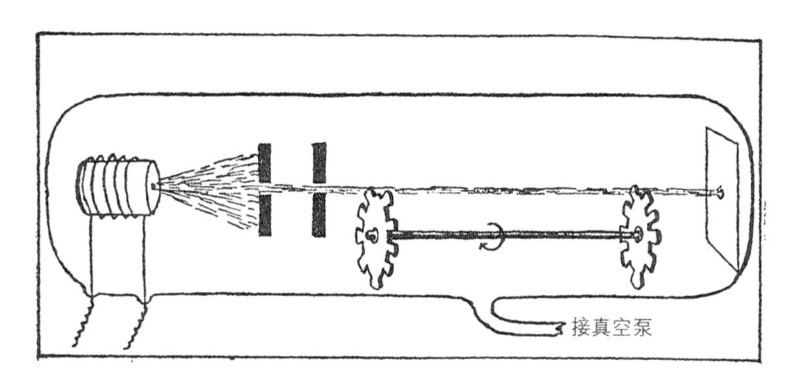

图37

4. 原子摄影

虽然上面的例子几乎毫无疑问地证明了原子假说的正确性，但“眼见为实”

① Otto Stern，1888—1969，德裔美国核物理学家、著名实验物理学家。

② Fizeau，1819—1869，法国实验物理学家。

仍不失为一条真理，所以能够证明原子和分子存在的最令人心悦诚服的证据还得靠人眼看到这些微小的单位。就在最近，英国物理学家布拉格[①]发明了一种可以得到不同晶体中单个原子和分子的影像的方法，从而成功地展现出其视觉形象。

然而，大家绝不要以为拍摄原子是一件容易的事，因为在拍摄这些小物体的照片时，必须考虑到这样一个事实：除非照明光的波长小于被拍摄物体的尺寸，否则照片会不可避免地模糊不清。用刷墙的刷子可画不出波斯细密画！研究微生物的生物学家就很清楚其困难程度，因为细菌的大小（约 0.0001 厘米）与可见光的波长差不多。为了提高图像的清晰度，他们在紫外线下拍摄细菌，从而得到成像效果更好的显微镜照片。但是，晶体中的分子的尺寸和它们彼此之间的距离太小了（0.000 000 01 厘米），以至于无论是在可见光下还是在紫外线下都无法得到它们的影像。为了看到单个的分子，我们必须使用波长比可见光短数千倍的射线，换句话说，我们必须使用 X 射线。

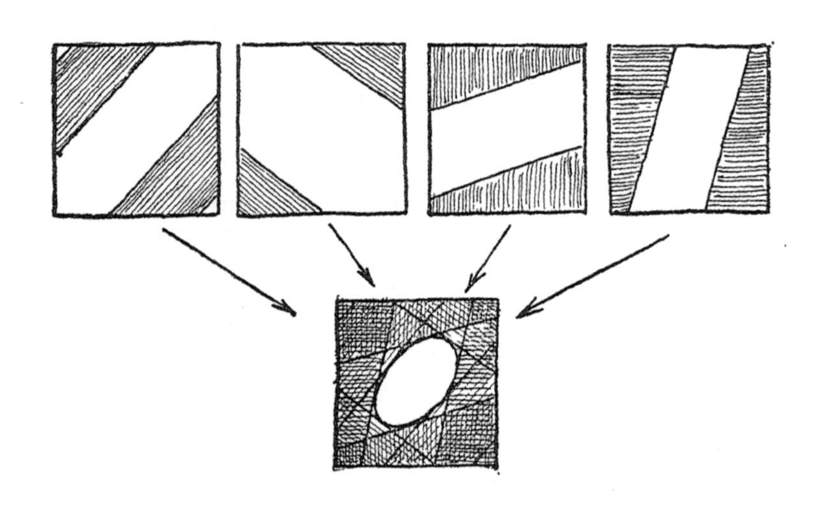

图38

① William Lawrence Bragg，1890—1971，英国晶体学家。

乍一看，局面似乎令人绝望，但布拉格找到了一种颇为巧妙的方法。这种方法基于阿贝[①]的显微镜成像理论，即任何显微图像都可以被看作大量单独图案的重叠，这些图案则是以特定的角度穿过场域所形成的阴影带。图38中给出了一个简单例子来说明上述论点，上面展示了如何将四个不同的阴影图案重叠来获得黑暗背景中央的明亮的椭圆形。

根据阿贝的理论，显微镜的功能在于：（1）将原始图像分成大量单独的带状图案；（2）将每个图案放大；（3）把放大后的图案重叠，从而获得放大的图像。

这个过程可以与使用多个单色板打印彩色图像的过程相类比。如果单独看每一块色板，你可能无法分辨出上面的图片含义，但只要把它们以正确的方式重叠，整幅图就清晰明了地呈现出来了。

但是我们没法做出能自动执行上述三个过程的X射线透镜，所以我们不得不一步一步地进行：首先，从各个不同的角度拍摄大量不同的X射线带状图案，然后将它们以适当的方式重叠放在一张摄影感光纸上。因此，我们可以做到X射线透镜做的事，但是透镜几乎可以立即完成的动作——一个娴熟的实验人员要忙碌几个小时才能做到。这也是为什么使用布拉格的方法我们只能得到晶体的照片，因为晶体中的分子保持稳定，而液体和气体中的分子四处乱跑，这种方法就不管用了。

虽然用布拉格的方法得到的图片不是用普通的相机拍出来的，但其毫不逊色于任何其他合成照片。如果出于技术原因无法用一张底片拍出完整的大教堂的图片，那么应该不会有人反对多用几张底片来拍吧！

通过这种方式，我们可以得到一张六甲基苯分子X射线照片，化学家是这样描述它的：

---

① Ernst Karl Abbe，1840—1905，德国物理学家、光学家。

```
      H        H
      |        |
   H—C—H   H—C—H
      |        |
H     C————C     H
|    /          \    |
H—C—C          C—C—H
|    \          /    |
H     C————C     H
      |        |
   H—C—H   H—C—H
      |        |
      H        H
```

由六个碳原子组成的环和连接在环上的另外六个碳原子都清晰地显示在图像上了，较轻的氢原子则几乎看不出来。

即使是怀疑主义者，在亲眼看到这样的照片之后，也会认同分子和原子的存在是真真切切得到证实了的。

5. 解剖原子

德谟克利特给原子起的名字（atom）在希腊语中的意思是“不可再分的”，他认为这些微粒代表着物质所能被分成的最后的限度，换句话说，原子是组成所有物质的最小的，也是最简单的结构。几千年过去了，原始的“原子”哲学思想已经融合了精确的物质科学，大量的实证赋予其血肉，同时流传下来的还有原子不可再分理论和不同元素的原子属性不同是因为其几何形状不同的假想。例如，氢原子曾被认为是近球形的，而钠原子和钾原子则被认为是拉长的椭圆形。

另外，氧原子的形状曾经被认为是中间的圈几乎完全封闭的环形，这样，将两个球状氢原子分别从两边放在氧原子中间的圈里（图 39）就可以形成一个水分子（H_2O）。至于钠原子和钾原子在水中会置换出氢原子的取代反应则被解释为细长形的钠原子和钾原子比球形的氢原子更适合融入氧原子的中心圈中。

图39　里德伯（Rydberg），1885

根据这些观点，不同元素发射出的光谱不同则被归因为不同形状的原子的振动频率不同。立足于此观点，物理学家们试图通过观察发光原子的光线频次来推测出其原子的形状，正如我们从声学的角度解释小提琴、教堂大钟和萨克斯的音色不同一样。

然而，这些仅仅根据各种原子的几何形状解释它们的化学性质和物理特征的尝试并没有取得任何进展，直到人们意识到原子不是具有不同形状的简单结构，反而是由大量动态结构组成的复杂机制时，对于原子属性的研究才真正向前迈出了第一步。

在解剖细微的原子的复杂操作中，划下第一刀的殊荣属于著名的英国物理学家汤姆森[①]，他证明了不同化学元素的原子是由电吸引力作用下的带正电和负电的结构结合而成的。汤姆森认为原子是一种几乎均匀分布的正电荷，其内部飘浮着大量带负电的粒子。他命名为“电子”（electron）的带负电的粒子的电荷总量等于正电荷的电荷总量，所以原子总体上是电中性的。然而，由于设想中原子对电子的约束相当松散，其中的一个或几个可以被分离出来，留下被称为“正离子”（positive ions）的带正电的原子残基。反过来，如果原子能够从外部获得几个额外电子的原子加到其结构中，就会具有过量的负电荷，因而被称为“负离子”（negative ions）。从原子中分离出正电荷或加入额外负电荷的过程则被称为电离（ionization）过程。汤姆森的观点立足于迈克尔·法拉第[②]的经典著作，法拉第证明了无论何时，原子携带的电荷电量总是数值为 5.77×10^{-10} 静电单位的基本电量的一定的倍数。而汤姆森研究出了从原子中提取电子的方法，并通过研究高速飞行的自由电子束，证明了原子的本质是一个个粒子，从而比法拉第的研究更深入了一步。

汤姆森对自由电子束的研究的一个特别重要的成果是对其质量的测算。他用一个强电场从热导线之类的材料中提取出一束电子束，并使其通过充过电的电容器的两极板之间（图 40）。由于带负电，或者更准确地说，作为自由的负电荷，电子束中的电子被吸引到正极，却被负极排斥。

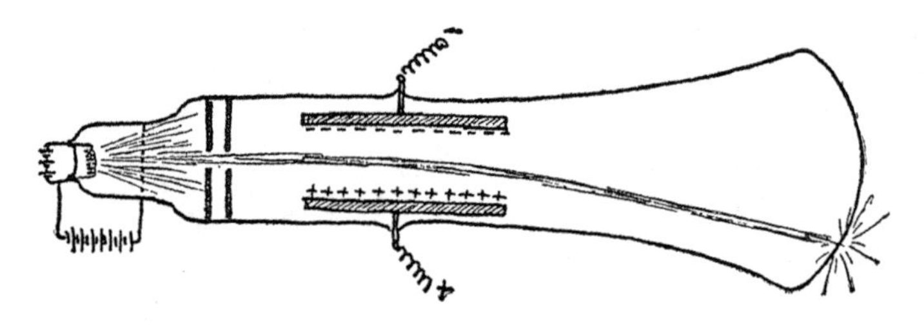

图40

① J. J. Thomson，1856—1940，英国物理学家，诺贝尔奖获得者。

② Michael Faraday，1791—1867，英国物理学家、化学家，首次发现电磁感应现象以及产生交流电的方法，被称为“电学之父”和“交流电之父”。

在电容器后面放一块荧光屏，当电子束落在屏上，我们就可以很容易地观察出电子束所发生的偏离。知道了每个电子的电荷量，以及它在给定电场的偏离度，就可以算出它的质量，结果证明这个数值确实非常小。实际上，汤姆森发现电子的质量比氢原子的质量小 1840 倍，这就意味着原子质量的主要部分集中在带正电的部分中。

汤姆森对于在原子内部移动的负电子群的看法是完全正确的，但是，他所认为的正电荷在原子体内的均匀分布的观点却与事实相去甚远。1911 年，卢瑟福[①]证明，原子的正电荷以及大部分质量集中位于原子正中心极小的“原子核”（nucleus）中。这一结论来自他的“阿尔法（α）粒子”通过物质时散射的著名实验。这些 α 粒子是由某些重质不稳定元素（如铀或镭）的原子自然分解而释放出的微小的高速粒子，并且，由于它们的质量被证明与原子质量相当，而且它们带正电荷，所以它们一定是原子中带正电部分的碎片。当 α 粒子穿过靶材料的原子时，它会同时受到电子的吸引力和原子正电荷部分的排斥力的共同影响。然而，由于电子非常轻，它们基本上无法影响入射的 α 粒子的运动，就像一群蚊子不可能影响到受惊大象的逃跑。但是，如果 α 粒子通过时靠得足够近，原子中质量大的正电部分和入射 α 粒子中的正电荷之间的排斥力一定会使后者偏离其原本的轨迹，并散射到各个方向。

在研究一束 α 粒子通过一截细铝丝后出现散射时，卢瑟福得出一个惊人的结论，为了解释所观察到的结果，我们必须假设入射的 α 粒子与原子中正电荷之间的距离小于原子直径的千分之一。当然，只有“入射的阿尔法粒子和原子的正电荷都比原子本身小几千倍”，以上假设才有可能成立。因此卢瑟福的发现将汤姆森原子模型中均匀分布的正电荷压缩到了原子正中央的微小的“原子核”中，而负电荷群则留在核外。这样一来，原子看起来就不再像是一个大西瓜，电子是其中的西瓜子，而更像是一个微缩的太阳系，其中原子核是太阳，电子则是各个行星。

---

① Ernest Rutherford，1871—1937，英国著名物理学家，原子核物理学之父。

以下事实可以进一步证实原子与行星系的相似性：原子核占据了整个原子质量的99.97%，而太阳系中99.87%的重量集中在太阳上，类似行星的电子之间的距离超过电子直径的几千倍，而我们所发现的行星间的距离也是行星直径的几千倍。

但是，最重要的相似之处还在于原子核与电子之间的电吸引力与太阳和行星之间的重力作用都遵循同样的数学上的反向平方定律①。电吸引力使电子围绕原子核沿着圆形或椭圆形轨道移动，这与太阳系中行星和彗星的运动轨迹也颇为相似。

根据上述的关于原子内部结构的观点，不同化学元素的原子之间的差异在于围绕着原子核旋转的电子的数量不同。既然原子整体上是电中性的，围绕着其原子核旋转的电子的数量一定是由原子核本身所具有的正电荷的数量决定的，而反过来，这个数量可以直接根据所观察到的 α 粒子受原子核电荷干扰偏离轨迹形成的散射而推算出来。卢瑟福发现："在根据质量由小到大排列的化学元素自然序列中，每一种元素都比前一种多一个电子。"因此，氢原子有1个电子、氦原子有2个、锂原子有3个、铍原子有4个。以此类推，直到最重的自然元素铀，它一共有92个电子②。

一个原子的这种数字编号通常被称作该原子的"原子序数"，其恰好也跟代表着该元素在化学家根据其化学属性所列出的分类表中所处位置的位置编号相同。

因此，任何元素的所有物理和化学性质都可以简单地用围绕在原子核中心的电子的数量来概括。

---

① 指的是该力与两个物体之间的距离的平方成反比。——作者注

② 现在我们对炼金术（见下文）有所了解了，我们可以人工合成更加复杂的原子。因此用于原子弹中的合成元素钚有94个电子。——作者注

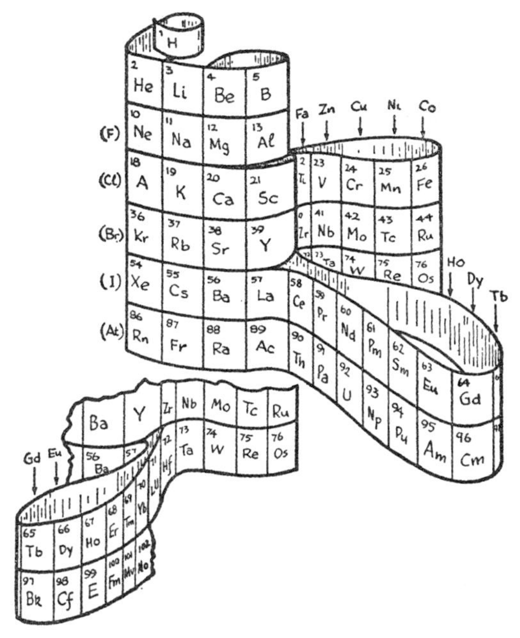

正面图

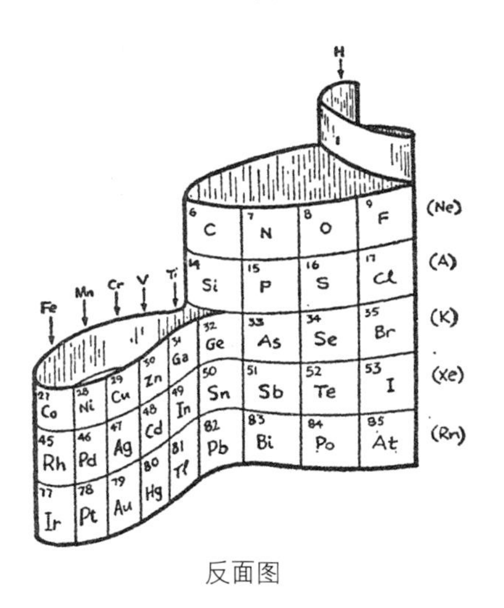

反面图

图 41　分布在螺旋带上的元素周期系统，显示了周期 2、8 和 18。正面图左下角的简图代表着从周期中脱落的原子（稀土元素和锕系元素）的循环的另一面

在19世纪末，俄罗斯化学家门捷列夫[1]注意到以自然序列排列的元素的化学性质具有明显的周期性。他发现元素的属性每隔几个就开始重复。图41就展示了这种周期性，其中所有已知元素符号都排列在围绕圆柱表面的螺旋带上，经如此排列，具有相似属性的元素都位于同一列上。我们看到第一列只包含氢和氦两种元素。然后包含8种元素的有2列。最后，每隔18个元素，元素属性就重复一遍。

如果大家还记得在元素序列中，每往前一步，原子的电子就多一个，我们必然可以得出结论：我们所观察到的化学属性周期一定是由某种稳定的电子结构，或"电子壳层"的反复形成所造成的。最先形成的壳层一定由2个电子组成，接下来的两个壳层各有8个电子，之后的每一个壳层都有18个电子。从图41中我们也注意到，在第六和第七周期中，属性的严格周期性变得有点混乱，有两组元素（所谓的稀土元素和锕系元素）必须被放在一条从标准的圆柱表面上突出来的一段上。这种异常是由于电子壳层结构发生了某种内部重建，这对相关的原子的化学性质造成了严重破坏。

现在，有了原子的照片后，我们可以试着找出是何种力量将不同元素的原子结合在一起形成了无数化学合成物中的复杂分子。例如，为什么钠原子和氯原子结合在一起会形成食盐的分子呢？图42展示了这两种原子的壳层结构，从中可以看出，氯原子还缺少一个电子才能变成第三种壳层，而钠原子在变成第二种壳层后额外多出一个电子。因此，这个额外的电子一定会有进入到氯原子中填满不完整的壳层的趋势。由于电子的这种转移，钠原子变成了带正电（因为失去了一个负电子），而氯原子则多了一个负电荷。在它们之间电吸引力的作用下，这两个带电的原子（它们被称为"离子"）会结合在一起，形成一个氯化钠分子，也就是常说的食盐分子。用同样的方式，外部壳层失去两个电子的氧原子会"绑架"两个氢原子中唯一的电子，从而形成一个水分子（H_2O）。

---

① D. Mendeleev，1834—1907，俄罗斯科学家，发现化学元素的周期性，制作出世界上第一张元素周期表。

另外，氧原子和氯原子，或氢原子和钠原子之间不会有任何结合的趋势，因为在前一种情况中，两者都想要获得但不会给出电子；而在后一种情况中，两者都不想要多余的电子。

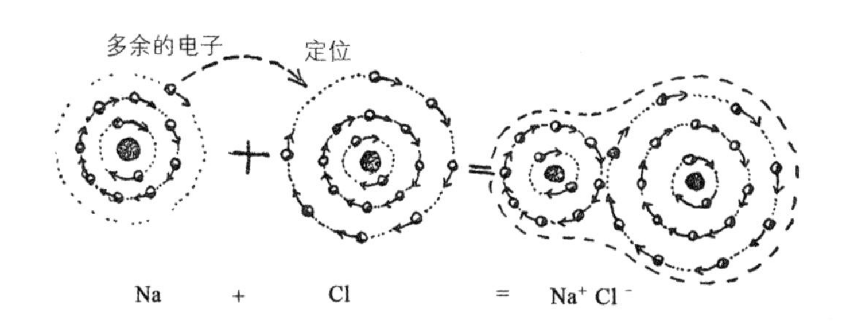

图42　氯化钠分子中钠原子和氯原子结合的示意图

具有完整电子壳层的原子，如氦、氩、氖和氙，都是能完全自给自足的，不需要给出或获得额外的电子；它们更喜欢保持光荣的孤独，使其对应的元素（所谓的“惰性气体”）具有了化学惰性。

在结束关于原子及其电子壳层这一部分之前，我们再提一下原子在被统称为“金属”的物质中所扮演的重要角色。金属物质与所有其他材料的不同之处在于，它们对于壳层的电子的约束相当松散，还时常会放跑一个电子。所以金属内部充满了大量独立的电子，它们像流浪汉一样毫无目的地游荡。当一根金属丝的一端通电时，这些自由电子就会沿着电力作用的方向快速移动，形成我们所说的电流。

自由电子的存在还导致了高导热性，我们会在后面的章节讨论这一点，这里暂不赘述。

6. 微观力学与不确定性原理

我们在前一部分已经了解到，原子及其电子围绕中心核旋转的系统与行星系统非常相似，因此，我们自然会猜想原子应该也遵循公认的支配行星围绕太阳运动的天文学规律。尤其是电吸引力定律和万有引力定律之间的相似性——两者都是吸引力与距离的平方成反比——更令人认为电子一定以原子核为中心沿着椭圆形的轨迹移动（图 43a、b）。

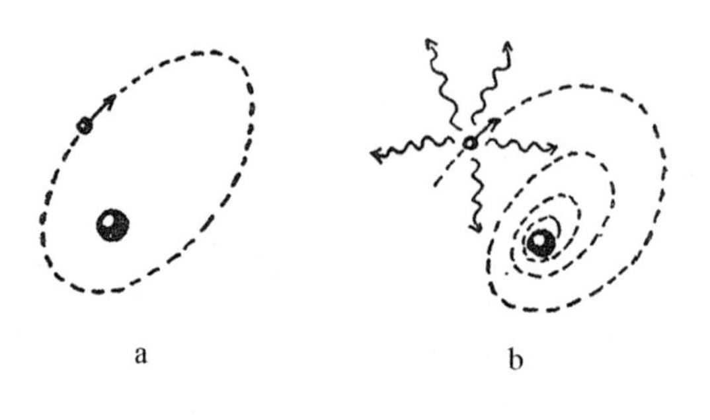

图43

然而，一直到不久前，所有试图描绘出一幅与我们的行星系统运动图像一致的电子运动的图像的尝试都造成了出乎意料的灾难，这些灾难严重到有一段时间里，人们都认为要么是物理学家们彻底疯了，要么就是物理学本身完全失常了。问题的根源主要在于，与太阳系的行星不同，电子是带电的，而且，就像任何振动或旋转的电荷一样，它们绕着原子核的圆周运动必然会引起强烈的电磁辐射。由于辐射会带走能量，所以可以推测为电子沿着螺旋轨迹向原子核靠近，并且最终在其轨道运动的动能完全耗尽后落到原子核上。至于在这个过程中所消耗的时间，根据已知的电荷和电子的旋转频率，就可以轻松算出电子失去全部能量并落到原子核上所需的时间应该不超过 0.01 微秒。

因此，直到不久前，拥有着最先进的知识和最坚定的信念的物理学家们仍然认为类行星的原子结构不应该存在超过一秒的极小的一部分，而且一旦形成就注定要立即崩溃。

然而，尽管有这些物理学理论上的糟糕的预测，实验却表明原子系统实际上非常稳定，电子仍然自由地围绕着它们中央的原子核旋转，既没有任何能量损失，也没有任何崩溃的倾向！

怎么会这样！为什么过去众所周知的力学定律应用到电子身上得出的结论

与所观察到的事实如此矛盾呢？

要回答这个问题，我们必须转向最根本的科学问题：科学本身的本质问题。什么是“科学”？什么叫作对自然事实的“科学解释”？

举一个简单的例子，大家应该还记得古希腊人认为地球是平的。几乎不会有人因为这样的信念而责备他们，因为如果你走进一片开阔的田野，或者乘着小船横渡水面，你就会“亲眼”看到这是真的，除了零星的丘陵和山脉之外，地球的表面“看起来确实是平的”。古人的错误不在于“从一个给定的观察点所能见到的地球是平的”论述，而在于将这一结论延伸到了实际观察范围之外的地方。事实上，那些超出了传统范围的观测，例如，对月食期间落在月球上的地球阴影形状的研究，或麦哲伦著名的环球旅行，都直接证明了这种延伸是错误的。我们现在会说，地球看上去是平的仅仅是因为我们能看到的范围只占地球总表面的很小一部分。同样，正如第五章所讨论的那样，宇宙的空间可能是弯曲的和有限的，尽管在有限的观察范围内，它看起来平坦而又无边无际。

但是，这与我们在研究原子中电子的力学行为时所遇到的矛盾又有什么关系呢？答案是，在这些研究中，我们已经默默地假设原子的机制与庞大的天体的运动，以及我们日常生活中所习惯的“正常大小”的物体的运动都遵循同样的规律，因此可以用同样的术语来描述。事实上，人们所熟悉的力学定律和概念是在以与人类体形相当的物体为材料的实验中建立的。这些定律后来被用来解释大得多的物体，如行星和恒星的运动。而天体力学的成功，使我们能够以最高精度计算千百万年后和数百万年前的各种天文现象——将传统机械定律加以延伸，用来解释大天体的运动看起来似乎没有任何问题。

但是，我们怎么能保证适用于巨大的天体，以及炮弹、钟摆和玩具陀螺的力学定律也适用于那些比我们所有的最小的机械设备要小且要轻，只有几十亿分之一甚至上百亿分之一的电子运动呢？

当然，“我们没有理由预先假定普通力学定律一定无法用来解释原子微小的组成部分的运动，但在另一层面，如果其真的不能，我们也无须过于惊讶”。

因此，试图以天文学家解释太阳系中行星的运动的方式来推测电子的运动所产生的矛盾的结论，首先必须被视为基本观点和经典力学定律在应用到这样极其小的粒子时可能出现了变化。

经典力学的基本概念包括质点的移动轨迹的概念，以及质点沿其轨迹移动的速度的概念。“无论何时，任何运动的物质粒子都在空间中占有一定位置，粒子的一连串位置形成的一条连续的线叫作轨迹”这一命题一直被认为是不证自明的，并且成了描述任何移动物体的运动的基本依据。给定物体在不同时刻的两个位置之间的距离，除以相应的时间间隔，就得到“速度”的定义，立足于位置和速度这两个概念，经典力学就此建立。一直到最近，还不曾有科学家想过用于描述运动现象的那些最基本的概念会有一丁点儿不妥，哲学家们也习惯把它们看作“先验的”。

然而，尝试用经典力学定律描述微小原子系统内的运动的彻底失败表明，有一些东西从根本上就是错的，越来越多的人认为这种“错误”就在于经典力学所立足的最基础的概念上。运动物体的连续轨迹以及给定时间内的具体速度这两个基本的运动学概念如果运用到原子内部的微小结构似乎“太粗糙”了。简而言之，把我们熟悉的经典力学理论延伸到极小的物质领域的尝试最终证明，如果想要这么做，我们必须大幅修改这些理论。但是，如果经典力学的旧概念不适用于原子世界，那么它们对于宏大物体运动的描述也不可能是“完全”正确的。因此，我们可以得出结论，经典力学的基本原理只能被看作“真实情况”一种很好的近似，而一旦我们试图将它们应用到比其原本适用的系统更微妙的系统中时，其结果就相差甚远了。

对原子系统的力学行为的研究，以及所谓的量子力学的创立，给物质科学带来了重要的新元素。量子力学发现，“两个不同的物体之间的任何可能的相互作用都有一定的下限”，这一发现对运动物体轨迹的经典定义造成了极大的破坏。事实上，运动物体具有精确的数学轨迹这一说法意味着用某种特制的物理仪器“有可能”记录下这种轨迹。但是，不要忘记，在记录任何运动物体的轨迹时，我们必然会干扰原来的运动；事实上，如果运动的物体对记录其在空间连续位置的测量仪器上施加某种作用，根据作用力等于反作用力的牛顿定律，该仪器就会反作用于运动的物体。如果像在经典物理学中假设的那样，两个物体之间的相互作用（在本例中是运动物体和记录其位置的仪器之间的相互作用）可以根据需要变得很小，我们就可以设想出一种概念装置：它非常敏感，能够记录运动物体的连续位置，并且几乎不会干扰到物体的运动。

“物理相互作用的下限”的存在使情况发生了很大的变化，因为我们再也无法将记录时所引发的对运动的干扰降低到任意小的值。所以，“由观察引起的对运动的干扰成为运动本身的一个组成部分”，并且，我们不得不用具有一定厚度的扩散带来代替表示轨迹的无限细的数学直线。“根据新力学，经典物理学中的清晰的数学轨迹应该变成一条宽阔的扩散带”。

然而，通常被称作“作用量子”的物理相互作用的下限值非常小，且只有当我们研究非常微小的物体的运动时才发挥作用。例如，虽然左轮手枪子弹的轨迹在数学上并不是一条确切的直线，但这条轨迹的“厚度”比构成子弹的单个原子要小很多，因此可以假定其实际上为零。然而，对于那些更容易受到运动测量干扰影响的较轻物体，我们发现它们的轨迹的“厚度”变得越来越重要。“就围绕中心原子核旋转的电子而言”，其轨迹的厚度与其直径相当，因此，我们不能像图 43 中那样用一条直线来表示其运动轨迹，而必须用图 44 中那样的图像来表示。在这类情况下，粒子的运动不能用经典力学中熟悉的术语来描

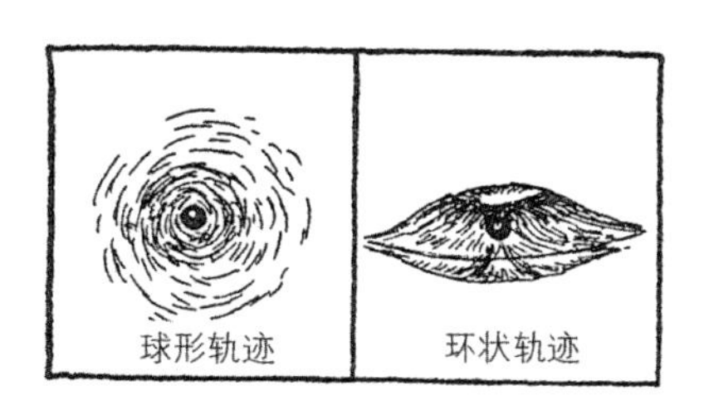

图44　原子中电子运动的微观力学图像

述，其位置和速度都会受到某种不确定性原理[①]和玻尔[②]的影响。

新物理学的这种惊人的发展，把我们熟悉的运动轨迹、运动粒子的确切位置和速度等概念扔进了废纸篓，什么都没给我们留下。如果我们不能在电子研究中使用这些曾经公认的基本原理，我们还能根据什么来理解电子的运动呢？什么数学体系能代替经典力学方法以解决量子力学所带来的位置、速度、能量等的不确定性呢？

我们可以通过研究经典光学理论领域存在的类似情况来找出这些问题的答案。我们知道，在日常生活中观察到的大多数光现象都可以根据光沿着被称为光线的直线传播这一假设来解释。非透明物体所投下的阴影形状、平面和曲面反射镜中镜像的形成、透镜的作用，以及各种更复杂的光学系统，都可以轻而易举地用光线反射和折射的基本定律来解释（图 45 a、b、c）。

但我们也知道，当在光学系统中使用的透光孔的尺寸与光波长度相当的情况下，试图用光线证明光的传播经典理论的几何光学方法就毫无作用了。在这种情况下发生的现象被称为“衍射现象”，其完全不属于几何光学的范围。因此，从一个很小的透光孔（约 0.0001 厘米）中通过的光束不能沿直线传播，而是以一种特殊的扇形方式衍射（图 45d）。当一束光落在表面被划了大量平行窄线的镜面（“衍射光栅”）时，它并不遵循为人熟知的反射定律，而是沿着若干由划痕与入射光波长之间的距离所决定的不同方向投射（图 45e）。众所周知，当光被散布在水面上的薄油层反射回来时，会产生一系列特殊的明暗条纹（图 45 f）。

---

① 海森堡（Werner Karl Heisenberg，1901—1976），德国著名物理学家，量子力学的主要创始人，获诺贝尔奖。

② 关于不确定性原理更详细的讨论可以在作者的《汤普金斯先生漫游奇境记》一书中找到。（麦克米兰出版公司，纽约，1940）——作者注

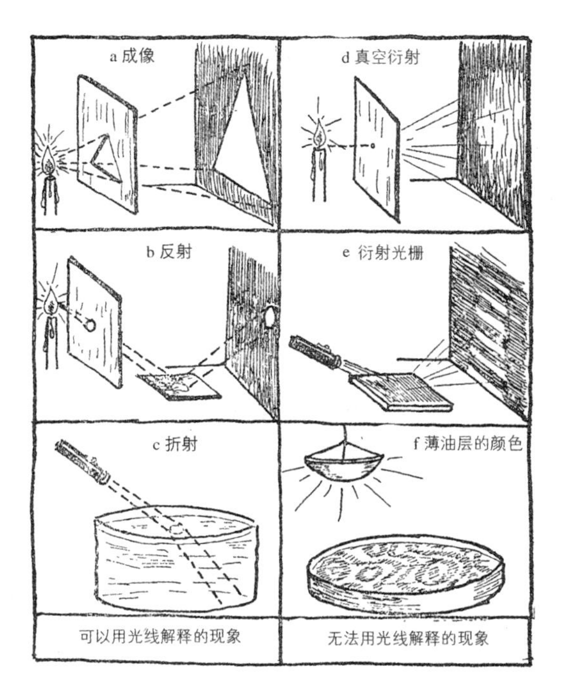

图45

在所有这些情况下，大家熟悉的“光线”概念完全不能描述所观察到的现象，因此，我们必须代之以光能在光学系统所占据的整个空间中连续分布的理论。

大家很容易看出，光线的概念应用于光学衍射现象中的失败与机械轨迹的概念应用于量子力学现象中的失败十分相似。就像在光学中我们无法制造无限薄的光束一样，量子力学原理也不允许存在无限薄的粒子运动轨迹。在这两种情况中，我们都不得不放弃将其现象描述为某种东西（光或粒子）沿着特定的数学线形（光线或机械轨迹）传播，并且不得不转而用持续分布在整个空间的“某物”来表示所观察到的现象。对于光来说，这个“某物”指的是光在不同点的振动强度；对于力学，这个“某物”指的是新引入的位置不确定的概念，即运动的粒子在某个时间点上或许处在几个可能的位置中的任何一个，而不是处在一个能预先确定的位置。我们永远不可能说出在某一个时间点上运动的粒子的确切位置，就算通过计算“不确定性原则”的公式可以得到其所处的范围。通过展示这两类现象相似性的实验，关于光衍射的波动光学定律和全新的关于机械粒子运动的波动力学 [由德布罗意（L. de Broglie）和薛定谔（E. Schrddinger）所发展] 之间的关系就是显而易见的了。

图 46 展示了斯特恩在原子衍射研究中所用的方法。用本章前面所提到的方法产生的一束钠原子在晶体的表面被反射，形成晶格的规则原子层在这里成了入射粒子光束的衍射光栅。被晶体表面反射的入射钠原子被收集到一系列放置成不同角度的小瓶子中，并仔细计算每个瓶子收集的原子数量。图 46 中的虚线表示的就是实验结果。我们可以看到，钠原子不是被反射到一个确定的方向上（就如从一个小玩具枪射到金属板上的滚珠一样），而是分布在明确的角度范围内，形成一个与所观察到的普通 X 射线衍射的图案非常相似的图案。

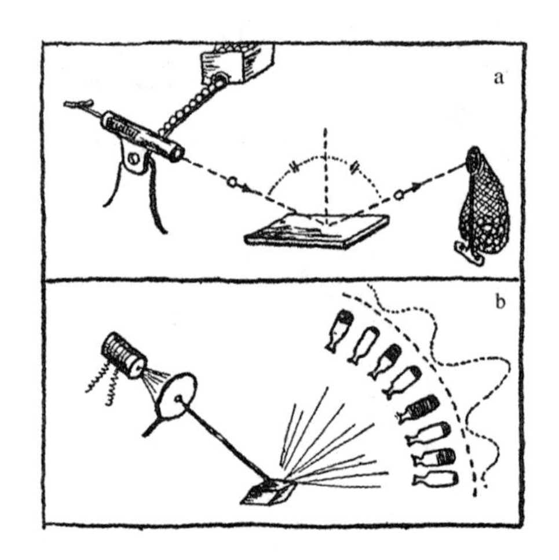

a. 轨迹概念可以解释的现象（金属板上滚珠的反射）

b. 轨迹概念无法解释的现象（晶体表面对钠原子的反射）

图46

这类实验不可能用描述分离原子沿一定轨迹运动的经典力学加以解释，但从新兴的微观力学的角度来看，这类实验是完全可以理解的，因为微观力学认为粒子运动的方式与现代光学中光波传播的方式是一样的。

第七章　现代炼金术

1. 基本粒子

我们已经了解到各种化学元素的原子代表着相当复杂的力学系统，每个原子中都有大量的电子围绕着中心原子核旋转，我们不可避免地要问，这些原子核是物质的最终不可分割的结构单位，抑或它们还能再被细分成更小、更简单的部分吗？是否有可能将所有 92 种不同的原子类型减为几个非常简单的粒子呢？

早在 19 世纪中叶，这种对简单化的追求促使英国化学家威廉·普劳特（William Prout）得出一个假设："所有不同化学元素的原子在本质上是相同的，只是氢原子的'浓度'不同而已。"普劳特的假设的依据是：大多数情况下，用化学方法测定的不同元素的原子质量都接近氢原子的整数倍。因此，普劳特认为，比氢原子重 16 倍的氧原子是由 16 个氢原子黏合在一起组成的，原子量为 127 的碘原子一定是由 127 个氢原子形成的集合体，等等。

然而，当时的化学发现并不支持这一大胆的假设。经过精确的测量证明，原子量并不是整数，在大多数情况下只是接近整数，而在少部分情况下甚至并不接近整数（如氯原子的相对原子量为 35.5）。这些似乎与普劳特的假设直接相悖的事实使该假设并不被人们相信，而普劳特直到逝世也不知道他其实有多么正确。

直到1919年，得益于英国物理学家阿斯顿[①]的发现，他的假说才令人信服。阿斯顿指出，普通氯是具有相同的化学特性的两种不同的氯的“混合物”，这两种氯具有相同的化学性质，但具有不同的整数原子量：35和37。化学家得出的非整数35.5仅代表混合物的平均值[②]。

对各种化学元素的进一步研究揭示了一个惊人的事实，即大多数化学元素是由几种化学性质相同但原子量不同的成分混合而成的。它们被命名为“同位素”（isotopes[③]），即在元素周期表中占据相同位置的物质。不同的同位素的质量总是氢原子质量的整数倍，这一事实给普劳特被遗忘的假说带来了新生。我们在上一节中已了解到，原子的主要质量集中在它的原子核中，因此普劳特的假说可以用现代语言重新表述为，“不同原子的原子核是由不同数量的基本氢原子核组成的，由于氢原子核在物质结构中所起的作用，它们被赋予了专用名——‘质子（protons）’”。

但是，上述陈述中还有一处需要做出重要修正。以氧原子的原子核为例，由于氧是自然序列中的第八种元素，所以氧原子一定包含8个电子，其原子核必须携带8个正电荷，但是氧原子比氢原子重16倍。因此，如果我们假设氧原子核是由8个质子构成的，那么我们就会得到正确的电荷但却是错误的质量（均为8）；假设其由16个质子构成，则可以得到正确的质量但却是错误的电荷（均为16）。

显然，摆脱困境的唯一方法，是假设“不形成复杂原子核的一些质子已经失去了原来的正电荷变成了电中性的”。

早在1920年，卢瑟福就提出存在这样的无电荷质子，即现在所称的“中子”（neutrons），但直到12年后它们的存在才被实验证实。这里必须指出的是，

---

① Francis William Aston，1877—1945，英国化学家、物理学家，曾获诺贝尔化学奖。

② 由于较重的氯含量为25%，较轻的氯含量为75%，因此平均原子量一定是：0.25×37+0.75×35=35.5，这正是早期化学家发现的数值。——作者注

③ 由在古希腊语中表示“等同”和“位置”的两个词结合而成。——作者注

质子和中子不应被视为两种完全不同的粒子，而应该被看作现在被称为“核子”（nucleon）的同一基本粒子的两种不同的电性状态。实际上，人们已经知道质子可以通过失去正电荷变成中子，而中子获得正电荷可以变成质子。

引入中子作为原子核的结构单元后，之前所讨论的困难就被解决了。为了弄明白氧原子核具有 16 个质量单位，但只有 8 个单位的电荷，我们必须接受它是由 8 个质子和 8 个中子形成的事实。碘原子核由 53 个质子和 74 个中子组成，原子量为 127，原子序数为 53，而铀的重核（原子质量为 238，原子序数为 92）由 92 个质子和 146 个中子组成①。

因此，在产生了近一个世纪之后，普劳特的大胆假说终于获得了它应得的荣誉认可，我们现在可以说，无数种已知物质仅仅是由两种基本粒子经过不同的组合产生的：（1）“核子”，物质的基本粒子，可以是中性的，也可以带正电荷；（2）“电子”，带负电的自由电荷（图 47）。

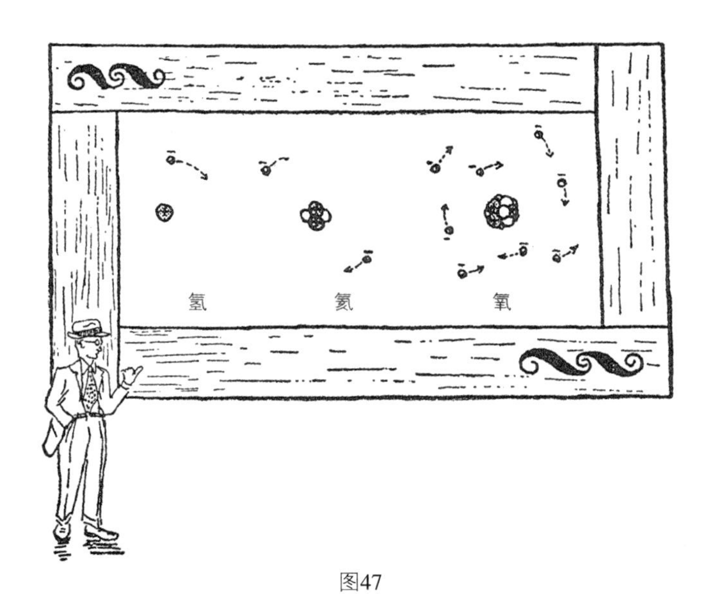

图47

① 通过原子量表可以看出，在周期系统的开始，原子量等于原子序数的两倍，这意味着这些原子核含有相同数量的质子和中子。对于较重元素，原子量增加得更快，表明其含有的中子多于质子。——作者注

这里有几张来自《物质烹饪大全》的配方，上面记载了在“宇宙厨房”中如何用储备丰富的核子和电子制作出各种不同的物质：

水 将8个中性核子和8个带电核子结合得到原子核，在其周围裹上8个电子就可以做出一个氧原子，继而用上述方法做出大量氧原子。把1个电子与1个带电核子结合在一起得到一个氢原子，准备数量是氧原子两倍的氢原子。在每个氧原子中加入2个氢原子就可以得到水分子；将水分子混合在一起，并放在大玻璃杯中冷藏。

食盐 把12个中性核子和11个带电核子结合起来形成原子核，并在每个原子核上附上11个电子，来制备一些钠原子。将18个或20个中性核子和17个带电核子（同位素）结合起来形成原子核，往其中加入17个电子得到氯原子，准备与钠原子数量一样多的氯原子。将钠和氯原子排列成三维棋盘图案以形成规则的盐晶体。

TNT 将6个中性和6个带电的核子结合成原子核，核周围附上6个电子制成碳原子。将7个中性和7个带电的核子结合成原子核，核周围附上7个电子制成氮原子。根据上面给出的配方制备氧原子和氢原子（见水的配方）。将6个碳原子排列成一个环，第7个碳原子位于环外。将3对氧原子连接到碳环的3个碳原子上，每对氧原子和与之连接的碳原子之间放置1个氮原子。在环外的碳原子上附上3个氢原子，在环中的两个空置碳原子上也各附上1个氢原子。将这样得到的分子排列成规则的图案，形成大量的小晶体，并将所有这些晶体压在一起。由于这个结构很不稳定且极易爆炸，所以一定要小心操作。

虽然我们已经知道，“中子”“质子”和“负电子”是仅有的构建一切物质所必需的组成单位，但基本粒子的清单似乎仍然有些不完整。事实上，如果普通电子代表负电的自由电荷，为什么我们不能也有正电的自由电荷，即“正电子”呢？

此外，如果代表物质的基本单位的中子能获得正电荷，从而成为质子，为什么它不能获得负电荷从而形成“负质子”呢？

答案是，除了电荷的符号外，与普通的负电子非常相似的正电子确实存在于自然界中[1]。而且，虽然实验物理学尚未成功地探测到，但负质子也有可能存在[2]。

在我们的物理世界中，正电子和负质子（如果有的话）没有负电子和正质子那么多的原因在于，这两组粒子可以说是相互对立的。大家都知道，一正一负的两个电荷被放在一起时会相互抵消。因此，既然这两类电子恰好代表着正负电荷，我们就不能指望它们在同一空间区域中共存。事实上，当一个正电子与一个负电子相遇时，它们的电荷会立即相互抵消，两个电子也会消失。然而，在两个电子相互湮灭的过程中，在碰撞点产生了一种强烈的电磁辐射 [伽马（γ）射线]，其携带着两个消失粒子原本的能量。根据物理学的一个基本定律，能量既不能被创造，也不能被消灭，所以我们在这里看到的只是自由电荷的静电能转化为了辐射波的电动能。由正负电子相遇引起的现象被玻恩（Born[3]）教授描述为“狂野的婚姻”，而被比较悲观的布朗（Brown[4]）教授描述为两个电子的“共同自杀”。图 48a 用图像展示了这种相遇。

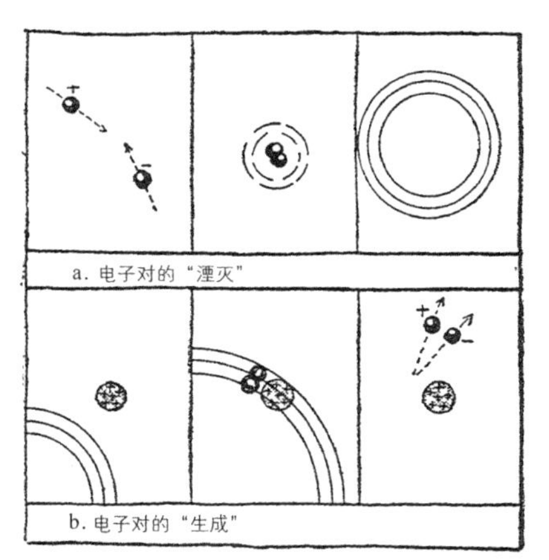

图 48　两个电子产生电磁波的“湮灭”过程，以及经过原子核附近的电磁波“生成”一对电子的示意图

① 1932 年 8 月 2 日，美国加州理工学院的安德森等人发现了正电子。——作者注

② 1955 年，张伯伦和塞格雷实验小组测到负质子的存在。——作者注

③ 玻恩（M. Born），《原子物理》（*Atomic Physics*），G. E. Stechert & Co，纽约，1935。——作者注

④ 布朗（T. B. Brown），《现代物理》（*Modern Physics*），约翰·威立（John Wiley & Sons），纽约，1940。——作者注

带相反电荷的两个电子的“湮灭”过程，对应一个“电子对形成”的逆过程，即强烈的伽马射线辐射貌似可以凭空制造出一个正电子和一个负电子。我们说“貌似”可以凭空产生是因为这样产生的电子对形成时实际上消耗了 γ 射线所提供的能量。实际上，为了形成一对电子对，γ 射线必须提供与湮灭过程所释放的能量同等数量的能量才行。这种“电子对形成”的过程在入射的射线经过某些原子核附近时更容易发生[①]，图 48b 就描绘了这一过程。我们这里有一个例子，在原本完全没有电荷的情况下形成了两个相反的电荷，但我们无须将这样的例子看作多么惊人，它其实跟一根硬橡胶棒和一块羊毛布在相互摩擦时产生相反的电荷的实验一样平常。只要有足够的能量，我们可以生产出任意多的正负电子对，但是我们也完全知道，相互湮灭的过程很快就会使它们再次脱离旋转轨迹，“全额”返还其产生时消耗的能量。

这种电子对的“大规模产生”有一个非常有趣的例子，就是来自星际空间的高能粒子流在地球大气中造成的“宇宙线簇射”现象。虽然在浩瀚无垠的宇宙中纵横交错的这些粒子流的起源仍然是科学上的未解之谜[②]，但我们清楚地知道当电子以极快的速度到达大气层上层时会发生什么。靠近大气层中原子的原子核时，初级的高速电子逐渐失去原来的能量，这些能量一路上会以伽马射线的形式散射出来（图 49）。这种伽马射线会形成无数的电子对，新形成的正负电子沿着初级粒子的路径继续向前运动。由于能量仍然很高，这些二级电子会产生更多的伽马射线，而伽马射线又会产生更多的新电子对。在通过大气层期间，这个连续倍增的过程被多次重复，使得初级电子最终到达海平面时伴

① 虽然原则上电子对的形成可以在一个完全真空的环境中进行，但原子核周围电场的存在对形成电子对的过程有很大的帮助。——作者注

② 这些近能粒子以高达光速 99.999 999 999 999 9% 的速度运动，关于其来源，最简单但也可能是最有可能的解释是以下假设，它们是被宇宙中飘浮的巨大气体和尘埃云（星云）之间可能存在的极高电势所加速产生的。事实上，我们可以预计，这类星际云会以类似于大气中普通雷雨云的方式积聚电荷，而由此产生的电位差将远高于雷暴期间云与云之间雷击现象的电位差。——作者注

随着一群二级电子，其中一半是正的，另一半是负的。不言而喻，当高速电子通过原子核时，也可以产生这样的宇宙线簇射，并且，由于原子核密度较高，分支过程发生的频率要高得多。

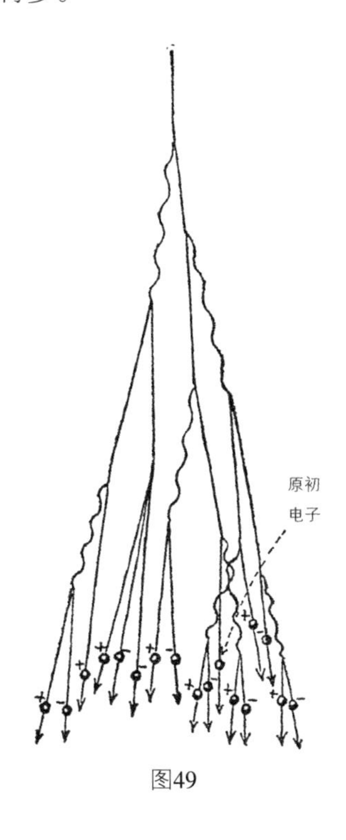

图49

现在让我们的关注点转到可能存在的负质子，根据我们的预测，负质子是由中子额外获得一个负电荷，或者失去一个正电荷形成的。我们也就不难理解，这样的负质子，与正电子一样，将会在任何普通物质中存在很长时间。事实上，它们会立即被距其最近的带正电荷的原子核所吸引并吸收，而且在进入原子核后极有可能转化成中子。因此，如果与质子相对称的负质子确实存在于物质中，那么要探测它们也绝不是一件容易的事。要记住，在普通负电子的概念被引入科学近半个世纪后，正电子才被人们发现。我们假设有可能存在负质子，也就认为有可能存在具有反向结构的原子和分子。它们的原子核是由普通中子和“负”质子构成的，原子核周围必须环绕着“正”电子。这些“反向的”

原子的性质与普通原子的性质完全相同，所以我们根本无法分辨反向结构的水、反向结构的黄油等与同名的普通物质之间的区别。我们根本无法分辨——除非我们将普通材料和“反向的”材料放在一起。然而，一旦这两种相反的物质被放在一起，带相反电荷的电子就会立刻相互湮灭，带相反电荷的核子则会立刻相互中和，混合物就会爆炸，其威力将超过原子弹。据我们所知，在太阳系之外，可能存在由这样的反向物质构成的行星系统，在这种情况下，从太阳系向该星系中扔出的一块普通石头，一旦着陆后就会立刻变成原子弹，反之亦然。

至此，我们必须撇开这些关于反向原子的奇思妙想，还是去研究另一种不同寻常的基本粒子吧，它真正地参与了各种可观测的物理过程，这也算是一种优势了——这所谓的“中微子”是“走后门”进入物理学的，而且，尽管面临着来自多方的质疑，但它现在却已经在基本粒子家族中占据着不可动摇的地位了。它们是如何被发现及认出的，是现代科学中最引人入胜的侦探小说之一。

中微子的存在是通过一种数学家称为“归谬法”的方法发现的。之所以有这个振奋人心的发现，一开始并不是因为有什么东西在那里，而是因为有什么东西失踪了。这种失踪的东西就是能量，根据最古老和最稳定的物理定律之一，能量既不能被创造，也不能被消灭，如果本应存在的能量被发现失踪了，就说明一定有小偷把它拿走了。因此，抱着有条不紊的想法，喜欢给一切哪怕还看不见的东西命名的科学侦探们，把能量窃贼称为“中微子”。

但这有点扯远了。回到“能量抢劫案”上来，正如我们之前所了解到的，每个原子的原子核由核子组成，大约一半是中性的（中子），其余的则是正电荷。如果向原子核增加一个或几个额外的中子或额外的质子[①]，中子和质子的数量之间的平衡被破坏，其电性必然也会改变。如果中子过多，其中一些会驱逐出一个负电子，变成质子，从而离开原子核。如果有太多的质子，它们中的一些就会释放出一个正电子，变成中子。图 50 显示了这两个过程。原子核的这种电性调整通常被称为 β 衰变过程，从原子核释放出的电子被称为 β 粒子。

① 这可以通过本章后面描述的核轰击方法来实现。——作者注

由于原子核的内部转变是一个确定的过程，它一定会释放出一定数量的能量，而这些能量将由被释放的电子传递出来。因此，我们可以推测，由同种物质发射的 β 电子一定会以相同的速度运动。然而，观测结果显示，β 衰变过程与我们的预测大不一样。人们发现，实际上，同一物质释放的电子具有从零到某个上限的不同动能。由于没有发现其他粒子，也没有辐射来平衡这一差异，β 衰变过程发生的“能量被盗案”就显得相当严重。曾经一度有人认为，人们正面临着著名的能量守恒定律失败的第一个实验证据，这对于精密的物理理论的建立无疑是灭顶之灾。但还有另一种可能性：可能是某种我们观测不到的新的粒子带走了丢失的能量并逃逸。泡利（Pauli）提出，可以假设盗走核能的“巴格达窃贼”叫作“中微子”，其不带电荷，并且质量不超过普通电子的质量。事实上，人们可以从已知的关于高速粒子与物质相互作用的事实中得出结论，这种无电荷的轻粒子是任何现有的物理设备都无法探测出的，而且可以毫不费力地穿过所有厚度惊人的屏蔽材料。可见光可以被一截细金属丝挡住，具有高度穿透力的 X 光和伽马射线在经过几英寸厚的铅板后也会被明显削弱，但一束中微子不费吹灰之力就能穿过几光年厚的铅！怪不得它们能在人们一切观察方法下脱身，之所以被注意到也仅仅是因为其逃逸时造成的能量丢失。

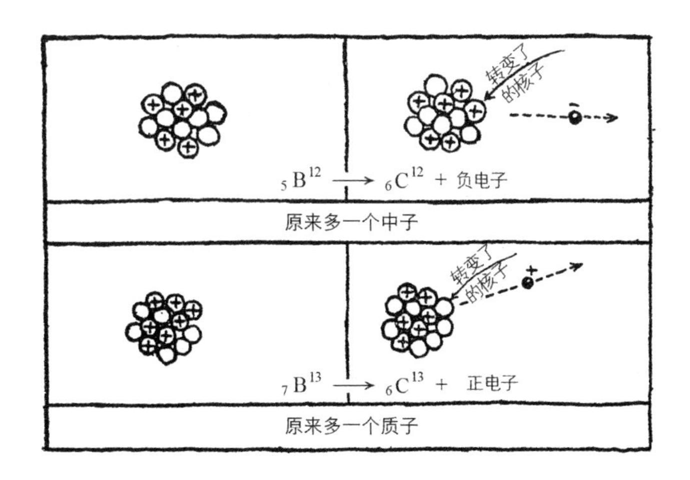

图50　负 β 衰变和正 β 衰变的图像（为了便于展示，所有的核子都画在一个平面上）

尽管一旦这些中微子离开原子核，我们就无法捕捉它们，但还是有一种方法来研究它们的逃逸引起的次级效应。当你用步枪射击时，枪身会向后撞到你的肩膀上，一门大炮发射出一枚重弹后，炮身会退回炮架上。原子核射出高速粒子时也会产生相同的反冲效应。事实上，人们观察到，经历 β 衰变的原子核总是在与喷射出的电子的反方向上获得一定的速度。然而，据观察，这种核反冲的独特之处在于，无论被抛射出的是高速电子还是低速电子，原子核的反冲速度总是相同的（图 51）。这似乎很奇怪，因为根据我们本能的预测，一个高速的抛射体应该比一个低速的抛射体产生更强的反冲力。造成这个奇怪现象的原因是，原子核在抛射出一个电子的同时也会抛射出一个中微子，以保持能量的平衡。如果电子快速移动，消耗了大部分能量，中微子就会缓慢移动，反之亦然。因此，由于两种粒子的综合作用，人们观察到的原子核反冲总是很强的。如果这种效应还不能证明中微子的存在，那就没有什么能证明了。

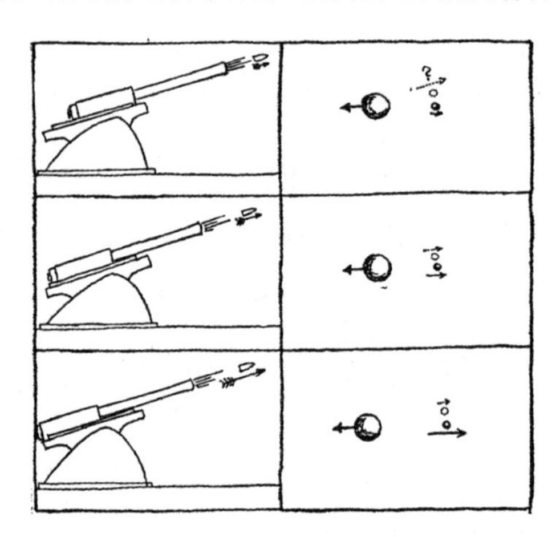

图51　火炮和核物理中的后坐力问题

我们现在可以总结一下上述讨论的成果，列出构成世界的基本粒子的完整清单，并说明它们之间的关系。

首先我们要说的是代表基本物质粒子的核子。就目前所知，核子要么是中性的，要么是带正电的，但也有可能存在一些带负电的。

其次是电子，它们其实是或正或负的自由电荷。

再次是神秘的中微子，它们不带电荷，并且应该比电子轻很多[①]。

最后是电磁波，它们负责电磁力在空间中的传播。

物质世界的所有这些基本组成部分都是相互依存的，并且能以各种方式结合在一起。因此，中子可以通过抛射出负电子和中微子变成质子（中子→质子＋负电子＋中微子），而质子可以通过发射正电子和中微子变回中子（质子→中子＋正电子＋中微子）。携带相反电荷的两个电子可以转化为电磁辐射（正电子＋负电子→辐射），也可以反过来由电磁辐射生成（辐射→正电子＋负电子）。最后，中微子可以与电子结合，形成人们在宇宙射线中观察到的不稳定单位，称为“介子”，或者不太准确地说，“重电子”（中微子＋正电子→正介子；中微子＋负电子→负介子；中微子＋正电子＋负电子→中性介子）。

中微子和电子结合在一起会携带过多的内部能量，使得它们的结合体大约比这两种粒子的质量之和重 100 倍。

图 52 是构成世界的基本粒子的示意图。

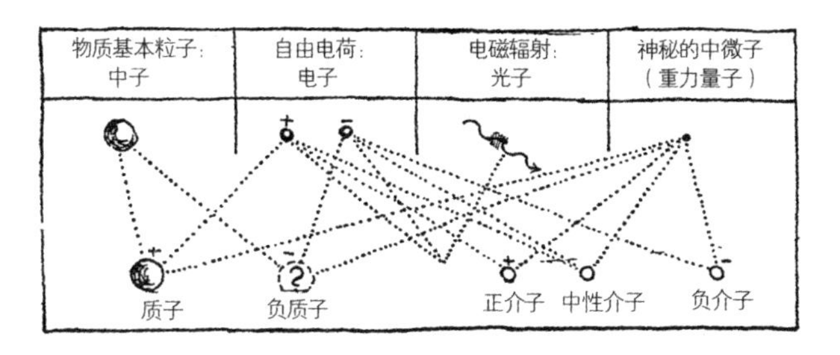

图52　现代物理学基本粒子及其不同组合的图表

“但是这就结束了吗？”你可能会问。“我们有什么权利可以假设核子、电子和中微子是真正基本的，并且不能再被细分成更小的组成部分呢？就半个世纪以前，人们不还认为原子是不可分割的吗？再看现在，原子呈现出多么复

① 关于这个问题的最新实验证据表明，中微子的重量不超过电子的十分之一。——作者注

杂的样子！”这些问题的答案是，虽然确实没有办法预测物质科学的未来发展，但我们现在有更合理的理由相信我们的基本粒子确实是基本单位，不能进一步细分。众所周知，原来所谓的不可分割的原子表现出各种各样相当复杂的化学、光学和其他性质，而现代物理学中基本粒子的性质却极其简单，简单到可以与几何点的性质相比。此外，经典物理学中有大量的“不可分原子”，而我们现在只剩下三个本质上不同的实体：核子、电子和中微子。而且，虽然人们最大的愿望和努力是把每件事都简化成最简单的形式，但我们总不可能将其化为虚无。因此，在探寻组成物质的基本元素上，我们似乎已经走到底了。

2. 原子之心

既然我们已经全面了解组成物质的基本粒子的本质和属性，我们就可以转向对原子核——每个原子的心脏进行更深入的研究。原子外层结构可以在一定程度上被看作一个微型行星系统，但原子核本身的结构却呈现出一幅完全不同的图景。首先，将原子核凝聚在一起的力量显然不单单是其电性，因为原子核中的粒子中一半是不带电的中子，另一半则是因携带正电荷而互斥的质子。如果粒子间只有排斥力，那你永远不可能得到一个稳定的粒子群！

因此，为了理解为什么原子核的各个组成部分能保持在一起，我们必须假定它们之间存在着某种吸引力，其既能作用于带电的核子，也能作用于不带电的核子。这种能无视粒子电性并使它们结合在一起的力量通常被称作“黏聚力”，例如，这种力量也存在于普通的液体中，能够阻止各个分子向四面八方飞散。

在原子核中，类似的黏聚力作用于每一个核子，防止原子核在质子间互斥力的作用下破碎解体。因此，在原子外层结构中，形成原子壳层的电子有充足的移动空间，而对比之下，在原子核中，大量的核子像罐头里的沙丁鱼一样紧密地挤压在一起。本书的作者首次提出，我们可以假设原子核的结构与普通的液体结构类似。就普通液体而言，有一种重要的现象叫表面张力。大家想必还记得，液体的表面张力现象是因为液体内部的粒子会受到相邻的粒子的拉力，而位于表面的粒子只受到向内的拉力（图 53）。

表面张力使任何液滴在不受任何外力作用下都有呈球形的倾向，因为在体积一定时，球体是表面积最小的几何体。因此，我们得出结论：“不同元素的原子核可以简单地被看作同一种‘核流体’组成的大小不同的液滴。”但是千万别忘记，核液体与普通液体虽然从定性上说非常相似，但从定量上看却大不相同。实际上，核液体的密度比水的密度大 240 000 000 000 000 倍，其表面张力约比水的表面张力大 1 000 000 000 000 000 000 倍。为了使这些巨大的数字更直观，我们可以看看下面的例子。见图 54，假设我们有一个倒 U 形的金属框，其尺寸大约为两英寸见方，上面横搭一根直丝组成一个正方形，在这个正方形上覆盖一层肥皂膜。肥皂膜的表面张力会把横搭的金属丝向上拉起。我们可以通过在横丝上悬挂一点重物来抵消这些表面张力。如果肥皂膜是用普

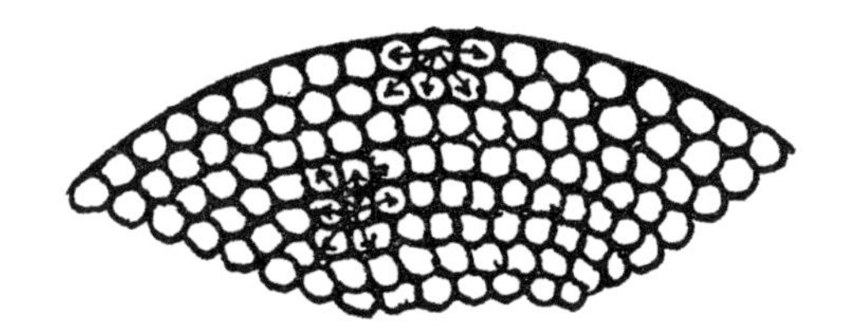

图53　液体表面张力图解

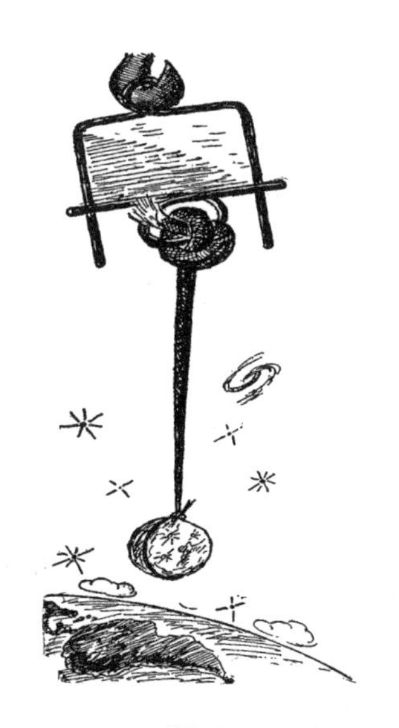

图54

通水和一些肥皂溶解而成，并且厚度为0.01毫米，那么其重量约为1/4克，横丝总承重约为3/4克。

如果我们能用核流体制成类似的薄膜，那么薄膜将重达5000万吨（大约相当于1000艘远洋客轮的重量），我们可以把大约1万亿吨的负荷挂在横搭的金属丝上，这个重量大约相当于“得摩斯”——火星的第二颗卫星的质量！要想从核液体中吹出泡泡，我们得有多大的肺活量！

我们将原子核视为核流体的微小液滴时，也要注意这些液滴是带电的，因为形成原子核的粒子中约有一半是质子。组成原子核的粒子间的电荷斥力试图将原子核分裂成两个甚至更多的碎片，而表面张力则倾向于将原子核凝为一体，这两种力量会相互对抗。这就是原子核不稳定的主要原因。如果表面张力占上风，原子核就永远不会自行解体，假如两个原子核碰到一起，就会像两滴普通的液体一样具有融合的趋势，这一过程称为“聚变”。

相反，如果电荷斥力占上风，原子核就可能自动分裂成高速飞散的两个或更多碎片，这样的分裂过程通常被称为“裂变”。

玻尔和惠勒（Wheeler①）对不同元素原子核的表面张力和电荷斥力之间的平衡做了精确的计算（于1939年），得出了一个极其重要的结论，即在周期系统的前半部分（大约到银），在所有元素的原子核中，表面张力占据上风，而在所有更重的原子核中，电荷斥力更胜一筹。因此，所有比银重的元素的原子核大抵都是不稳定的，在足够强的外界刺激下，会分裂成两个或更多的碎片，释放出大量的内部核能（图55b）。相反，当两个总重量比银小的轻原子核靠近时，则有可能产生自发的核聚变（图55a）。

但是，必须记住，除非我们加以干预，否则两个轻核的融合和一个重核的裂变通常是不会发生的。事实上，要使两个轻核融合，我们必须使它们靠得很近，以对抗电荷之间的互斥力；而为了迫使一个重核发生裂变，我们必须使劲敲打它，使其以足够大的振幅振动。

---

① John Archibald Wheeler，1911—2008，美国物理学家、物理学思想家和物理学教育家。

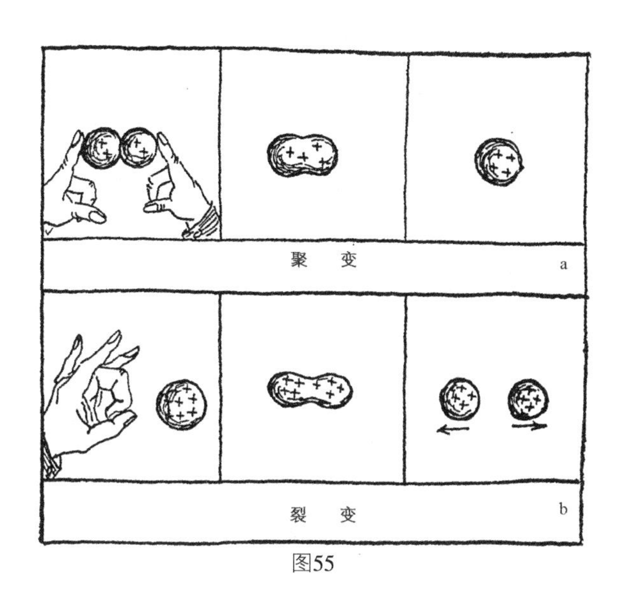

图55

这种只有经过初始激发，某个过程才会发生的状态，在科学上通常被称为“亚稳定状态”。例如，悬在崖边的石头，口袋中的火柴和炸药里的TNT都属于这一状态。在以上每个例子中，都有大量的能量等待释放，但是，石头只有被踢到才会滚下来；只有与鞋底或其他东西摩擦受热，火柴才会燃烧；而只有被雷管引爆，TNT才会爆炸。事实上，在我们生活的世界中，除了银币之外[1]，几乎所有物体都是潜在的核爆炸物，但我们之所以不会被炸成碎片，是因为要引发核反应极其困难，或者更科学地说，是因为核嬗变需要极高的活化能。

关于核能，我们知之（或者说到不久前所知）甚少，就像一个生活在低温世界中的因纽特人，所知的唯一固体是冰，唯一的液体是酒精。他永远也不会知道火，因为两块冰摩擦是不可能起火的，酒精对他来说也只是一种不错的饮品，因为他无法将其温度升高到燃点。

最近，人们发现了原子内部大量能量的释放过程，而由此带给我们的极大困惑不亚于普通的酒精灯给那位虚构的因纽特人所带来的震惊。

---

① 请记住银原子核既不会聚变，也不会裂变。——作者注

然而，一旦引发核反应的难题被解决，之前所有的麻烦一定会得到相应的解决。以氧原子和碳原子的混合物为例，根据以下方程式进行化合：

$$O+C \rightarrow CO+\text{能量}$$

每产生1克混合物，这些物质将释放920卡路里①。如果以上两种原子之间不是普通的化学反应（原子的化合，图56a），而是原子核反应（图56b）：

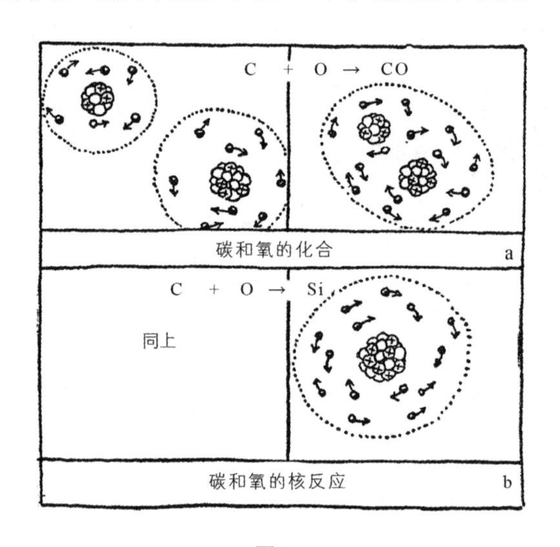

图56

即 $${}_{6}C^{12}+{}_{8}O^{16}={}_{14}Si^{28}+\text{能量}$$

每克混合物释放的能量为140亿卡路里，是原来的1500万倍。

同理，将1克复杂的TNT分子分解成水分子、一氧化碳分子、二氧化碳分子和氮气（分子裂变）大约会释放1000卡路里的热量，而同量的汞在核裂变时总共会释放10 000 000 000卡的热量。

然而，千万不要忘记，大多数化学反应在温度为几百摄氏度时就很容易发生，但倘若温度没有达到数百万摄氏度，相应的核反应甚至不会开始！这种引发核反应的困难性也算是令人安心的一点，这样看来整个宇宙目前还没有在一次巨大的爆炸中化为纯银的危险。

① 卡路里是一个热量单位，其定义为将1克水升高1摄氏度所需的能量。——作者注

3. 原子加速

虽然原子量的完整性有力地证明了原子核的复杂性，但是，只有将原子核分裂成两个或更多碎片的直接实验证据才能最终证明这种复杂性。

1896 年，贝可勒尔（Becquerel）[①] 发现了放射性物质，这是第一个能表明这样的分裂过程确实会发生的迹象。事实表明，位于周期表上端铀和钍等元素的原子之所以能发射出强贯穿辐射（类似于普通 X 射线），是因为原子在进行缓慢的自发衰变。人们对这一新发现的现象进行了仔细研究，很快得出结论：重核的衰变在于它自发分裂成大小不相同的两个部分：（1）小的部分，被称作“α 粒子”，是氦的原子核；（2）原来的原子核的其余部分，是子元素的原子核。当最初的铀原子核破裂，喷射出 α 粒子，由此所产生的被称作铀 X_1 子元素的原子核会经历内部电荷的重新调整，释放出两个负电荷（普通电子），变成比原来的铀原子核轻 4 个点位的铀核同位素。这种电荷调整随后便是一系列 α 粒子的发射和随之而来的更多的电荷调整，如此循环，直到最终变成稳定的、不会衰变的铅原子的原子核。

还有两个放射系中也存在类似的 α 粒子和电子交替发射的连续放射性嬗变，即以重元素钍为首的钍系和以锕、铀为首的锕系。在这三个家族中，自发衰变的过程会一直持续到只剩下三种不同的铅同位素为止。

如果将上述对自发的放射性衰变的描述与我们上一节的话题一对比，好奇的读者可能会纳闷了，我们说过，“根据我们预计，不稳定的原子核一定存在于元素周期表的后半段”，因为其中的破坏性的电斥力超过了试图将原子核凝为一体的表面张力。如果所有比银重的原子核都是不稳定的，那么为什么我们只观察到如铀、镭和钍等一些最重的元素的自发衰变？答案是：从理论上讲，“所有”比银重的元素都应该被视为放射性元素，并且由于衰变而慢慢转化为较轻的元素。但在大多数情况下，自发衰变发生得非常慢，以至于人们无法察

---

① Antoine Henri Becquerel，1852—1908，法国物理学家。

觉。因此，在碘、金、汞和铅等常见元素中，原子可能几个世纪才分裂一两次，其速度慢到最灵敏的物理设备也检测不出来。只有在最重的元素中，自发分裂的趋势才会强烈到产生明显的放射性[①]。这种相对嬗变率也决定了一个不稳定原子核的分裂方式。例如，铀原子的原子核有很多不同的分裂方式：它可以自发地分裂成两个或三个相等的部分，也可能分裂成几个大小不相同的部分。但是，最容易发生的还是分裂成一个 α 粒子和剩余的重的部分，这也是最常见的方式。人们已经观察到，铀核自发分裂成相等的两半的可能性比 α 粒子碎裂的可能性要小，大约一百万分之一。因此，1 克铀中，每秒大约有一万颗原子核通过发射出一个 α 粒子而分裂，我们将不得不等上几分钟才能看到一个铀核自发分裂成相等两部分的裂变过程！

放射性现象的发现毫无疑问地证明了核结构的复杂性，并为人工引发（或诱导）核嬗变的实验铺平了道路。于是就产生了这样一个问题：如果重的，特别是不稳定的元素的原子核能自行衰变，那我们能不能用一些高速粒子去撞击稳定的普通元素的原子核，从而使其分裂呢？

带着这种想法，卢瑟福决定用不稳定的放射性核自发破碎产生的核碎片（α 粒子），对各种一般比较稳定的原子进行强烈的轰击。与现在物理实验室中使用的巨大的原子粉碎器相比，1919 年，卢瑟福在他的第一次核嬗变实验中使用的仪器（图 57）简单到了极点。该仪器由一个真空的圆柱形容器组成，容器上有一个薄薄的荧光材料制成的开口（c）作为屏幕。轰击用的 α 粒子来源于沉积在金属板（a）上的一小层放射性物质，而被轰击的元素（在这个实验中是铝）以细丝（b）的形式被放在距离轰击源一定距离的地方。目标细丝的摆放方式也要恰到好处，能使所有入射的 α 粒子与其相遇时都嵌入其中，这样屏幕就不会被照亮。因此，除非目标材料受到轰击后产生次级核碎片，否则屏幕就会完全保持黑暗。

① 例如，在 1 克铀中，每秒有数千个原子进行分裂。——作者注

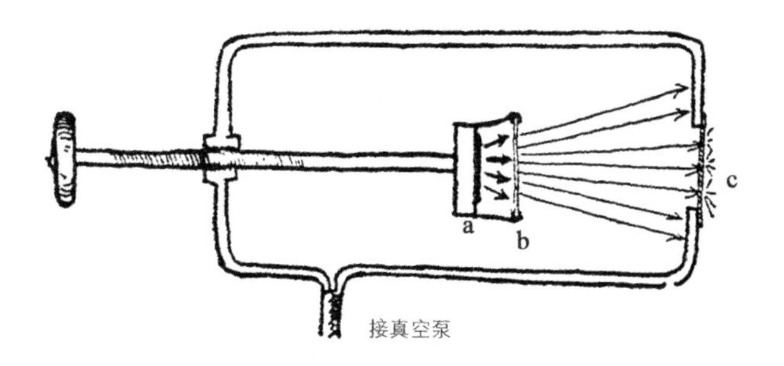

图57　原子的首次分裂

待所有东西就位后，卢瑟福通过显微镜观察屏幕，他看到的并不是一片黑暗。整个屏幕表面布满了闪闪发光的小火花，很是热闹！每一个火花都是由质子撞击在作为屏幕的材料上产生的，而每个质子都是被入射的 α 粒子从目标材料中的铝原子中撞击出的“碎片”。因此，元素的人工嬗变在理论上的可能性就成了科学上的事实①。

在卢瑟福经典实验之后的几十年里，元素的人工嬗变为物理学中最大和最重要的分支之一，并且，无论在制造用于核轰击的高速抛射物的方法上，还是在对结果的观察方法上，都取得了重大进步。

我们要亲眼看到粒子击中原子核时会发生什么，最理想的仪器是云雾室（或者以其发明者的名字命名为威尔逊云雾室）。图 58 就是云雾室的示意图。其运作原理是：高速移动的带电粒子，如 α 粒子，在穿过空气或任何其他气体时，会使位于其路径上的原子产生一定的变形。由于这些粒子具有强大的电场，它们会从位于其路径上的气体原子中扯下一个或多个电子，留下大量的电离原子。这种状态不会持续很长时间，因为在粒子通过后不久，电离原子就会捕回它们的电子，回到正常状态。但是，如果发生这种电离的气体中充满了水蒸气，那么每个离子上都会形成微小的水滴——水蒸气具有在离子、尘埃等上面积聚的性质——沿着粒子的径迹产生一条薄雾带。换句话说，所有带电的粒子就像拉

① 上面描述的过程可以用以下公式来表示：${}_{13}Al^{27}+{}_{2}He^{4} \rightarrow {}_{14}Si^{30}+{}_{1}H^{1}$。——作者注

烟的飞机一样在气体中穿过，因此其运动轨迹是可见的。

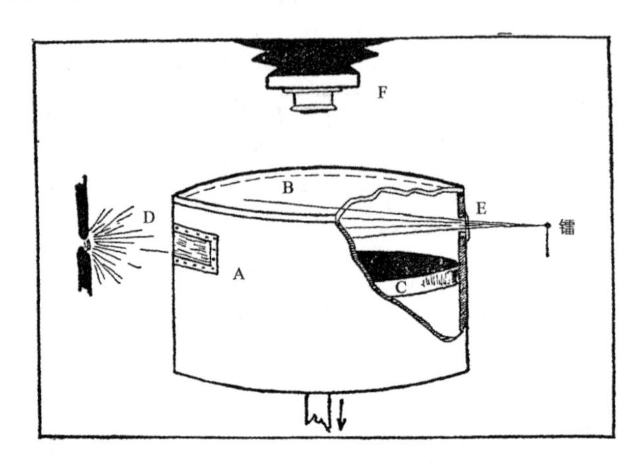

图58　威尔逊云雾室图解

从技术角度来看，云雾室是一种非常简单的装置，主要由一个金属圆柱体（A）组成，柱体上有一个玻璃罩（B），罩内装有一个可以被上下移动的活塞（C），虽然该移动装置并没有在图中展示出来。玻璃罩和活塞表面之间充满了含有大量水蒸气的普通空气（或根据需要换成任何其他气体）。如果在一些粒子通过窗口（E）进入云雾室后立即拉下活塞，活塞上方的空气冷却，水蒸气就会沿着粒子的轨迹凝结成薄雾带。这些薄雾带受侧窗（D）发出的强光照射后，在活塞暗黑色表面的衬托下会十分显眼，可以直接用眼睛观察，也可以用活塞带动自动操作的照相机（F）进行拍照。作为现代物理学中最有价值的设备之一，这个简单的装置使我们能够获得核轰击结果的精美照片。

当然，人们也希望能设计出一种方法，只要在强电场中加速各种带电粒子（离子），就能产生用于原子轰击的强束。这种方法不仅能让我们不必使用稀有和昂贵的放射性物质，还允许我们使用其他不同类型的轰击粒子（如质子），并获得比普通放射性衰变所能提供的更高的动能。静电发生器、回旋加速器和直线加速器是几种制造密集高速强粒子束的最重要的设备，图59、图60和图61中分别简要描述了它们的原理。

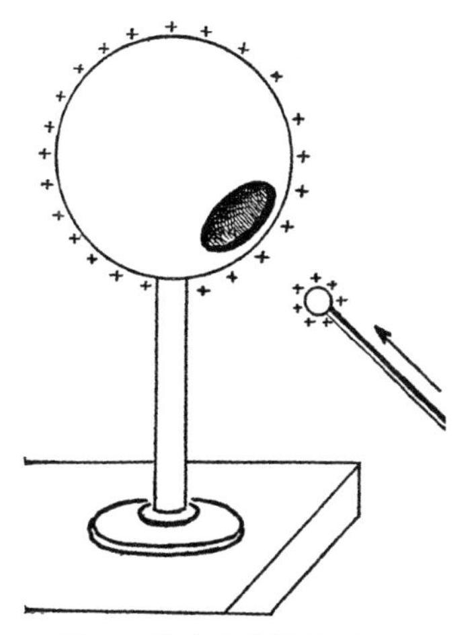

图59　静电发生器的原理

根据基础物理学，传递给球形金属导体的电荷是分布在其表面的。因此，我们可以在球体上开一个孔，将一个小型导体放入孔中，“从内部”接触球体表面，使一个又一个小电荷进入球内，从而将球形导体内的电量提升到任意值。

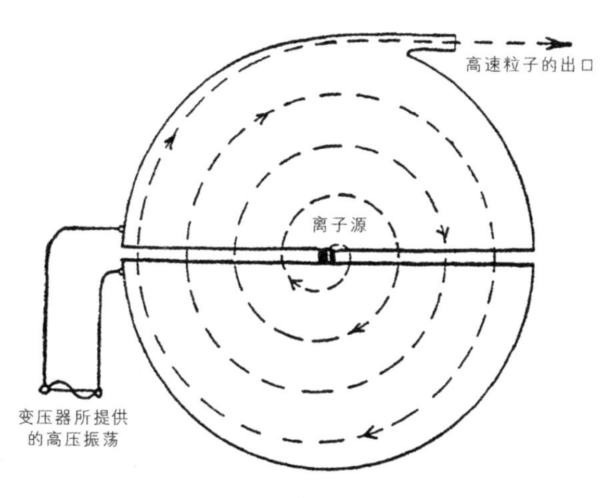

图60　回旋加速器的原理

回旋加速器主要由放置在强磁场（垂直于纸面）中的两个半圆形金属盒子组成。这两个盒子连在一个变压器上，并被交替充上正、负电荷。当来自中心源的离子从一个盒子穿过进入另一个盒子时会受到加速，在磁场中留下圆形轨迹。离子的移动速度越来越快，轨迹呈现出一个展开的螺旋形，最后以高速冲出。

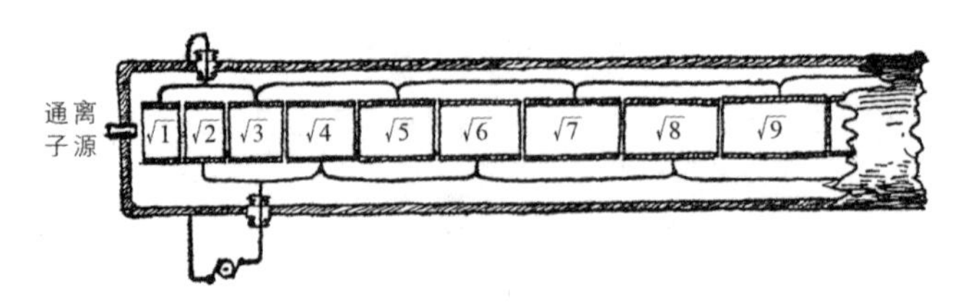

图61 直线加速器的原理

这种装置由一些长度不断增加的圆柱体组成，这些圆柱体被变压器交替地充上正电荷和负电荷。从一个圆柱体进入到另一个圆柱体离子受电位差影响逐渐加速，所以它们每次都增加定量的能量。由于速度与能量的平方根成正比，假如圆柱体的长度与整数的平方根成正比，离子将与交变场保持同相位。只要把这套系统搭建得足够长，我们就可以将离子加快到任何速度。

利用上述类型的电子加速器产生各种粒子束，并将这些粒子束对准各种各样的目标材料进行轰击，就可以得到大规模的核嬗变，借助云雾室照片，我们就可以顺利地对其进行研究。

两张著名的云雾室照片，记录了核嬗变的几个过程。

第一张这样的照片是剑桥的布拉凯特（P. M. S. Blackett）拍摄的，记录了一束自然 α 粒子穿过一个充满氮气的云雾室的景象[①]。

从这张照片上，我们首先可以看到，轨迹的长度是有限的，这是因为当粒子在气体中飞行时会逐渐消耗动能，最终会停止下来。由于发射源中含有两种能量不同的 α 粒子（发射源是两种发射 α 粒子的元素的混合物：ThC 和 ThC′），因此照片中有两组不同长度的轨迹。可能有人会注意到，一般来说，α 轨道是比较直的，但到了末端，粒子已经失去了绝大部分能量，更容易被途中遇到的氮原子核间接碰撞而偏转，因此轨迹产生了明显的偏移。但这张照片的重要特点在于一个具有独特分支的特殊的 α 轨道，其中一个分支是长而细的，另一个分支是短而粗的。这是入射的 α 粒子与云雾室中氮原子的原子

① 布拉凯特照片（本书未转载）中所记录的炼金术反应可以用以下方程式表示：

$${}_7N^{14}+{}_2He^4 \rightarrow {}_8O^{17}+{}_1H^1$$。——作者注

核之间迎面碰撞的结果。长而细的分支代表被冲击力击出氮原子核的质子的轨迹，而短而粗的分支则是碰撞中被抛到一边的原子核的轨迹。没有其他轨迹存在，也就是没有被反弹的 α 粒子的轨迹，这表明入射的 α 粒子已经附着在原子核上，并随原子核一起移动。

在由人工加速粒子引起的原子核嬗变中，我们可以看到人工加速的质子与硼原子核碰撞的效果。从加速器的喷嘴（照片中间的黑影）中喷射出的高速质子束撞击到放置在开口上的一层硼，并使核碎片从周围的空气中穿过，飞向四面八方。这张照片展示了一个有趣的现象，核碎片的轨迹总是以三条为一组出现（照片中可以看到两个这样的三重线，其中一组标有箭头），这是因为被质子击中的硼原子核分裂成了三个相等的部分①。

另一张照片是由剑桥的大迪伊（Dee）博士和费瑟（Feather）博士拍摄的由人工加速粒子引起的原子核嬗变，则显示了快速移动的氘核（由一个质子和一个中子形成的重氢原子核）和目标材料中的其他氘核之间的碰撞②。

图中较长的轨道对应质子（$_1H^1$- 核），而较短的轨道则对应被称为氚核的三倍重的氢核。

中子和质子一起构成了每个原子核的主要结构元素，如果没有中子参与的核反应的照片，云雾室的图片库就是不完整的。

在云雾室照片中是找不到中子的轨迹的，因为这些不带电的“核物理黑马”穿过物质时不会产生任何电离。但是当你看到猎枪冒出烟雾，看到野鸭从天上掉下来时，哪怕看不见，你也知道刚刚有子弹飞过。同理，当你看到云雾室的照片，显示出一个氮核分解成氦（向下的轨道）和硼（向上的轨道），你就会不由自主地想到该氮核受到了自左边来的看不见的抛射物的猛烈撞击。确实，想要拍到这

---

① 反应方程式为：$_5B^{11}+_1H^1 \rightarrow {_2He^4}+_2He^4+_2He^4$。——作者注

② 反应方程式为：$_1H^2+_1H^2 \rightarrow {_1H^3}+_1H^1$。——作者注

样的照片，就必须在云雾室的左壁上放置一种镭和铍的混合物作为快中子源①。

将中子源的位置与氮原子发生分解的点连接起来，就可以立即看到中子穿过云雾室时的直线轨迹。

由博格尔德（Boggild）、布洛斯特罗姆（Brostrom）和劳里森（Lauritsen）拍摄的一张铀原子核裂变的云雾室照片，展示了从被轰击的铀层下的薄铝箔上朝相反方向飞去的两个裂变碎片。当然，无论是引发裂变的中子，还是在裂变中产生的中子，都不会出现在照片上。如果要详述通过加速粒子进行核轰击所得到的不同类型的核嬗变，我们可以没完没了地说下去，但现在是时候讨论一下这种轰击的效率这一更为重要的问题了。我们必须记住，我们提到的这几张展示的图片所显示的都是单个原子的分裂情况，假如要使 1 克硼完全转化成氦，那么我们应该把其中所含有的 55 000 000 000 000 000 000 000 个原子全部打碎。现在，最强大的电子加速器每秒能产生 1 000 000 000 000 000 个粒子，所以即使每个粒子都能打碎一个硼核，我们也必须让机器运行 5500 万秒，或者大约两年，才能完成这项工作。

然而，事实是，在各种加速机器中产生的带电粒子的力度比上述要小得多，几千个粒子中通常只有一个能够使目标材料产生核破裂。原子轰击效率如此低的原因在于原子核周围环绕着电子壳层，这些电子会降低穿过其中的带电粒子的移动速度。由于电子壳层的受力面积比原子核的受力面积大得多，我们无法做到将轰击粒子直接对准原子核，所以，一个粒子只有在穿过电子壳层后，才有直接对一个原子核进行撞击的机会。图 62 直观地展示了这一情况，其中黑色实心球体表示原子核，而阴影部分则表示其电子壳层。原子与原子核的直径之比约为 10 000 ∶ 1，因此其受力面积之比为 100 000 000 ∶ 1。另外，我们已知一个带电粒子穿过一个原子的电子壳层会损失大约万分之一的能量，因此它大约穿过 10 000 个原子之后就会完全停止。从上面引用的数字可以很容易

① 这里发生的过程的核反应式可以用以下方程表示：（a）中子的产生：${}_4Be^9+{}_2He^4$（来自镭的 α 粒子）→ ${}_6C^{12}+{}_0n^1$；（b）中子对氮核的撞击：${}_7N^{14}+{}_0n^1$ → ${}_5B^{11}+{}_2He^4$。——作者注

地看出，10 000 个粒子中，大约只有 1 个粒子有机会在能量完全消耗完之前击中原子核。考虑到带电粒子在对目标材料的原子核进行撞击时的效率如此之低，我们发现，为了完全转化 1 克硼，我们必须让其在现代原子粉碎机的电子流中待上至少两万年！

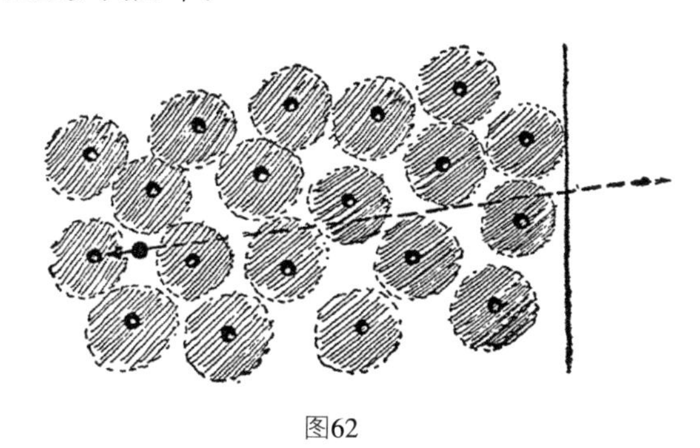

图62

4. 核子学

“核子学”是一个非常不恰当的词，但像很多词一样，它还是具有一定的实用价值的，并且我们也没有更好的词了。正如“电子学”一词是用来描述自由电子束实际应用这一广泛领域的知识，“核子学”一词应理解为大规模释放的核能的实际应用的科学。我们在前面的章节中已经了解到，各种化学元素（除银之外）的原子核都负荷着巨大的内能，其中，较轻的元素可以通过核聚变释放能量，而较重的元素则可以通过核裂变释放能量。我们还了解到，用人工加速的带电粒子进行核轰击的方法虽然对各种核嬗变的理论研究具有重要意义，但由于效率极低，并不能应用于实际当中。

普通的轰击粒子，如 α 粒子、质子等，效率低的原因主要在于它们携带电荷，电荷使这些粒子通过原子体时失去能量，且无法充分靠近被轰击物质的带电原子核。因此我们希望用不带电的粒子或用中子轰击各种原子核会得到更好的结果。然而，这就是一个圈套！由于中子可以毫无困难地穿透核结构，所以自然界中并不存在自由中子，就算人为地用入射粒子从原子核中赶出一个自由中子（如受到 α 粒子轰击的铍核的中子），它也很快就会被其他原子核重新俘获。

因此，为了产生用于核轰击的强中子束，我们必须将它们从某些元素的核中逐出。这就使我们又回到了用于轰击的带电粒子的低效率问题。

然而，有一种办法可以摆脱这种恶性循环。如果有可能让中子赶出中子，并且赶出不止一个，这些粒子就会像兔子（与图 87 对比）或感染组织中的细菌一样繁殖，一个中子很快就可以带来很多中子，足以轰击一大块材料中的所有原子核。

有一种特殊的核反应可能促使这种中子增殖过程发生，这一核反应的发现给核物理学带来了巨大的繁荣，将其从关注物质最本质属性的安静的纯科学象牙塔，变成了喧闹的热门话题，出现在报纸头条新闻的吆喝中、激烈的政治讨论里，以及惊人的工业和军事发展中。哈恩和斯特拉斯曼在 1938 年年底发现了铀原子核裂变。每个读报纸的人都知道，核能，或俗称的原子能，可以通过铀原子核裂变过程释放出来。但是，所谓裂变，就是将一个重核分裂成两个几乎相等的部分，如果有人认为裂变本身会有助于核反应的进行，那可就错了。事实上，这两个裂变产生的核碎片带有很重的电荷（大约各占铀原子核的一半电荷），因此它们无法过于靠近其他原子核。因此，受到附近原子的电子壳层的影响，这些碎片会迅速失去最初所携带的高能量，然后静止下来，并不会产生进一步裂变。

铀裂变过程之所以对自持核反应如此重要，是因为人们发现，在核反应最终减慢之前，每一个裂变产生的铀核碎片都会喷射出一个中子（图 63）。

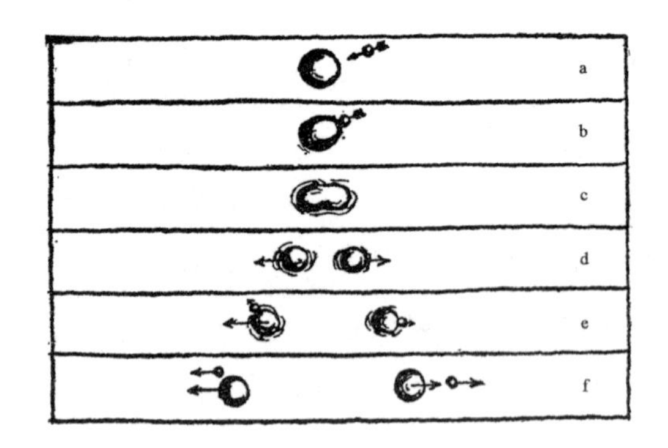

图63　裂变过程的几个连续阶段

之所以会产生这样奇特的裂变后效应，是因为就像两半断裂的弹簧一样，重核分裂成的两个碎片刚产生时就处于相当剧烈的振动状态。这种振动并不能引起二次核裂变（每个碎片分裂成两半），但其强度足以将某些粒子喷射出来，我们刚刚所说的每个碎片喷射一个中子，其实只是从统计意义上来说的。实际上，有一些碎片可能喷射出两个甚至三个中子，也有一些碎片可能一个都不会喷射出来。当然，从裂变产生的碎片中释放出的中子的平均数量取决于它的振动强度，而振动的强度又取决于原始裂变过程中释放出来的总能量。正如我们上面所提到的，由于裂变中释放的能量随着原子核的重量增加而增加，我们自然会想到，每个裂变碎片的平均中子数也会根据原子序数的增大而增加。因此，在金原子核裂变时（由于这种情况下需要很高的起爆能量，目前还没有成功地进行实验），每个碎片产生的中子数可能远远少于一个；铀核裂变时，平均每个碎片大约产生一个中子（每次裂变约两个中子）；而在更重的元素（如钚）裂变时，平均每个碎片应该能产生不止一个中子。

假如有 100 个中子进入到物质中，为了满足中子渐进式衍生的条件，我们应该要得到超过 100 个下一代中子。能否满足这一条件取决于中子在造成一次原子核裂变时的相对效率，以及裂变后所产生的新的中子的平均数量。我们必须记住，虽然中子轰击原子的效率要高于带电粒子，但并不能达到百分之百。实际上，当高速中子进入原子核时，它有可能只给原子核一部分动能，然后带着剩下的能量逃逸出去。在这种情况下，能量会分散消耗在几个原子核上，但没有一个原子核能得到足以引起裂变的能量。

根据核结构的一般理论，我们可以得出结论，中子的裂变效率随着有关元素原子量的增加而增加，对于接近周期系统末尾的元素来说，其效率接近百分之百。

我们现在可以看看两个数值相关的例子，分别对应中子繁殖的不利条件和有利条件：（a）假设我们有一个元素，其中快中子的裂变效率为 35%，每次裂变产生的平均中子数为 1.6[①]。在这种情况下，100 个原始中子总共将产

① 选择这些数值完全是为了举例，并不符合任何实际的核种类。——作者注

生 35 次裂变，从而产生 35 × 1.6=56 个第二代中子。很明显，在这种情况下，中子的数量将随着时间的推移而迅速下降，每一代的中子数量只有上一代的一半左右。（b）假设现在我们采用一个较重的元素，中子的裂变效率提高到 65%，每次裂变产生的平均中子数为 2.2。在这种情况下，100 个原始中子将产生 65 次裂变，第二代中子数量为 65 × 2.2=143 个。每增加一代，中子的数量就会增加大约 50%，在很短的时间内，就可以产生足够轰击样品中所有原子核的中子。我们在这里所研究的是渐进式 “支链反应”，并将能够发生这种反应的物质称为“裂变物质”。

经过对渐进式支链反应（图 64）发展所需的必要条件进行的详细的实验和理论研究，人们得出这样的结论：在自然界存在的各种核中，“只有一种特殊元素的核有可能发生这种反应。这就是著名的铀轻同位素铀 235，唯一的天然裂变物质”。

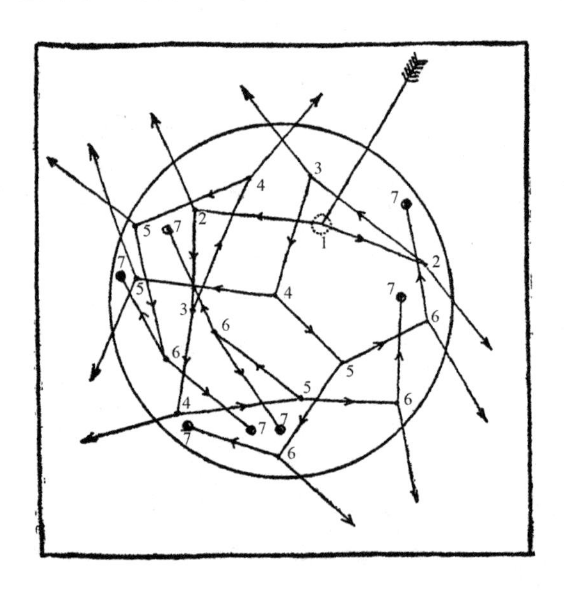

图 64　在一块球形裂变物质中由一个中子引发了核链式反应。虽然许多中子会穿过表面离开，但连续几代的中子数量仍在增加，最终导致爆炸

然而，铀 235 并不能以纯净物的形式存在于自然界，而总是与较重的不可裂变的同位素铀 238 掺杂在一起（0.7% 的铀 235 和 99.3% 的铀 238），因此，

就像湿木材中的水阻碍木材燃烧一样，铀 238 也阻碍了天然铀的渐进式支链反应。事实上，正是由于非活性同位素的这种稀释作用，具有高度分裂性的铀 235 原子才能仍然存在于自然界中，否则它们早就由于自身的快速链式反应而灭绝。因此，为了能够使用铀 235 的能量，我们要么将其原子核与铀 238 的重核分开，要么不除去重核，但必须发明一种方法消除重核的干扰。这两种方法都被用在解决原子能释放问题的工作中，并且都取得了成功。由于这类技术问题不在本书的研究范围，我们在这里只简要一提①。

直接分离这两种铀同位素是一个非常困难的技术问题，因为它们具有相同的化学特性，所以用普通的工业化学方法不可能做到。这两种原子唯一的区别在于它们的质量，一个比另一个重 1.3%。这表明，我们可以基于由分子质量差异引发的扩散、离心或离子束在磁场和电场中偏转等方法进行元素分离。在图 65a、b 中，我们给出了两种主要分离方法的示意图，并给出了简短的描述。

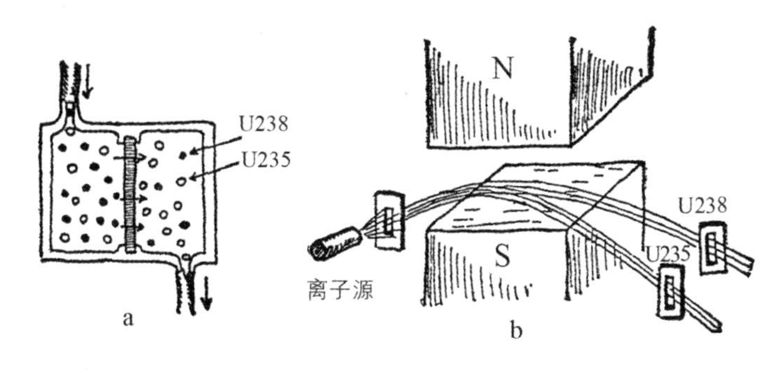

图65

a. 用扩散法分离同位素。含有两种同位素的气体被泵入气室的左侧，穿过中间的隔板扩散，将气体分成两部分。由于轻分子扩散速度较快，右边的部分富集铀 235

b. 用磁场法分离同位素。通过强磁场发射光束，较轻铀同位素的分子会发生更强的偏转。因为得到足够的强度，我们必须使用较宽的缝隙，两个光束（铀 235 和铀 238）会部分重叠，最后只能做到部分分离

① 关于更详细的讨论，读者请参阅赛里格·海奇特（Selig Hecht）的书《原子解说》（*Explaining the Atom*），由维京出版社在 1947 年第一次出版。在“探索者”平装本系列中可找到由尤金·拉比诺维奇博士（Dr. Eugene Rabinowitch）修订和扩充的新版。——作者注

所有这些方法的缺点在于，由于两种铀同位素之间的质量差别很小，分离不能一步完成，而需要大量的重复，才能使生成物浓缩越来越多的铀235。但是，只要经过足够次数的重复，最终可以得到纯度合适的铀235样品。

还有一种更巧妙的方法是模拟天然铀中的链式反应，通过使用所谓的慢化剂，人为地减少较重同位素的干扰作用。为了更好地理解这种方法，我们必须知道，较重铀同位素的负面影响主要在于其吸收了大部分铀235裂变产生的中子，从而断绝了渐进式支链反应发展的可能性。因此，如果我们能采取某种方法防止引发裂变的中子在遇到铀235的原子核之前就被铀238的原子核俘获，这个问题就可以解决了。乍一看，铀238原子核的数量是铀235原子核的140倍，要阻止其获得大部分中子似乎是不可能的。但是，这两种铀同位素的“中子俘获能力”根据中子的运动速度不同而变化，这一情况帮助我们解决了这个问题。对于原子核裂变产生的快中子，两种同位素的俘获能力是相同的，因此每当有一个中子撞击铀235，铀238就会俘获140个中子。对于中速中子，铀238比铀235原子核有更好的俘获能力。然而，非常重要的一点是，对于速度缓慢的中子，铀235的原子核具有更好的俘获能力。因此，如果我们能在裂变产生中子以高速运动遇到第一个铀核（238或235）“之前”就大幅降低其速度，那么铀235的原子核虽然数量少，但比铀238的原子核更有可能捕获中子。

将大量的天然铀的小颗粒掺杂在某种不会俘获太多中子，又能降低其速度的材料（慢化剂）中，就可以制作出一个减速装置。具备这一用途的最佳材料是重水、碳以及铍盐。在图66中，我们用图像展示了由分布在慢化剂中的铀颗粒形成的“堆”究竟是如何工作的[①]。

如上所述，轻同位素铀235（仅占天然铀的0.7%）是唯一能进行渐进式的支链反应，从而大规模释放核能的天然裂变物质。但是，这并不意味着我们不能“人工”合成不存在于自然界中但与铀235具有相同特性的其他元素。事

① 要对铀堆进行更详细的讨论，读者可以再一次查阅有关原子能的专著。——作者注

实上，利用裂变物质的渐进式支链反应产生的大量中子，我们可以把其他通常不可裂变的原子核转变成可裂变的原子核。

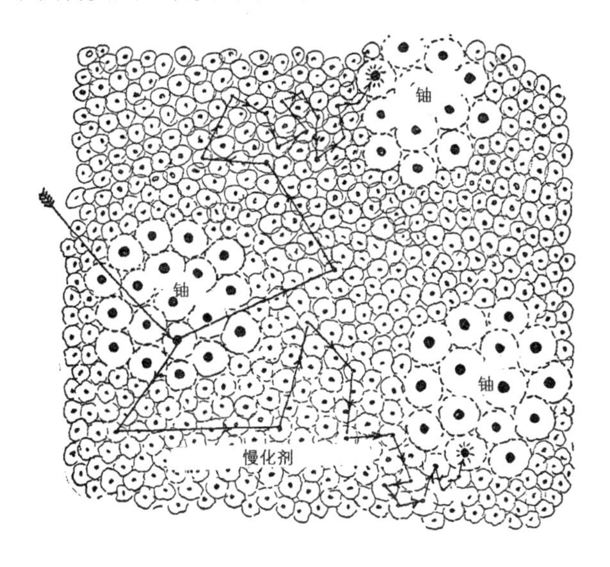

图66

这幅看上去跟生物学有关的图片表示的是嵌入在慢化剂物质（小原子）中的铀颗粒（大原子）。左边的一团铀中的原子核分裂产生的两个中子进入慢化剂，在与慢化剂原子的原子核的一系列碰撞中速度逐渐减慢。等到这些中子到达其他铀团时，它们的速度大大减慢，并且，由于铀235原子核俘获慢速中子的效率高于铀238原子核，所以这些中子最后被铀235原子核俘获

第一个这样的例子就发生在上述使用天然铀与慢化剂物质混合而成的“堆”中。我们已经了解到，使用慢化剂可以将铀238原子核俘获的中子数量降低到允许铀235原子核之间发生链式反应的程度。但是，仍然会有一些中子被铀238俘获，这会导致什么呢？

当然，铀238俘获中子的直接结果是，产生了更重的铀同位素铀239。然而，人们发现，这种新形成的原子核并不能存在很长时间，它会连续抛射出两个电子，变成一种原子序数为94的新化学元素的原子核。“这种新的人造元素被称为钚（Pu239），它比铀235更易裂变”。如果我们用另一种天然放射性元

素钍（Th232）代替铀238，其俘获中子以及随后抛射两个电子后，将产生另一个人造裂变元素——铀233。

因此，从天然裂变元素铀235开始，循环进行反应，“原则上，完全有可能将所有天然铀和钍全部转化为裂变物质，成为浓缩的核能来源”。

在本节结束之前，我们来粗略估计一下可用于未来和平发展或人类自毁战争的能源总量。据估计，已知铀矿床中的铀235总量所蕴含的核能，可以满足全世界工业产业（完全转变为核能）几年的需要。然而，如果我们考虑到将铀238转化为钚来使用的可能性，这一时间可以延长到几个世纪。如果再加上储量约为铀的四倍的钍（转化为铀233），我们预测的时间至少要达到一千年，这段时间足以让我们不必担心“原子能未来的短缺”了。

但是，就算我们用光了所有这些核能源，也没有发现新的铀矿和钍矿，后代人也还能够从普通岩石中获得核能。事实上，铀和钍同所有其他化学元素一样，都少量地存在于几乎所有普通材料中。例如，每吨普通的花岗岩含有4克铀和12克钍。乍一看，这个数量很小，但让我们按照下列步骤算一算。我们知道，如果1千克裂变材料所含的核能发生爆炸（如在原子弹中），其效力相当于两万吨TNT，如果用作燃料，则相当于大约两万吨汽油。因此，如果将1吨花岗岩中所含的16克的铀和钍转化为裂变材料，将相当于320吨普通燃料。这些回报足以偿还我们在复杂的分离过程中遇到的麻烦——尤其是如果我们的丰富矿石储量所剩不多的情况。

在征服了铀等重元素在核裂变中的能量释放之后，物理学家们研究了被称作“核聚变”的逆向过程，即两个轻元素的原子核融合在一起形成一个更重的核，从而释放出巨大的能量的过程。我们将在第十一章中了解到，我们的太阳正是通过这种聚变过程获得的能量，在这个过程中，由于内部剧烈的热碰撞，普通的氢原子核会结合起来形成更重的氦原子核。想要将这些所谓的热核反应加以复制，为人类所用，最佳的聚变材料是重氢，或称“氘”，其少量存在于普通水中。氘原子核，也被称为氘核，包含一个质子和一个中子。

当两个氘核发生碰撞时，会发生以下两种反应之一：2 氘核 → $_2He^3$ ＋中子；2 氘核 → $_1H^3$ ＋质子。

为了实现这一转化，氘必须处在一亿摄氏度以上的高温下。

第一个成功的核聚变装置是氢弹，其中的氘反应是由裂变炸弹的爆炸触发的。然而，更为复杂的问题是如何引发可以和平地提供大量能源的“受控热核反应”。主要的困难——约束极热的气体——可以利用强磁场加以解决，这种磁场可以将氘核限制在一个中心热区域内，防止其接触容器壁。（容器壁会熔化和蒸发！）

第八章　无序定律

1. 热无序

如果你倒一杯水并加以观察，你会看到清晰均匀的液体，看不到任何内部结构或运动的痕迹（当然，前提是你不要摇动杯子）。然而，我们知道，水的均匀性只是表面性的，如果将其放大几百万倍，就会看到由大量单个的分子紧密结合在一起形成的清晰的颗粒结构。

在这样的放大倍数下，显然水也不是静止的，其分子处于剧烈的动荡状态，到处移动，互相推搡，就好像高度兴奋的人群一样。水分子或任何其他物质的分子的这种不规则运动被称为“热运动”，如此命名的原因很简单，热现象来源于热运动。虽然人眼无法直接观察到分子运动以及分子本身，但正是分子运动使人体的神经纤维受到了某种刺激，并产生了我们称之为热的感觉。对于那些比人体小得多的有机体，例如，悬浮在水滴中的小细菌，热运动的影响要明显得多，这些可怜的生物被来自四面八方的、不眠不休的分子们不停地踢过来，推过去，得不到一点安宁（图 67）。这种有趣的现象被称为“布朗运动”，是以英国植物学家罗伯特·布朗[①]命名的，一个多世纪前，他在对微小植物孢子的研究中首次注意到这一现象。这种现象相当普遍，在研究悬浮在任何液体

① Robert Brown，1773—1858，英国植物学家，第一个发现分子布朗运动现象的人。

中的任何足够小的微粒时能观察到，研究飘浮在空气中的烟尘微粒时也能观察到。

如果我们将液体加热，悬浮在液体中的微小颗粒舞蹈得会更加猛烈。随着冷却，其强度会明显减弱。毫无疑问，我们在这里观察的正是物质内部热运动的效应，我们通常所说的温度，只不过是对分子动荡程度的衡量而已。通过研究布朗运动对温度的依赖关系，人们发现，在温度为零下 273 摄氏度，即零下 459 华氏度时，物质的热运动就会完全停止，其所有分子归于静止。这显然是热运动的最低温度，它被命名为“绝对零度”。如果还能说出更低的温度，那显然是在胡说，因为显然没有比绝对静止更慢的运动了！

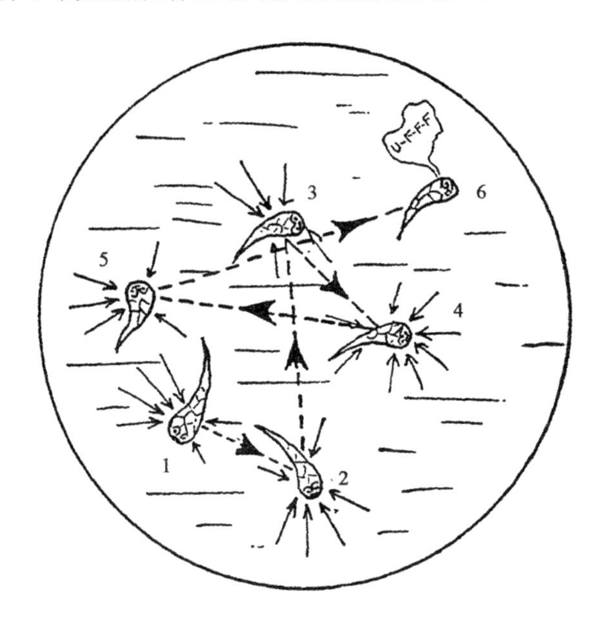

图67　一个被分子推搡的细菌的六个连续位置

任何物质的分子在接近绝对零度时含有的能量都很少，因此它们在内聚力的作用下黏合在一起形成一块固体，这时分子们所能做的只是在冻结状态下微微颤动。当温度升高时，颤抖变得越来越强烈，直到某个特定阶段，分子可以获得部分运动自由，能够进行滑动。冰冻物质的刚性消失了，变成了液体。其熔点取决于作用在分子上的内聚力的强度。在某些物质中，例如，形成大气的氢、氮氧混合物等，分子的内聚性很弱，在相对较低的温度下，热运动就可以打破冻结状态。因此，氢只有在低于 14K（-259℃以下）的温度下才会处于冻结状态，而固体氧和氮则分别在温度为 55K 和 64K（-218℃和 -209℃）时融化。在另一些物质中，分子间的内聚力更强，可以在更高的温度下仍保持固态。因此，纯酒精在 -114℃时仍处于冻结状态，而冻结的水（冰）只有达到 0℃时才开始融化。其他物质则能在更高的温度下仍保持固态，铅块只有在温度达到 +327℃时熔化，铁在 +1535℃时熔化，而稀有金属锇在 +2700℃时仍为固体。虽然物质在固体状态下时，分子被固定在其位置上，但这并不意味着它们完全不受热扰动的影响。事实上，根据热运动的基本定律，在给定温度下，无论是固态、液态还是气态，所有物质中的分子中所含的能量是相同的，区别只在于在某些物质下，这种能量足以将分子从其固定的位置上扯下来，让它们四处运动，而在另外一些物质中，分子只能在其固定位置颤动，就像被拴住的愤怒的狗一样。

在前一章描述的 X 射线照片中，我们可以很容易地观察到形成固体的分子的热颤动或振动。我们的确看到，要拍摄晶体结构中的分子的照片需要相当长的时间，因此在曝光过程中，一定不能让分子离开它们的固定位置。但是，分子在固定的位置会不停地颤动，周围产生虚影，这会导致图片有些模糊。为了获得更清晰的图片，我们必须尽可能将晶体冷却。有时可以将它们浸泡在液体空气中来达到这一要求。反过来，如果给要被拍摄的晶体加热，画面就会变得越来越模糊，到达熔点时，图像就完全消失了，这是因为分子脱离了原位，开始在熔化后的物质中进行无规则的运动（图 68）。

图68

在固体材料熔化后，分子仍然聚集在一起，因为热扰动虽然足以使它们从晶体结构中的固定位置脱离，但还不足以将它们完全分离开来。但是，当温度更高时，内聚力无法再将分子聚集在一起，除非周围有所阻隔，否则分子会向四面八方飞散。当然，如果发生这种情况，物质就变成气态了。如同固体的熔化一样，不同的液体发生汽化的温度也不一样，内聚力较弱的物质在较低的温度下就可以变成气态，而内聚力较强的物质则需要较高的温度才可以。此外，汽化的过程还取决于液体所受的压力，因为外部压力显然可以帮助内聚力将分子聚集在一起。因而众人皆知，盖紧的水壶中的水比敞口壶中的水沸腾时的温度要低一些。另外，在海拔较高的山顶上，气压大幅降低，不到100℃，水就会沸腾。这里可以顺带一提，在一个给定地点，通过测量水在此地达到沸腾的温度，我们可以计算出大气压强，从而计算出该地的海拔高度。

但是不要学马克·吐温，他在小说里写到，他曾经决定把一个无液气压计放进一壶煮沸的豌豆汤里。这可不会帮助你算出海拔高度，反而氧化铜会让汤的味道变差。

物质的熔点越高，其沸点就越高。所以，液氢的沸点为 -253℃，液氧和液氮分别为 -183℃和 -196℃，酒精的沸点为 +78℃，铅为 +1620℃，铁为 +3000℃，而锇只有在 +5300℃以上时才会沸腾[①]。

固体美丽的晶体结构破裂后，分子一开始会像一群蠕虫一样在周围爬行，然后像一群受惊的鸟一样飞开。但是，就算是后一种现象，仍然不能代表不断加剧的热运动的破坏力的极限。如果温度进一步升高，分子的存在就会受到威胁，因为分子间不断加剧的碰撞有可能把它们分解成不同的原子。这种被称为“热解离”的现象取决于分子的相对强度。一些有机物质的分子会在几百摄氏度的低温下分解成不同的原子或原子群。其他更坚固的分子，如水分子，则需要1000℃以上的温度才能被分解。但是，当温度高达几千摄氏度时，所有分子都将被分解，物质将变成纯化学元素的气态混合物。

温度高达6000℃的太阳表面正是这种状态。另外，在相对较冷的红巨星[②]大气层中，一些分子仍然可以存在，这一点已经借助光谱分析的方法得到了证实。

高温下强烈的热碰撞不仅使分子分裂成原子，而且会切下原子的外层电子，进而破坏原子本身的结构。当温度上升到几万摄氏度甚至几十万摄氏度时，这种“热电离”作用会越来越明显，并在温度达到几百万摄氏度时将原子彻底破坏。这种极热的温度并不能在我们的实验室中产生，但在恒星内部，特别是太阳内部，却是很常见的，所以在这些地方，原子已经被分解了。所有原子的电

① 全部都是大气压强下的数值。——作者注

② 见第十一章。——作者注

子壳层都被完全剥去，物质变成了裸露在外的原子核和自由电子的混合物，它们疯狂地穿过空间，彼此猛烈碰撞。但是，虽然原子已被完全分解，但原子核仍然完好无损，所以物质仍然保留了其基本化学特征。如果温度下降，原子核将重新俘获电子，再次形成完整的原子（图 69）。

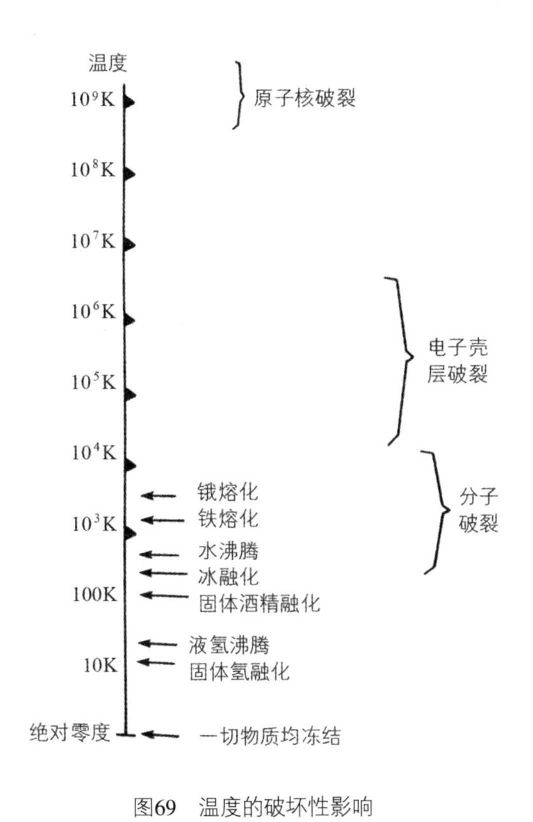

图69 温度的破坏性影响

为了实现物质的完全热解离，即将原子核本身分解成核子（质子和中子），温度必须达到至少数十亿摄氏度。即使在最热的恒星内部，我们也没有发现如此高的温度，但是很有可能在几十亿年前，我们的宇宙形成早期，确实存在过这样的温度。我们将在本书的最后一章再回到这个扣人心弦的问题。

因此，我们看到，热扰动的作用是逐步破坏以量子定律为基础的复杂的物质结构，把这座宏伟的建筑变成一群杂乱无章的，在一大片范围内横冲直撞的粒子。

2. 如何描述无序运动？

如果有人认为由于热运动的不规则性，所以无法对其进行物理描述，那可就大错特错了。事实上，正是因为热运动是“完全不规则”的，所以其遵循一种新的定律，即“无序定律”，也更多地被称为“统计规律”。为了更好地了解上述结论，让我们看一看著名的“醉汉走路”问题。假设我们观察一个醉汉，他倚靠在城市广场中央灯柱下（没有人知道他是怎么到那里的、什么时候到的），然后突然决定漫无目的地走一走。就这样他开始走路，朝一个方向走了几步，然后又往另一个方向走了几步，以此类推，每走几步他就会改变一次方向，并且这种改变无法预测（图 70）。这个醉汉就这样开始了他随意而曲折的旅程，那么假如他走了 100 段后，距离灯柱有多远呢？大家一开始会认为，由于每一次转弯都是不可预测的，因此无法解答这个问题。不过，如果我们更仔细地考虑一下这个问题，就可以发现，虽然我们真的无法知道醉汉走完一段路程后会停在哪里，但可以回答出他拐了很多次弯以后，距离灯柱的“最可能的”距离是多少。为了用具有说服力的数学方法来解决这个问题，让我们在人行道上画两个坐标，原点落在灯柱上；X 轴指向我们，Y 轴指向右边。用 R 表示这个醉汉走了 N 次曲折路程后与灯柱之间的距离（图 70 中 N 为 14）。现在假设 XN 和 YN 分别代表第 N 段路程在 X 轴和 Y 轴上的投影，根据毕达哥拉斯定理，我们明显可以得出以下等式：

$$R^2=(X_1+X_2+X_3+\cdots+Y_N)^2+(Y_1+Y_2+Y_3+\cdots+Y_N)^2$$

在以上等式中，X 和 Y 的取值是正的还是负的取决于醉汉在走这一段路时是向灯柱靠近还是远离。请注意，既然他的运动是完全无序的，那么 X 和 Y 取正值和负值的次数应该是对等的。在根据代数的基本规则计算括号内各项和的平方值时，我们必须将括号内的每一项与其本身以及所有其他项都相乘。

因此：

$$(X_1+X_2+X_3+\cdots+X_N)^2$$

$$=(X_1+X_2+X_3+\cdots+X_N)(X_1+X_2+X_3+\cdots+X_N)$$

$$=X_1^2+X_1X_2+X_1X_3+\cdots+X_2^2+X_2X_3+\cdots+X_N^2$$

这个长长的总和将包括所有X取值的平方（X_1^2，X_2^2，$\cdots X_N^2$），还有所谓的“混合积”，如X_1X_2、X_2X_3等。

图70　醉汉走路

到目前为止，这还是简单的算术题，但接下来就到了基于醉汉走路的无序性的统计学问题了。由于他的走动是完全随机的，时而靠近灯柱，时而远离灯柱，所以在X的取值中，正数和负数各占一半。因此，在观察“混合积”时，你很有可能会发现，其中总是会有很多对数值相等但符号相反的值可以互相抵消，并且转弯的次数越多，这样互相抵消的值也越多。只有平方永远是正的，所以到最后，剩下来的只有各项 X 值的平方。因此，结果就可以写成这样的式子：

$$X_1^2+X_2^2+\cdots+X_N^2=NX^2$$

其中，X 表示各段路程在 X 轴上的投影的平均值。

用同样的方法，我们可以得出，第二个括号内含 Y 的式子可以简化为：NY^2，其中 Y 是各段路程在 Y 轴上的投影的平均值。在此必须再次重申，我们刚才所做的并非严格意义上的代数运算，而是基于路程的随机性，将“混合积”作为互相抵消的统计学论述。

现在我们可以将醉汉离灯柱的最可能的距离简单地表达为：

$$R^2=N（X^2+Y^2）\text{或} R=\sqrt{N}\cdot\sqrt{X^2+Y^2}$$

但是每段路程在两根轴上的平均投影都是 45°，所以 $\sqrt{X^2+Y^2}$（也是根据毕达哥拉斯定理）也就等于各段路程的平均长度。如果用 1 来表示平均长度，那么我们可以得到：$R=1\cdot\sqrt{N}$。用通俗的话来说，这一结果就是：“经过一定次数的随机的转弯后，醉汉到灯柱最可能的距离等于他所走过的每段路程的平均长度乘以转弯次数的平方根。”

因此，如果这个醉汉每走出 1 码就转一次弯，（转到一个不可预测的角度！）那么他一共走了 100 码远之后，很可能只会停留在离灯柱 10 码远的地方。

但如果他没有转弯，而是一直保持直行的话，他就会到达离灯柱 100 码远的地方——这说明散步时保持清醒是绝对有用的。

我们在这里所给出的仅仅是“最可能的”距离，而不是每一个拐点距离灯柱的实际距离，由此也展现了统计的本质。就个别醉汉而言，虽然可能性很小，但他确实有可能一直都不拐弯，因此会沿着一条直线一直往前走，距离灯柱就会越来越远。还有可能他每次转 180 度，这样每转两次身，他就会又回到灯柱下面。但是如果有一大群醉汉全都从同一个灯柱下开始，各自走自己曲折的路程，互不干扰，你会发现，在经过足够长的时间后，他们会围绕着灯柱分散在一块特定的区域里，这时他们距离灯柱的“平均距离”也可能用上述规则算出来。图 71 就展示了六个醉汉经过这种无规律走动后的分布情况。不言而喻，醉汉的数量越多，他们转弯的次数越多，以上规则就越准确。

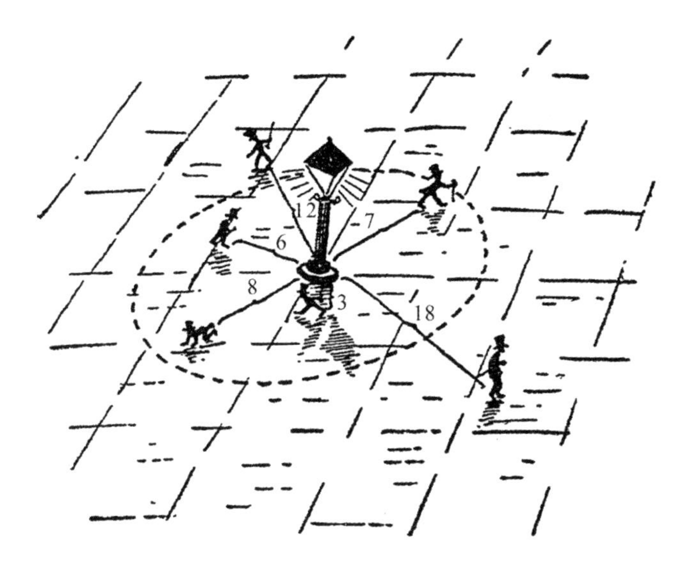

图71　灯柱周围六名醉汉的统计分布情况

现在，用一些微观物体，例如，植物孢子或悬浮在液体中的细菌代替醉鬼，你所看到的将会与植物学家布朗在显微镜中看到的画面完全一样。诚然，孢子和细菌并没有喝醉，但是，正如我们上面所说，它们正不断地被周围参与热运动的分子踢向各个方向，因此被迫沿着无规则的曲折轨迹运动，就像在酒精作用下完全丧失方向感的人一样。

如果你通过显微镜观察悬浮在水滴中的大量微粒的布朗运动，你可以把注意力集中在位于某一个特定区域（靠近“灯柱”）内的某一组小微粒上。你会注意到，随着时间的推移，它们逐渐分散到整个视野内，并且，它们到原点的平均距离与时间间隔的平方根成正比，而时间间隔的平方根我们已经在醉汉走路问题中根据数学定律计算了出来。

当然，同样的运动定律也适用于水滴中的每一个独立分子，但是你看不到单独的分子，即使你能看到，你也无法区分它们。要想看见这种运动，我们必须使用两种能区分开的不同分子。例如，可以根据它们的颜色不同来区分。因此，我们可以向化学试管中添加半管呈现美丽的紫色的高锰酸钾溶液。如果这时我们把一些清水倒在上面，小心不要把这两层液体弄混，我们应该注意到紫色会逐渐渗透到清澈的水里。如果你再等待足够长的时间，你就会发现从底部到表面所有的水都变成了均匀的颜色（图 72）。这种大家都熟悉的现象被称为扩散，是由于染料分子在水分子之间的不规则的热运动所引起的。我们应该把高锰酸钾的每一个分子想象成一个酒鬼，受到其他分子不停地撞击来回晃荡。因为在水里分子的排列是比较紧密的（与气体中的分子排列相比），每个分子在两次连续碰撞之间的平均自由行程非常短，只有大约一亿分之一英寸。而另一方面，由于分子在室温下以每秒十分之一英里的速度运动，分子之间两次碰撞的时间间隔只有一万亿分之一秒。所以，在短短一秒钟内，每个染料分子将进行大约一万亿次的连续碰撞，并且每次都会改变其运动方向。那么在第一秒内的平均距离将是一亿分之一英寸（自由路程的长度）乘以一万亿的平方根。由此可以得出平均扩散速度只有每秒百分之一英寸；而如果该分子没有受到碰撞而偏转，其一秒钟移动的距离应该是十分之一英里，相比之下，受到碰撞的扩散真的是一个比较慢的过程了。如果你等上 100 秒，这个分子才可以艰难地完成 10 倍（$\sqrt{100}=10$）的伟大旅程，而过 10 000 秒也就是大约 3 小时后，颜色分子才会慢慢扩散到 100 倍远（$\sqrt{10\ 000}=100$），也就是 1 英寸远的地方。没错，扩散就是这样一个缓慢的过程；所以当你把一块糖放进茶水里时，最好搅拌一下，而不要指望糖分子可以通过自身的运动扩散到整杯水里。

扩散过程是分子物理学中最重要的过程之一，下面再看一个关于扩散过程的例子，让我们研究一下当铁棍的一端被放入炉火中时，热是如何在其中传播的。根据你自己的经验，你知道要过很久之后铁棍的另一端才会热得烫手，但是可能你不知道的是，铁棍中热的传播是由于电子的扩散。没错，一根普通的铁棍内部实际上充满了电子，其他金属物体也是如此。金属和其他材料，例如，玻璃之间的区别在于前者的原子失去了一些外层电子，这些电子在金属的结构网络中四处游荡，并且会参与无规则的热运动，就像普通气体中的粒子一样。

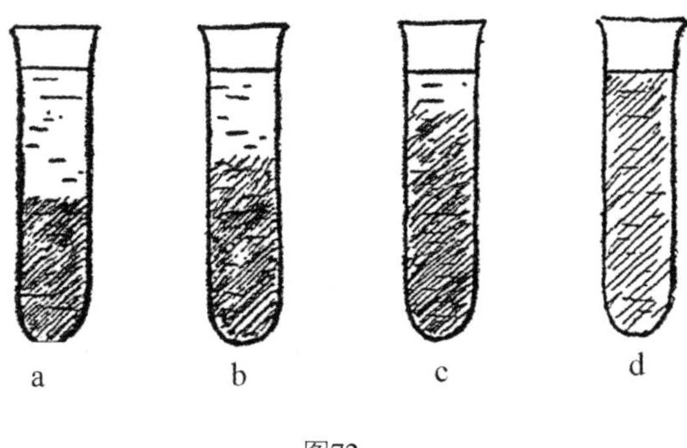

图72

金属物体的表层会给外层边缘的电子施加作用力，防止它们逃脱[①]，但电子在金属内部的运动几乎是完全自由的。如果给一截金属丝通电，其内部无拘无束的自由电子就会沿着产生电流的力的方向移动。而另一方面，非金属物体通常都是良好的绝缘体，因为它们的所有电子被原子约束着，因此不能自由移动。

当一根金属条的一端被放入火中，这一部分金属内的电子的热运动就会大幅度加强，这些快速移动的电子就携带着额外的热能向其他部分扩散。这个过程与染料分子在水中的扩散十分相似，除了其中涉及的移动的粒子的种类不同（水分子和染料分子）。我们这里说的是“热电子气体扩散到冷电子气体的区域”。醉汉走路原理也适用于此，热沿金属棒传播的距离与相应时间的平方根成正比。

我们最后一个关于扩散的例子跟之前的完全不同，并且具有宇宙意义。我们在后面的章节中将会了解到，我们的太阳的能量产生于其内部深处化学元素的核嬗变反应。这种能量以核辐射的形式被释放出来，“光的粒子”，或叫光量子开始了它们的漫长旅程，穿过太阳的内部，向着其表面运动。由于光的移动速度是每秒 30 万公里，而太阳的半径只有 70 万千米，所以假如光量子沿直

① 当我们把金属丝加热到高温时，其内部电子的热运动变得更加剧烈，其中一些电子会通过表面出来，这就是电子管的原理，所有无线电爱好者都熟悉这种现象。——作者注

线运动，中间没有发生偏转，那么一个光量子从内部到表面只要花两秒多一点的时间。但是，事实并非如此，在向外移动的过程中，光量子会与太阳中各物质的原子和电子发生无数次碰撞。光量子在太阳物质中的自由路程大约为 1 厘米，（比一个分子的自由路程长多了！）而既然太阳的半径是 70 000 000 000 厘米，光量子们就必须走 $(7\times10^{10})^2$ 或 5×10^{21} 步醉汉般的路程才能到达表面。由于每一步需要 $1/(3\times10^{10})$ 或者 3×10^{-11} 秒，走完全部路程所需要的时间为 $3\times10^{-11}\times5\times10^{21}=1.5\times10^{11}$ 秒，也就是大约 5000 年！从这个例子中，我们再次看到扩散的过程是多么缓慢。光从太阳中心到达表面需要 50 个世纪，而在进入到真空的行星际空间并沿着一条直线前行之后，它只需要 8 分钟就能完成从太阳到地球的整个距离！

3. 计算概率

这种扩散现象只是概率统计定律应用于分子运动问题的一个简单例子。在我们进一步讨论并试图理解最为重要的“熵定律”之前，我们首先要了解计算不同简单或复杂事件的概率的方法。熵定律决定着每一个物体的热行为，无论是一些液体的微小液滴，还是群星遍布的浩瀚宇宙。

让我们来说一说目前最简单的概率计算问题，也就是掷硬币问题。每个人都知道，掷硬币时结果为正面或反面的概率是相等的。大家通常会说，正面或反面的概率都是 50%，但从数学角度上更习惯表达为两者概率分别是“一半和一半”。如果你将正面和反面的概率相加，就会得 $\frac{1}{2}+\frac{1}{2}=1$。在概率理论中，1 意味着一个必然事件。你明确地知道，掷一枚硬币时，你得到的不是正面就是反面，除非硬币滚到沙发下面，消失得无影无踪，那你就得不到答案了。

现在，假设你将一枚硬币连续投掷两次，或者同时掷两枚硬币，这两种方式是一样的。显而易见，结果将会有 4 种可能性，正如图 73 所示。

图73　抛掷两枚硬币时的4种可能性组合

在第一种情形中，你得到的是两次正面，在最后一种情形中则是两次反面，而中间两种情形所得到的结果是一样的，因为对你来说，正面或反面出现的先后顺序（或出现在哪一枚硬币上）无足轻重。所以你可以说，得到两次正面的概率为四分之一，即$\frac{1}{4}$，得到两次反面的概率也是$\frac{1}{4}$，而得到一正一反的概率为四分之二，即$\frac{1}{2}$。于是你又可以得到$\frac{1}{4}+\frac{1}{4}+\frac{1}{2}=1$，表示你很确定你一定会得到这 3 种组合中的一种。现在让我们看看，如果我们掷硬币三次，会发生什么。总共有 8 种可能性，概括如下：

第一次	正	正	正	正	反	反	反	反
第二次	正	正	反	反	正	正	反	反
第三次	正	反	正	反	正	反	正	反

如果你仔细观察一下这张表格，你会发现得到 3 次正面的概率为$\frac{1}{8}$，得到 3 次反面的机会也是$\frac{1}{8}$。其余的可能性则被一正两反和两正一反两种情况平分，每种情况的概率均为$\frac{3}{8}$。

我们这个记录所有可能性的表格扩展得非常迅速，但是让我们再进一步看看掷 4 次硬币的情形。这时已经有以下 16 种可能性：

第一次	正	正	正	正	正	正	正	正	反	反	反	反	反	反	反	反
第二次	正	正	正	正	反	反	反	反	正	正	正	正	反	反	反	反
第三次	正	正	反	反	正	正	反	反	正	正	反	反	正	正	反	反
第四次	正	反	正	反	正	反	正	反	正	反	正	反	正	反	正	反

这时，同时得到四次正面或四次反面的概率都是$\frac{1}{16}$。三正一反和三反一正两种情形总共占了$\frac{4}{16}$的可能性，即每种情形各占$\frac{1}{4}$，而正反次数相等的概率占了$\frac{6}{16}$，即$\frac{3}{8}$。

如果你试图用同样的方式记录投掷多次的结果，这个表格就会变得很长，以至于纸上都写不下。例如，投掷 10 次后，你将会得到 1024 种可能性（$2\times2\times2\times2\times2\times2\times2\times2\times2\times2$）。但是构建这么长的一个表格是完全没有必要的，因为我们可以从那些已经列在表上的简单例子中总结出简单的概率法则，然后直接用在更复杂的情况中。

首先你可以看到，得到两次正面的概率等于第一次投掷和第二次投掷时分别得到正面的概率的乘积，也就是$\frac{1}{4}=\frac{1}{2}\times\frac{1}{2}$。同理，连续得到三次或四次正面的概率也是每一次投掷时得到正面的概率的乘积（$\frac{1}{8}=\frac{1}{2}\times\frac{1}{2}\times\frac{1}{2}$；$\frac{1}{16}=\frac{1}{2}\times\frac{1}{2}\times\frac{1}{2}\times\frac{1}{2}$）。所以，如果有人问你连续投出 10 次正面的概率有多大，你只要将$\frac{1}{2}$乘上 10 次$\frac{1}{2}$就可以轻松得出答案。其结果将是 0.000 98，这表明出现这种情形的概率确实非常低，大约只有一千分之一！这就是“概率乘法”的法则，具体表述为“如果你想要让几个不同的事件全都发生，你可以将每一个单独的事件的概率相乘来得出其发生的数学概率”。如果每一件都不是特别有可能，那么你得到它们的可能性就低得令人沮丧！如果你想让很多事件全都发生，而每一个的概率都不是特别高，那你得到所有事件的概率也会低得令人沮丧！

还有一则“概率加法”法则，具体表述为“如果你只想要几种事件中的一种（无论是哪一种），那么你得到它的数学概率就是每个待选事件概率之和”。

投掷硬币得到正面和反面各一次的例子可以很好地阐释这个法则。假设你想要的只是“投掷两次，一次正面”或者是“投掷两次，一次反面”，以上两种结果出现的概率均为$\frac{1}{4}$，所以想要得到其中任意一种的概率就是$\frac{1}{4}$加上$\frac{1}{4}$，即$\frac{1}{2}$。所以，如果你想要“某事，还要某事，还要某事……”你就要将以上每个单独的事件的概率“相乘”。但是，如果你想要“某事，或者某事，或者某事……”你就应将每件事的概率“相加”。

在第一种情况下，你想要的事件越多，那么它们全都发生的可能性就越小。在第二种情况下，你所选择的备选清单上的事件越多，那么你所希望的发生其中任意一种的可能性就越大。

当进行的实验次数非常多时，概率法则就会变得更加准确，投掷硬币的实验就是一个非常好的例子。图 74 就说明了这一点，上面列出了分别投掷硬币 2 次、3 次、4 次、10 次以及 100 次时所得到的正面和反面相对数量。你可以看到，随着投掷次数的增加，概率曲线变得越来越尖锐，而正面与反面一半对一半的机会出现的最大值变得越来越突出。

虽然投掷 2 次或 3 次，甚至 4 次时，每次均为正面或每次均为反面的概率仍然是相当可观的，但是当投掷 10 次时，就算只有 90% 是正面或是反面都是不太可能的。如果投掷次数更多，例如，100 次或 1000 次，概率曲线就变得像针一样尖锐，这时就算从一半对一半的概率分布上稍微偏离一点，在实际中出现的可能性也接近为零。

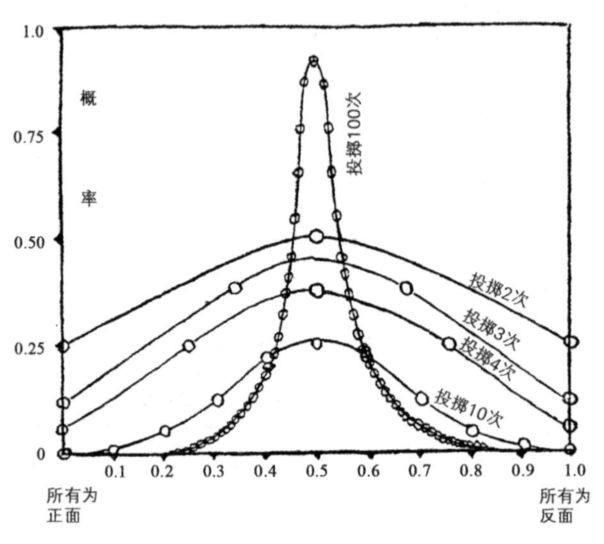

图74　正面和反面的相对次数

现在让我们运用刚刚学到的概率计算的简单法则，来判断一下在著名的扑克游戏中的五张扑克牌的不同组合的相对概率。

如果你没玩过这个游戏，就先来了解一下游戏规则，在这个游戏中，每个玩家会分到 5 张扑克牌，得到最好的牌型组合的人就是赢家。在此，我们要忽略为了得到更好的牌而进行交换所带来的额外的复杂因素，也忽略诱使对方以为你有更好的牌所以认输的心理战术。虽然这种虚张声势实际上是游戏的核心，而且著名的丹麦物理学家尼尔斯·波尔曾经受到启发，提出了一种全新的不使用扑克牌的游戏，玩家们只是通过谈论他们所拥有的假想组合来吓唬对方，但这完全不属于概率演算的范畴，纯粹是一个心理学问题。

为了进行概率计算的练习，我们不妨来算一下扑克牌游戏中的一些组合出现的概率。其中有一种组合被称为“同花”，代表了 5 张牌都是同一个花色（图 75）。

图75　一副同花（黑桃）

图76　一副满堂红

如果你想获得一副同花顺，那么你获得的第一张牌是什么花色并不重要，而且你只需要计算其他四张牌都与第一张是同一花色的概率。一副扑克牌中一共有 52 张牌[①]，每种花色各 13 张，所以当你拿到你的第一张牌后，与之同一花色的牌还剩下 12 张。因此，你的第二张牌得到相同花色的概率是$\frac{12}{51}$。同样，第三、第四和第五张牌得到相同花色的概率分别为$\frac{11}{50}$、$\frac{10}{49}$、$\frac{9}{48}$。既然你想要 5 张牌都是同一花色，那么这里就必须用概率乘法法则。计算之后你就会知道，要得到一副同花顺的概率为$\frac{12}{51}\times\frac{11}{50}\times\frac{10}{49}\times\frac{9}{48}=\frac{11880}{5997600}$，约等于$\frac{1}{500}$。

但是，请千万不要认为玩 500 次你就一定会得到一副同花。你可能一次也得不到，也可能得到两次。这只是概率计算，也有可能你玩了 500 多次却一直得不到想要的组合，或者恰恰相反，也可能第一局分牌时你就得到一副同花。

概率理论所能告诉你的就是每玩 500 次，你有“可能”得到一副同花顺。用同样的计算方法，你还可能知道，如果玩 3000 万次游戏，你可能有 10 次机会得到 4 张 A（包括一张可作为任意一张牌使用的“ 王牌” ）。

扑克中还有一种组合，由于更加罕见，所以牌面更高，这就是所谓的“满手”，更普遍的说法是“满堂红”。一副满堂红包括一个“对子”和“三张相同的牌”（两张牌是同一点数，另外三张牌的点数相同，例如，图 76 中的两张 5 和 3 张 Q）。

如果你想获得一副满堂红，你所获得的前 2 张牌是无关紧要的，但是这两

---

① 此处省去了 52 张牌以外的、可作为任意一张牌使用的“ 王牌”所引发的复杂变化。——作者注

张牌到手后，你必须保证，在剩下的3张牌中，有2张牌的点数与手中两张之一的点数一样，而最后一张与手中的另一张点数一样。分配第3张牌时，共有6张牌与你拥有的牌面一样（如果你有1张Q和1张5，那还剩下其他3张Q和3张5），所以第三张牌恰逢所需的可能性是$\frac{6}{50}$。第四张牌也符合要求的可能性是$\frac{5}{49}$，因为现在剩下的49张牌中，只有5张是合格的，而第五张牌符合要求的可能性是$\frac{4}{48}$。因此，获得满堂红的总概率就是$\frac{6}{50}\times\frac{5}{49}\times\frac{4}{48}=\frac{120}{117600}$，大约是同花出现的概率的一半。

用同样的方法，我们可以计算其他组合的概率。例如，“顺子”（一组顺连的牌），还可以计算加入王牌以及交换起初到手的卡片所带来的概率的变化。

通过这样的计算，大家可以发现，扑克中使用的牌型大小顺序确实与数学概率的顺序相对应。作者也不知道这种安排是由旧时的一些数学家提出的，还是纯粹由数百万玩家冒着破财的风险在世界各地的豪华赌场或小赌坊里经过试验总结出来的。如果是后者，我们必须承认，对于复杂事件的相对概率，我们的统计研究真的是相当有用了！

概率计算的另一个有趣的例子是“生日重合”问题，其答案相当出人意料。请大家回忆一下，你是否曾在同一天被邀请参加两个不同的生日派对。你可能会说这种同时收到两份邀请的可能性非常小，因为你只有大约24位会邀请你庆祝生日的朋友，而一年有365天之多。所以，有这么多日期可供选择，那么在这24个人中，有2个人在同一天过生日的可能性一定非常小。

但是，虽然听起来难以置信，但你的判断是完全错误的。真实答案是，在24个人中，很有可能会有一对甚至是几对的生日会重合。实际上，生日重合的概率比没有重合的概率还要大。

为了验证这个答案，你可以列出一个包含大约24个人的生日清单，或者干脆随机打开一本工具书的某一页。例如，《美国名人录》（*Who's Who in America*），选出连续24个人的生日加以比较。或者，运用在掷硬币问题和扑克牌问题中所学到的简单的概率计算法则，来算出其发生的概率。

我们首先试着计算一下，在 24 个人中，每个人的生日都有不同的概率。让我们问第一个人他的生日，当然，这可以是一年 365 天中的任何一天。那么，第二个人的生日与第一个人的生日“不同”的可能性有多大呢？由于这个（第二个）人可能是在一年中的任何一天出生的，因此，在 365 种可能性中，他与第一个人生日相同的可能性有一种，而不同的可能性有 364 种（不同的概率为 $\frac{364}{365}$）。同理，排除了一年中的两天后，第三个人的生日与第一个人和第二个人的生日的不同概率为 $\frac{363}{365}$。我们接下来询问的人的生日与我们已经问过的人的生日不同的概率分别是 $\frac{362}{365}$，$\frac{361}{365}$，$\frac{360}{365}$，以此类推，直到最后一个人的概率是 $\frac{365-23}{365}$，即 $\frac{342}{365}$。既然我们正在算的是以上所有事件全部发生的概率，我们必须将上面所有的分数相乘，然后就可以得到 24 个人每个人生日的不同概率：$\frac{364}{365}\times\frac{363}{365}\times\frac{362}{365}\times\cdots\times\frac{342}{365}$。

用某些高等数学的方法，你可以在几分钟内算到乘积，但如果你不会的话，你也可以辛苦一点，用直接乘的方法算出来[①]，这也并不需要花费很长的时间。计算结果是 0.46，表示生日没有出现重合的概率略小于一半。换句话说，在你的 20 多个朋友中，不会有任何两个人在同一天过生日的概率为 46%，而有两个甚至更多人会在同一天过生日的概率是 54%。因此，如果你有 25 个或更多的朋友，而且从来没有被邀请在同一天参加两个生日聚会，那么你很可能会得出这样的结论：要么你的大多数朋友过生日时没有组织生日聚会；要么就是他们没有邀请你！

生日巧合的问题很好地说明了对复杂事件概率的常识判断可能是完全错误的。作者问过很多人这个问题，包括许多杰出的科学家，除了一个人[②]以外，所有的人下了从 2 ∶ 1 到 15 ∶ 1 的赌注，赌不会发生这样的巧合。如果他接受了所有这些赌注，他现在已经是个有钱人了！

---

① 如果你会的话，请使用对数表或对数计算尺！——作者注

② 当然，这个例外是一位匈牙利数学家（参见本书第一章的开头）。——作者注

需要反复强调的一点是，如果我们可以根据固定的法则，算出几个不同事件发生的概率，并找出其中可能性最大的事件，但我们并不能就此确定这个可能性最大的事件一定会发生。除非我们进行的实验次数达到数十万、数百万或进一步达到数以十亿计，否则预测的结果只是“可能的”，而绝对不是“确定的”。当用于次数相对较少的实验时，概率法则的准确度会有所降低。例如，在破译仅仅用有限的几个符号组成的密码和暗语时，统计分析就派不上用场了。举个例子，我们来研究一下埃德加·爱伦·坡（Edgar Allan Poe）在他的著名小说《金甲虫》（*The Gold Bug*）中所描写的一个著名案例。他向我们讲述了一个名叫勒格朗（Legrand）的先生，他在南卡罗来纳州一片荒凉的海滩上散步，捡起了一张半埋在湿沙子里的羊皮纸。在勒格朗先生的海滩小屋里，这张羊皮纸受到火焰温度的影响，显示出一些墨水写成的神秘记号，这些记号在羊皮纸冷却的时候是看不见的，但受热时却变成了清晰的红色字迹。上面画着一个骷髅头，意味着这份手稿是一名海盗写的，纸上还画着一个山羊头，毫无疑问，这个海盗不是别人，正是著名的基德（Kidd）船长，而中间印着的几行记号显然就代表着神秘的藏宝之地了（图 77）。

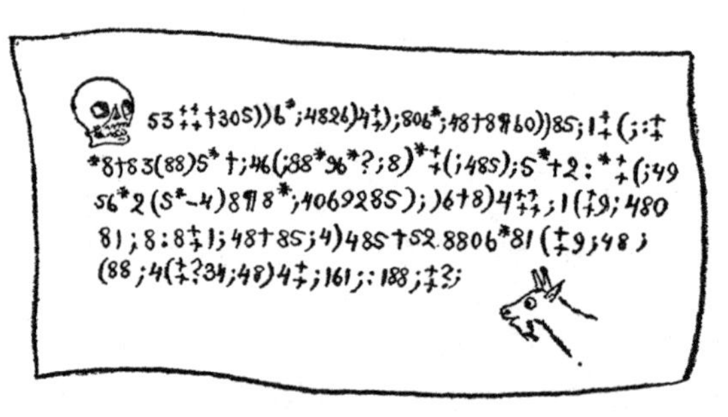

图77　基德船长的手稿

我们尊重埃德加的权威性，姑且认为 17 世纪的海盗们熟悉诸如分号和引号之类的排印符号，以及其他类似这样的符号。勒格朗先生绞尽脑汁，试图解读这个神秘的密码，并最终根据英语中不同字母出现的相对频率成功破译。他的方法基于这样一个事实：如果你计算任何英文文本中不同字母的数量，无论是莎士比亚的十四行诗，还是埃德加·华莱士（Edgar Wallace）的悬疑小说，你都会发现字母“e”出现得最频繁。在“e”之后字母出现的频繁度从高到低如下排序：a，o，i，d，h，n，r，s，t，u，y，c，f，g，l，m，w，b，k，p，q，x，z。

通过统计基德船长留下的密码中不同符号出现的次数，勒格朗先生发现在手稿中出现次数最多的符号是数字 8。“啊哈，”他说，“这意味着 8 很有可能就代表字母 e。”

好吧，这次他还真说对了，但是当然啦，这仅仅是“很有可能”而不是绝对肯定。假如这份秘密的手稿上写的是：“在鸟岛北端的一座老茅屋往南两千码的树林里，你会在一个铁盒子里找到很多黄金和钱币（You will find a lot of gold and coins in an iron box in woods two thousand yards south from an old hut on Bird Island's north tip）。”里面一个字母“e”都没有！但是概率法则颇为青睐勒格朗先生，他的猜测非常正确。

成功踏出了第一步之后，勒格朗先生变得自信满满，根据字母出现的频率找出其代表符号，继续他的密码破译工作。在下面的表格中，我们根据使用频率列出了基德船长手稿中出现的符号。

Of the character 8 there are 33		e	e
;	26	a	t
4	19	o	h
‡	16	i	o
(	16	d	r
*	13	h	n
5	12	n	a
6	11	r	i
†	8	s	d
1	8	t	
0	6	u	
g	5	y	
2	5	c	
i	4		
3	4	g	g
?	3	l	u
¶	2	m	
-	1	w	
.	1	b	

表格第一行 符号8出现次数为33

表格右半部分的第一栏按照英语中各字母出现的频率列出了所有的字母。所以我们可以合理假设左半边的宽幅栏里的符号就代表了正对着的右侧窄栏里的字母。但是如果按照这样安排，我们发现基德船长的手稿的开头是这样写的：

“ngiisgunddrhaoecr...”

根本毫无意义！

这是怎么回事？难道是那个老练的海盗太狡猾了，排除了符合英语用词规律的字母，使用了一些特殊字母吗？事实并非如此，只是手稿的篇幅太短，算不上是一个合格的统计样本，而可能性最大的字母分布情况并没有出现在这里。如果基德船长把他的宝藏藏得十分隐秘，以至于寻宝指令需要占据几页纸，甚至是一整本书，勒格朗先生运用概率法则来解开这个密码的可能性就更大了。

如果你投掷一枚硬币100次，你可能会比较确定正面朝上的次数大约为50次，但如果只投掷4次，你可能得到三次正面和一次反面，或者恰恰相反。将其总结成一条规律，就是实验次数越多，概率法则就越准确。

既然因为密码中的字母数量不够，用统计分析的方法就行不通了，勒格朗先生不得不根据英语中不同单词的详细结构进行分析。首先，他加强了最常见的符号“8”代表“e”的假设，因为他注意到这个相对较短的手稿中经常出现“88”的组合（5次），而众所周知，字母e就经常重叠出现在英文单词中（如meet、fleet、speed、seen、been、agree等）。而且，如果8真的代表“e”，那么它还有可能作为单词“the”的一部分出现。观察密码的正文，我们发现“;48”这个符号组合在短短几行字中出现了7次。如果以上假设成真，我们就可以得出结论“;”代表“t”，而“4”代表“h”。

现在我们请读者参阅爱伦·坡的原版故事，以便于了解解密基德船长的手稿时的进一步的细节，最终发现手稿全文如下所述：“A good glass in the bishop's hostel in the devil's seat. Forty-one degrees and thirteen minutes northeast by north. Main branch seventh limb east side. Shoot from the left eye of the death's head. A bee-line from the tree through the shot fifty feet out.”译为中文则是：“主教的招待所里的魔鬼座上有一只好玻璃杯。北偏东41度13分。主干东侧第七根分枝。从亡者头颅的左眼开一枪。从树旁顺着子弹的方向沿直线走出50步。”

勒格朗先生最终破译出的不同字符的正确含义显示在表第181页的最后一栏中，你可以看到，它们并不完全符合根据概率法则合理预测出的分布情况。当然，这是因为手稿篇幅太短，故而概率法则没有用武之地。但是，即使在这个小小的“统计样本”中，我们也可以注意到字母具有按照概率论所要求的顺序排列的倾向，如果手稿中字母的数量很多，这种倾向就会变成一个几乎无法打破的规则。

通过大量的实验来验证概率论的例子似乎只有一个（除了保险公司永远不会破产的例子外），这就是著名的美国国旗与一盒火柴的问题。

为了研究这个特殊的概率问题，你需要一面美国国旗，也就是一面红白条纹组相间的旗子；如果没有国旗，就拿出一大张纸，在上面画一些等距的平行线。然后你还需要一盒火柴——什么类型的都可以，只要其长度比条纹的宽度短就行。接下来你还需要了解一下希腊文“pi”，这可不是吃的派，而是一个希腊字母，相当于英语中的字母“p”。它长这样：“π”。除了是希腊字母表中的一个字母，它还代表着圆的周长与直径之比。你可能也知道，这个数字是3.141 592 653 5…（后面很多数字也是已知的，但在这里我们并不需要列出全部）。

现在把旗子平铺在桌子上，向空中扔一根火柴，看着它落在旗帜上（图78）。它可能会完全落在一条条纹里面，也可能落在两条条纹的交界处。这两种结果发生的概率分别是多少呢？

图78

按照我们计算以上概率时的程序，我们首先必须弄清楚这两种方式对应的情形分别有多少种。

但是，一根火柴落在一面旗帜上的方式显然有无数种，这时候，你怎么能计算出所有的可能性呢?

让我们更仔细地研究一下这个问题。如图 79 所示，火柴的落地点与条纹的相对位置可以用以下参数来表示，即火柴棒的中间点与最近的边界线的距离，以及火柴与条纹走线所形成的角度。图中表示出了 3 种火柴掉落的典型情况，为了简单起见，我们假设火柴的长度等于条纹的宽度，比如说都是两英寸。如果火柴的中心点距离边界线很近，并且角度也比较大（如情况 a 所示），那么火柴就会与边界线相交。反之，如果角度比较小（如情况 b 所示）或者距离很大（如情况 c 所示），那么火柴就会落在一条条纹内，不会越过边界线。更确切地说，如果一半火柴在垂直方向上的投影大于条纹宽度的一半（如情况 a 所示），那么火柴将会与边界线相交；反之则不相交（如情况 b 所示）。图 79 下半部分用一个图表展示了上面的结论。在水平轴（横轴）上，我们以弧度为单位表示火柴掉落的角度，在垂直轴（纵轴）上，我们绘制一半火柴在垂直方向上投影的长度；在三角学中，这个长度被称作对应的弧度的“正弦”。显而易见，当弧度为零时，正弦也是零，这种情况下，火柴处于水平位置。当弧度是$\frac{1}{2}\pi$，即角度是直角时[①]，正弦值为 1，这时火柴处于垂直位置，与其投影重叠。当弧度为以上的中间值时，正弦值是由被称为正弦曲线的大家所熟悉的数学波浪曲线给出的（在图 79 中，我们只给出了 0 ~$\frac{1}{2}\pi$ 区间的曲线，只是完整曲线的四分之一）。

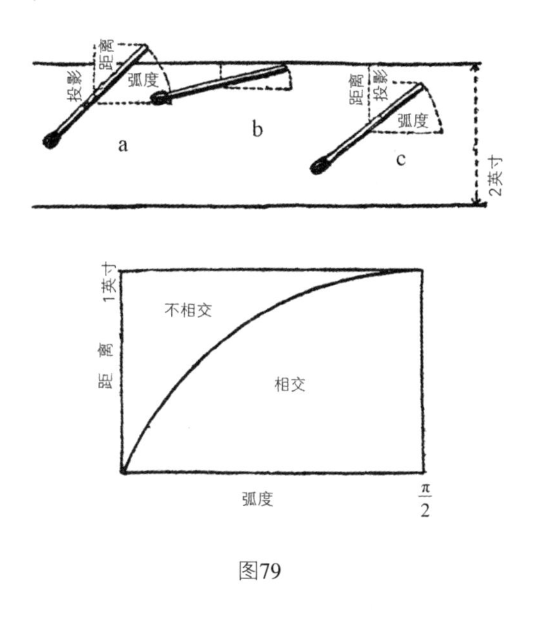

图79

构建了这个图表之后，我们就能够方便地用它来估测落下的火柴越过或不越过边界线的概率了。事实上，正如我们上面所见（再看一下图 79 上半部分的三个例子），如果火柴中心点距边界线的距离小于对应的投影，即弧度的正弦，则火柴将会越过条纹的边界线。这意味着在我们的图表中绘制该距离和该弧时，我们会得到一个位于正弦线“下方”的点。反之，如果火柴完全落在条纹边界内，我们就会得到一个位于正弦线“上方”的点。

因此，根据我们的概率计算法则，相交与不相交的概率之比和曲线上方面积与下方面积之比相等，所以可以分别用这两块区域的面积除以矩形的面积求

① 半径为 1 的圆的周长是用 π 乘以其直径，即 2π。所以四分之一弧长是$\frac{2\pi}{4}$，即$\frac{\pi}{2}$。——作者注

出以上两个事件的概率。用数学方法（参见第二章）可以证明，我们图中所示的正弦曲线下的面积恰好等于 1。由于矩形的面积是$\frac{\pi}{2}\times 1=\frac{\pi}{2}$，我们可以求出火柴会越过边界线的概率是$\frac{1}{\frac{\pi}{2}}=\frac{2}{\pi}$。

最令人意想不到的是 π 出现在了这个问题中，这一有趣的结果最早是 18 世纪科学家布丰伯爵（Count Buffon[①]）发现的，所以这个火柴与条纹的问题现在被冠以他的名字，叫作布丰问题。

勤勉的意大利数学家拉扎里尼（Lazzerini）进行过一次具体的实验，他投掷了 3408 根火柴，并观察到其中有 2169 个与边界线相交。把这个实验中的具体数字代入到布丰公式中加以检验，可以得出其中的 π 值为$\frac{2\times 3048}{2169}$，即 3.141 592 9，一直到小数点后第七位数才与 π 的精确数值不同！

毫无疑问，这是对概率定律有效性的、最有趣的证明，但更有趣的是，投掷硬币几千次以后，用投掷的总次数除以正面朝上的次数，其计算结果总是为 2。在这个例子中，你算出来的数肯定是 2.000 00……其误差就像拉扎里尼算出来的 π 值与精确 π 值的误差一样小。

4.“神秘”的熵

上面的几个概率演算的例子都与日常生活有关，我们从中了解到，当涉及的数量较少时，这种演算的预测结果经常不太准确，而如果数量变得很大，其结果就越来越准确。这使得这些法则特别适用于描述原子或分子，因为就算是我们可以轻易拿起的最小块的物质中的原子或分子在数量上几乎都是数不胜数的。因此，当将统计定律应用于醉汉走路问题时，如果只有六个醉汉，每个醉汉大约拐了二十几次弯，那么就只能预测出一个近似的结果，而将其应用于数十亿染料分子每秒经历数十亿次的碰撞问题时，我们得出了最精确的物理扩散

---

① George Louis Leclerc，乔治·路易·勒克莱尔，通常被称为布丰伯爵，1707—1788，法国著名作家、自然学家、科学工作者。

定律。我们还可以说，染料最初只溶于试管中一半的水中，通过扩散过程，染料会均匀地扩散到整个液体中，因为这种均匀分布比原来的分布“更有可能”发生。

正是这样的原因，你阅读本书时所处的房间均匀地充满了空气，从左到右、从下到上，而你绝对想都没想过，房间里的空气可能会突然间聚集在一个偏僻的角落，任由坐在椅子上的你窒息。然而，“这一可怕的事情并非根本不可能发生，而是极不可能发生”。

为了弄清楚这一情况，我们假设一个房间被一个假想的垂直平面分成两等份，并思考这两部分之间气体分子最有可能的分布状况。当然，这个问题与上一章所讨论的掷硬币问题是一样的。如果我们任选一个分子，它出现在房间的右边和左边的概率是一样的，正如掷硬币时，正面和反面朝上的概率也是一样的。

第二个、第三个以及其他所有的分子出现在房间的右边和左边的概率都是一样的，与其他分子的位置无关[①]。

因此，分子在房间的两边的分布问题与多次投掷硬币时正、反面朝上的概率问题其实是一样的，而你应该已经在图 74 中看到，在这样的问题中，一半对一半是最有可能的分布情况。从该图中我们还可以看到随着投掷次数（分子数量）的增加，50% 的概率变得越来越有可能发生，直到数量变得非常大时，这种可能就会变成必然。在正常大小的房间中通常有 10^{27} 个分子[②]，假设所有分子同时聚集在房间的右半部分，则其概率为 $(\frac{1}{2})^{10^{27}} \approx 10^{-3\times10^{26}}$，即 $1/10^{3\times10^{26}}$。

---

① 事实上，由于气体中分子个体之间的距离很大，空间一点也不拥挤，在一定体积内存在大量分子并不能阻止新的分子进入。——作者注

② 一个宽 10 英尺、长 15 英尺、高 9 英尺的房间的容积为 1350 立方英尺，即 5×10^7 立方厘米，因此其中含有 5×10^4 克空气。由于气体分子的平均质量是 $30\times1.66\times10^{-24}\approx5\times10^{-23}$ 克，所以分子的数量就是 $\frac{5\times10^4}{5\times10^{-23}}=10^{27}$。——作者注

而在另一方面，由于空气中的分子一直在以每秒钟 0.5 千米的速度运动，只需要 0.01 秒就可以从房间的一端移动到另一端，所以它们在房间内的分布状况每秒钟会刷新 100 次。因此，要得到分子全都分布在右半边的情况需要等待 $10^{299\,999\,999\,999\,999\,999\,999\,999\,998}$ 秒，相比之下，宇宙的年龄也不过是 10^{17} 秒而已！所以，你可以继续安静地阅读，完全不必担心会有窒息的可能。

再举一个例子，我们来研究一下放在桌子上的一杯水。我们知道，处在无规则热运动中的水分子不断以高速向各个可能的方向移动，而又受到内聚力的影响不至于飞散开来。

既然每个分子的移动方向完全遵循概率法则，我们可以考虑这样一种可能性：在某一时刻，玻璃杯中一半的分子，譬如上半部分的分子全部朝上移动，另一半分子，即下半部分的分子全都向下移动[①]。在这种情况下，这两组分子交界处的水平面的内聚力将无法对抗其“共有的分离欲望”，我们将会观察到杯中一半的水以子弹的速度自动喷向天花板这一不寻常的物理现象！

另一种可能性是，水分子热运动的总能量会偶然地集中在玻璃杯上部，在这种情况下，接近底部的水会突然结冰，而上层的水则开始剧烈沸腾。为什么你从来没见过这样的事情发生？不是因为它们是绝对不可能的，而是因为它们是极不可能的。事实上，如果你试着算一算分子由原本随机朝向各个方向，在纯粹偶然的情况下，变成上面描述的方向的概率，那么，你得到的数字将会和空气分子聚集在一个角落的概率一样小。同样，由于相互碰撞，一些分子会失去大部分动能，而另一部分则会获得这些数量可观的额外动能的可能性也小得可以忽略不计。在这个例子中，我们通常观察到的运动方向分布的情况就是具有最大概率的分布情况。

我们从一个不符合分子位置或速度的最可能的分布的情况开始，通过向房间的一个角落释放一些气体，或者往冷水的上面倒一些热水，可以引发一系列

---

① 我们只能考虑这种半对半的分布，因为力学上的动量守恒定律已经排除了所有分子朝同一方向运动的可能性。——作者注

的物理变化，使我们所选的情况从这种可能性较小的状态变成最可能的状态。气体会不断扩散直到均匀地充满整个房间，水杯顶部的热量会流向底部，直到所有的水达到相同的温度。因此，我们可以说，“所有依赖于分子不规则运动的物理过程都是朝着概率递增的方向发展的，当不受外界力量干扰时，其平衡状态就是概率最大的那种可能性”。正如我们从室内空气的例子中所看到的那样，由于所有分子分布的概率结果通常是麻烦的小数字（如空气都集中在房间的一边的概率是$10^{-3\times10^{26}}$），因此人们习惯上使用它们的对数来代替。这个量被称为“熵”，其在所有与物质的不规则热运动有关的问题中起着突出的作用。上述关于物理过程中的概率变化的陈述现在可以改写为：“物理系统中的任何自发变化都是朝着增加熵的方向发生的，而最终的平衡状态对应于熵的最大可能值。”

这就是著名的“熵定律”，也被称为热力学第二定律（第一定律是能量守恒定律），正如你所见，这不是什么可怕的东西。

熵定律也可称为“递增无序定律”，因为正如我们在上面给出的例子中所看到的，当分子的位置和速度完全随机分布时，熵达到最大，因此任何试图使其运动遵循某种顺序的尝试都会导致熵的减小。从热转化为机械运动的问题中可以发现另一种更实用的熵定律的表述方式。大家如果还记得热实际上就是分子无序地机械运动，那么就不难理解，将给定物体所含的热能完全转化为大规模运动的机械能，相当于迫使该物体的所有分子朝着同一方向运动。然而，在玻璃杯中上半部分的水可能会自发喷射向天花板的例子中，我们已经看到，这种现象发生的可能性微乎其微，足以证明其不可能在现实中发生。因此，“虽然机械运动的能量可以完全转化为热量（如通过摩擦），但热能永远不能完全转化为机械能”，这就排除了所谓的“第二类永动机”①的可能性，即在常温下从物体中提取热量，使它们冷却下来，并利用所获得的能量进行机械工作。

① 之所以叫第二类是相较于违反了能量守恒定律，在没有任何能量供应的情况下工作的“第一类永动机”来说的。——作者注

例如，我们不可能造出这样一条蒸汽船，其蒸汽不是通过燃烧煤产生的，而是通过从海水中提取热量而产生的，海水首先被泵入机舱，热能被提取出后，以冰块的形式被扔出船外。

但是普通的蒸汽机是如何在不违反熵定律的情况下将热量转化为运动的呢？这一巧计之所以成为可能，是因为在蒸汽机中，“燃烧燃料释放出来的热量只有一部分实际转化为能量”，另有更大的一部分被废气带入到空气中，或被特制的蒸汽冷却装置吸收。在这种情况下，整个系统中有两种相反的熵变化：（1）一部分热量转化为活塞的机械能，导致熵减小；（2）另一部分热量从热水锅炉流入冷却器，导致熵增加。熵定律只要求整个系统的总熵增加，只要第二种变化大于第一种就可以轻松达到要求。我们来看这样一个例子，通过这个例子可以更好地理解上述情况，假如将5磅的重物放在一个6英尺高的架子上。根据能量守恒定律，在没有任何外部帮助的情况下，这个重物是不可能自动上升到天花板上的。另外，利用重物的一部分坠落到地板上后释放出来的能量向上举起另一部分则是有可能发生的。

同样，我们可以降低系统中某一部分的熵，只要有另一部分能够相对平衡地使熵增加。换句话说，“就分子的无序运动而言，我们可以在某个区域中建立某种秩序，只要我们不介意这同时会使其他区域的运动更加无序”。正如在所有类型的热引擎中一样，在很多实际情况中，我们还真的不介意。

5. 统计起伏

通过之前的讨论，大家一定已经清楚，熵定律及其结果完全立足于以下事实：在物理学中，我们总是与数不胜数的分子打交道，所以根据概率理论所做出的预测几乎是完全准确的。然而，当我们研究非常少量的物质时，这种预测变得相当不确定。

例如，在上一个例子中，如果我们不研究一个大房间里的空气，而是取少得多的气体作为研究对象，例如，边长为百分之一微米[①]的立方体，整个情况看起来就完全不同了。事实上，由于该立方体的体积是 10^{-18} 立方厘米，所以其中仅仅有 $\frac{10^{-18}\times10^{-3}}{3\times10^{-23}}$ =30 个分子，而所有这些分子都集中在容器一边的概率是（$\frac{1}{2}$）^{30}=10^{-10}。

另外，由于立方体的尺寸要小得多，其中的分子将以每秒 5×10^{10} 次的速度重新排列（速度为每秒 0.5 公里，距离仅为 10^{-6} 厘米），这样，大约每过一秒我们就可能发现立方体的一半是空的。不用说，只有一定比例的分子集中在小立方体的一端的情况发生的频率要高得多。例如，其中 20 个分子在一边，10 个分子在另一边的分布（有一边只额外多了 10 个分子）发生的频率为（1/2）$^{10}\times5\times10^{10}$=$10^{-3}\times5\times10^{10}$=$5\times10^{7}$，即每秒 50 000 000 次。

因此，在小范围内，分子在空气中的分布是很不均匀的。如果能达到足够的放大倍数，我们就可以观察到，在气体中有多处由分子瞬间形成的聚集点，只是这些分子又会散开，并很快在其他地方形成类似的聚集点。这种效应被称为“密度起伏”，在许多物理现象中起着重要的作用。例如，当太阳光穿过大气层时，这些不均匀现象造成光谱中蓝色光线的散射，因而天空就变成了我们熟悉的颜色，太阳也看上去比实际更红。这种变红的效果在日落时尤为明显，因为此时太阳光线必须穿过较厚的空气层。如果没有这些密度的起伏，天空将永远一片漆黑，白天也可以看到星星。

在普通液体中，密度和压力也会发生类似的起伏，只是不太明显，而描述布朗运动原因的另一种方式是说，悬浮在水中的微小粒子之所以被推来推去，是因为作用在它们两侧的压力一直在迅速变化。当液体加热到接近沸点时，密度的起伏变得更加明显，并引起轻微的乳浊。

我们现在思考一下，对于统计上的起伏占据了主导作用的这些小物体，熵定律是否适用呢？当然，细菌的一生都在被分子抛来撞去，其必然对热不能转

---

① 微米通常用希腊字母 Mu（μ）表示，1 微米等于 0.0001 厘米。——作者注

化为机械运动的说法嗤之以鼻！但是，与其说是这种情况违反了熵定律，不如说是熵定律不适用于这种情况。事实上，这个定律说的是，分子运动不能完全转化为包含大量分子的大物体的运动。对于一个并不比分子本身大“很多”的细菌来说，热运动和机械运动之间实际上已经没有差别，细菌受到的来自其周围分子的碰撞推挤，与我们在激动的人群中受到的来自旁边的人的推搡是一样的。如果我们是细菌，我们只要把自己绑在飞轮上，应该就能制造出第二种永动机，可惜那时我们应该也没有大脑了，无法利用它来发挥我们的优势。因此，大家完全不必为我们不是细菌而感到遗憾！

活的有机体中有一个似乎与熵增定律相矛盾的现象。生长中的植物吸收简单的二氧化碳分子（来自空气）和水分子（来自土壤），并将它们合成构成植物体的复杂的有机分子。从简单分子到复杂分子的转变意味着熵的减少；事实上，正常的熵增加的过程是燃烧木材并将其分子分解成二氧化碳和水蒸气的过程。植物真的与熵增定律相矛盾吗？真的有一些如古代哲学家所提倡的神秘的“生命力”（Vis Vitalis）来帮助它们生长吗？

对这一问题的分析表明，这两者之间不存在矛盾，因为除了二氧化碳、水和某些盐类外，植物的生长还需要充足的阳光。能量储存在植物体中，当植物燃烧时可能被再次释放，除此之外，太阳光还携带着所谓的“负熵”（低熵），当光被绿叶吸收时，这种熵就消失了。因此，植物叶片中发生的光合作用涉及两个相关的过程：（a）将太阳光的光能转化为复杂有机分子的化学能；（b）利用太阳光携带的低熵，来降低简单分子生成复杂分子过程中的熵。从“有序与无序”的角度来说，人们可以说，当光被绿叶吸收时，太阳的辐射被剥夺了它到达地球的内部秩序，而这个秩序被传达给分子，允许它们被合成更复杂、更有序的结构。植物从太阳光中获取负熵（秩序），继而吸收无机化合物得以生长，而动物必须吃植物（或彼此）才能获得这种负熵，可以说，成为阳光负熵的二手使用者。

第九章　生命之谜

1. 我们是由细胞组成的

在我们对物质结构的讨论中，到目前为止，我们故意没有提及一种数量较小但极其重要的物质，这些物质由于是“活着的”这一特殊性质而有别于宇宙中的所有其他物质。有生命和无生命的物质之间的重要区别是什么？这些基本物理定律成功地解释了非生命物质的性质，如果希望用这些定律解释生命现象，会有多少可信度呢？

当我们谈及生命现象时，我们通常想到的是一些相当大而复杂的生命有机体，如一棵树、一匹马或一个人等。但是，如果试图从整体上考察这些复杂的有机系统来研究生物的基本性质，就像试图把一些复杂的机器（如汽车）看作一个整体来研究无机物质的结构一样，全都是徒劳的。

在这种情况下，当我们意识到，运行的汽车是由数以千计的不同形状的零件构成的，这些零件的材料不同，物理状态也不同，此时，我们遇到的困难就显而易见了。其中有些（如钢底盘、铜线和风挡玻璃）是固体的，有些（如散热器中的水、油箱中的汽油和汽缸机油）是液态的，还有些（如化油器输入汽缸的混合物）是气态的。然后，在分析被称为汽车的复杂物体时，第一步是把它分解成分离的、物理结构相同的组成部分。因此，我们发现它是由各种金属物质（如钢、铜、铬等）、各种非晶体物质（如建筑用玻璃和塑料）、各种均匀的液体（如水和汽油）等组成的。

现在，通过物理研究的方法，我们可以继续进行分析，进而发现，铜是由一个个小晶体构成的，这些小晶体则是由铜原子紧密叠加在一起的规则原子层形成的；散热器中的水是由大量的相对松散的水分子组成的，而每个水分子是由一个氧原子和两个氢原子构成的；而从化油器经阀门流入汽缸的混合物是由一群自由运动的氧气分子和氮气分子与汽油蒸气分子混合而成的，汽油蒸气分子则是由碳原子和氢原子构成的。

同样，在分析一个复杂的生物有机体，如人体时，我们必须首先把它分解成不同的器官，如大脑、心脏和胃等，然后再分解成各种“生物均质物质”，这些物质通常被称为“组织”。

从某种意义上说，各种类型的组织代表着构成复杂的生物有机体的材料，就像机械装置是由各种物理均质物质构成的一样。从这种意义上来看，解剖学和生理学，即从不同“组织”的特性来分析生物体的功能，类似于工程科学，工程学是在已知的机械、磁性、电学和物质构成的其他物理属性的基础上研究各种机器的功能。

因此，仅仅通过观察组织是如何组成复杂的有机体并不能找到生命之谜的答案，而是要观察不同的原子如何构成这些组织，进而最终构成了一个个鲜活的有机体。

如果认为有生命的生物均质组织可以与普通的物理均质物质相比较，那就大错特错了。事实上，对随机选取的一种组织（无论是皮肤、肌肉还是大脑）的初步显微分析表明，它是由大量的单个单位组成的，这些单位的性质或多或少地决定了整个组织的性质（图 80）。生命物质的这些基本结构单位通常被称为“细胞”，它们也可以被称为“生物原子”（“不可再分者”），因为任何一种组织的生物特性只有在它至少包含一个细胞的情况下才会继续存在。

图80　不同种类的细胞

例如，一块肌肉组织如果被切成只有半个细胞大小，就会失去肌肉收缩的所有特性，等等，就像如果一段镁丝只含有半个镁原子，那它就不再是镁金属，而是一小块煤[①]！

形成组织的细胞相当小（平均直径为百分之一毫米[②]）。任何我们熟悉的植物或动物都一定由数量极多的单个细胞组成。例如，一个成熟的人体是由几百万亿个细胞组成的！

较小的有机体当然是由较少的细胞组成的。例如，一只家蝇或一只蚂蚁所含的细胞不会超过几亿个。还有一大类“单细胞”生物，如变形虫、真菌（如引起“癣”感染的真菌）和各种细菌，这些生物仅由一个细胞构成，只有在合适的显微镜下才能看到它们。这些个体活细胞不受复杂有机体所承担的“社会功能”的干扰，对它们的研究是生物学中最令人兴奋的内容之一。

为了大体上了解生命问题，我们必须在活细胞的结构和性质中寻找解决办法。

活细胞的什么特性使它们与普通的无机材料，或者就此而言，与构成写字台的木头或鞋子上的皮革的死细胞有如此大的差异呢？

活细胞的基本区别特性在于它的几种能力：（1）从周围的介质中吸收其构成所必需的材料；（2）将这些材料转变为用于其生长的物质；（3）当其几何尺寸变得太大时，将其分裂成两个相同的细胞，每个细胞的大小各为原来的一半（并且还能长大）。当然，这些“吃”“生长”和“繁殖”的能力是所有由细胞组成的更加复杂的有机体所共有的。

---

① 大家应该还记得关于原子结构的讨论，一个镁原子（原子序数为12，原子量为24）含有一个由12个质子和12个中子组成的原子核，原子核周围环绕着12个电子。对一个镁原子进行平分，我们可以得到两个新原子，每个原子包含6个核质子、6个核子和6个外层电子，即2个碳原子。——作者注

② 有些细胞个体尺寸很大，就以我们熟知的卵黄为例，众所周知，卵黄只是一个细胞。然而，就算在这个例子中，细胞中会发育成生命的重要部分仍然十分微小，大量的黄色物质仅仅是为鸡胚的发育积累的食物而已。——作者注

具有批判性思维的读者可能会反对说，普通无机物也会有三种特性。例如，如果我们将一小块盐晶体放入过饱和盐溶液中[①]，晶体表面会“生长”出从水中析出（或更确切地说是“踢出”）的盐分子层。我们甚至可以想象，由于一些机械效应，例如，随着生长的晶体重量不断增加，在达到一定的尺寸后，晶体分裂成两半，而由此产生的“晶体宝宝”将继续按上述过程生长。为什么我们不把这个过程也归类为“生命现象”呢？

在回答这个问题以及类似的问题时，我们首先必须指出，如果把生命简单地看作一种较为复杂的普通的物理现象和化学现象，那么我们不应期望在生命体和无生命体之间有一个明确的界限。同样，用统计定律来描述由大量分子形成的气体的运动状况时（见第八章），我们也无法确定这种描述的确切有效范围。但事实上，我们知道房间中的空气不会突然聚集在房间的一个角落，或者至少发生这种不寻常事件的可能性是小到可以忽略不计的。另外，我们也知道，如果整个房间里只有两个、三个或四个分子，它们则会经常聚集在一个角落里。

以上两种结论所适用的数量之间的确切界限在哪里？一千个分子？一百万个？还是十亿个？

同样，对于基本的生命过程，我们也不能期望在这样一个简单的分子现象（盐溶液中的结晶现象）和一个本质相同但是更复杂的活细胞生长和分裂现象之间找到一个明确的界限。

但是，就这个例子而言，我们可以说，溶液中晶体的生长不应被视为生命现象，因为盐晶体生长所使用的“食物”被同化成其一部分，而并没有改变它在溶液中的形态。原本与水分子混合的盐分子只是简单地聚集在了晶体的表面。这只是一个普通的物质的“机械性堆积”过程，而不是一个典型的“生物吸收”过程。此外，盐晶体变大纯粹是重力的作用，就算偶然分裂成不规则的几部分，

---

① 将大量的盐溶解在热水中，然后冷却到室温，就可以得到过饱和盐溶液。由于盐的溶解度随温度的降低而降低，因此水中盐分子的数量将超过其所能溶解的数量。然而，过量的盐分子将在溶液中停留很长一段时间，直到我们向里面放入一小块盐晶体，可以说，盐晶体不仅为盐分子从溶液析出提供初始动力，还发挥着晶种的作用。——作者注

也不存在任何既定的比例，这与在内力作用下分裂成精确一致的两半的细胞分裂几乎没有相似之处。

我们还有与生物学过程更为相似的现象。例如，如果一个酒精分子（C_2H_5OH）处在二氧化碳水溶液中，它应该会自发地开始一个合成过程：将水中一个个H_2O分子与溶解于气体中的CO_2分子结合，形成新的酒精分子[①]（图81）。的确，如果把一滴威士忌放进一杯普通的苏打水中，它将这杯苏打水转化成纯威士忌，那我们就不得不承认酒精是生命体！

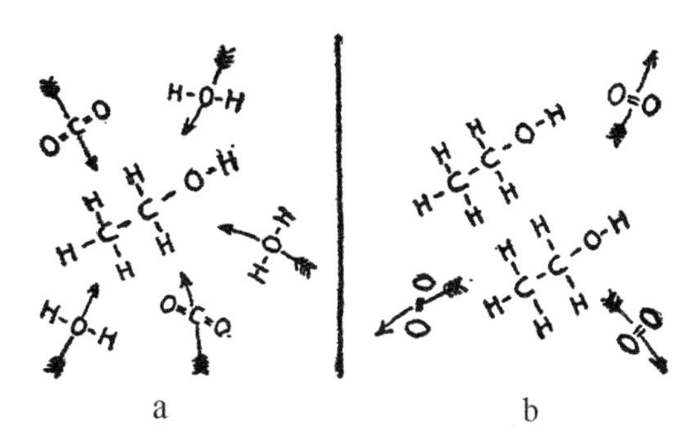

图81　一个酒精分子如何将水和二氧化碳分子化合成另一个酒精分子的示意图。如果酒精的这种“自动合成”的过程是可能的，我们就必须把酒精看作生命物质

这个例子并不像看上去那么神奇，我们稍后将看到更神奇的。世界上存在一种被称为“病毒”的复杂的化学物质，它们相当复杂的分子（每个分子由几十万个原子组成）都在努力将周围介质中的分子结构转化为与它们相同的结构。这些病毒例子必须既被视为普通的化学分子，也要被看作活的有机体，因此它们“代表着生命与非生命物质之间‘缺失的一环’”。

但是，我们现在必须回到普通细胞的生长和增殖的问题上来，这些细胞虽然非常复杂，但仍然比分子少得多，并且必须被看作最简单的生物有机体。

如果我们用合适的显微镜来观察一个典型的细胞，我们会发现它是由半透

① 例如，这个假设性的反应可以是：$3H_2O+2CO_2+C_2H_5OH \rightarrow 2C_2H_5OH+3O_2$，其中一个酒精分子的存在可以促使另一个酒精分子的生成。——作者注

明的化学结构非常复杂的凝胶材料构成的。这种物质以其通用名“细胞质”为人所知。细胞质被细胞壁包围着，动物细胞的细胞壁薄而软，但不同植物细胞的细胞壁厚而硬，使细胞体具有高度的刚性（参考图 80）。每个细胞的内部都有一个被称为“细胞核”的小球体，细胞核是由精密网状的“染色质”构成的（图 82）。这里必须注意的是，形成细胞体的细胞质的不同部分在正常情况下具有相同的光学透明度，因此，仅仅通过显微镜观察活细胞是无法观察到其结构的。为了观察细胞的结构，我们必须利用细胞质的不同组成部分对染料的吸收程度不同的特点对细胞进行“染色”，形成细胞核网络的物质特别容易受到染色过程的影响，在较浅的背景[①]下看得很清楚。这就是“染色质”这个名字的由来，在希腊语中，它的意思是“有颜色的物质”。

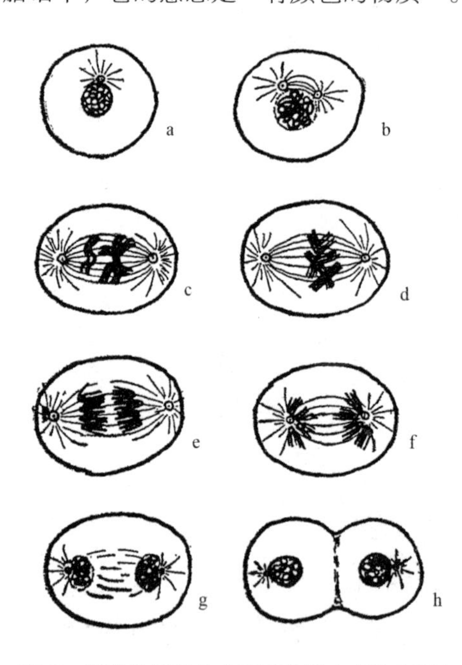

图82　细胞分裂的几个连续阶段（有丝分裂）

① 你也可以用类似的方法，用蜡烛在纸上写些东西。除非你用黑色的铅笔给纸涂上阴影，否则文字是看不见的。因为石墨不会沾在被蜡覆盖的地方，所以文字在阴影背景上会显得很突出。——作者注

当细胞为分裂的关键过程做准备时，细胞核的网状结构变得与以前明显大不相同，可以被看作丝状或棒状的不同粒子（图 82b、c），被称为“染色体”（有颜色的物体[①]）。

任选一种生物物种，其体内的所有细胞（除了所谓的生殖细胞）含有的染色体数目完全相同，一般来说，高级生物体内染色体的数目比等级较低的生物中染色体数目要多。

小果蝇，有着自豪的拉丁名字“黑腹果蝇”，曾帮助生物学家理解了许多基本的生命之谜，它的每个细胞有“8”条染色体。豌豆的细胞有“14”条染色体，玉米有“20”条。

所有人类每个细胞颇为自豪地携带着“48”条染色体。这似乎从纯算术的角度证明了人类比苍蝇高级六倍，然而小龙虾的细胞有“200”条染色体，这岂不是证明小龙虾比人类高级四倍！所以并不能这样计算。

关于不同生物物种细胞中染色体的数量，一个重要的特点是其“总是”偶数；事实上，在每个活细胞中（本章后面讨论的除外）都有“两组几乎相同的染色体：一组来自母亲；另一组来自父亲。来自父母双方的这两套基因携带着所有生物代代相传的复杂的遗传特性”。

细胞分裂的第一步是染色体迈出的，每条染色体沿着其长度方向整齐地分裂成两个相同但稍薄的细丝，此时细胞仍然是一个整体（图 82d）。

当原本缠绕在一起的核染色体束开始变成丝状，为分裂做准备时，位于细胞核外缘的两个靠得很近的叫作“中心体”的点开始远离彼此，向细胞的两端移动（图 82a、b、c）。分开后的中心体和细胞核内的染色体之间有细线将它们连接在一起。当染色体分裂成两部分后，每一部分都被系在两端的中心体上，并随着细线的收缩彻底远离彼此（图 82e、f）。当这个过程快要完成时（图

---

① 大家必须记住，在将染色过程应用于活细胞时，我们通常会将细胞杀死，因而使细胞无法进一步生长，因此，细胞分裂的连续图像，如图 82 所示，不是通过观察单个细胞获得的，而是通过染色（和杀死）处在不同发展阶段的不同细胞获得的。但是在原理上，这并没有什么区别。——作者注

82g），细胞膜开始沿着一条中心线向内塌陷（图 82h），每一半细胞都长出一层细胞膜，两半细胞彻底分开，成为两个独立的新细胞。

如果这两个子细胞能从外界获得足够的食物，它们就会长到跟母细胞一样大（两倍大），并在经历过一段时间后，按照同样的方式继续分裂。

这种对于细胞分裂的几个步骤的描述来自直接观察，对于分裂现象的解释，目前的科学只能做到这一步，因为对于导致这一过程的物理化学力量的本质，我们目前还知之甚少。细胞作为一个整体，对于直接的物理分析来说还是太复杂了，因此，在解决这个问题之前，我们必须了解染色体的本质——一个相对较为简单的问题，也正是我们接下来要讨论的问题。

但是，研究清楚细胞分裂在大量细胞构成的复杂有机体的生殖过程中发挥了怎样的作用无疑是大有用处的。到这儿我们可能会问，是先有鸡还是先有蛋？但事实是，在描述这样一个循环过程时，不管我们是从一个会长成鸡（或其他动物）的“蛋”开始，还是从一只会产蛋的鸡开始，都是无所谓的。

假设我们从一只刚从鸡蛋里孵出来的“鸡”开始。在它孵化（或出生）的那一刻，它体内的细胞就正在经历一个连续分裂的过程，从而引起有机体的快速生长和发育。大家应该还记得，一个成熟动物的身体中包含着数万亿个细胞，所有这些细胞都是由单个受精卵细胞的连续分裂形成的，自然，大家一开始会认为，一定经过了大量的连续分裂过程才能得到这一结果。然而，大家想一想我们在第一章所讨论的几个问题，仁慈的国王不小心许诺了西萨·本·达依尔构成几何级数的 64 堆麦粒，那是多少粒小麦啊！或者在世界末日问题中的 64 张圆盘，要移动多少次才能将其重新排列啊！由此我们可以看出，就算次数相对较少的连续细胞分裂，也会产生数量巨大的细胞。

如果我们用 x 来表示长成一个成熟人体所需的连续细胞分裂的次数，又知道在每一次分裂中，生长体中的细胞数量增加了一倍（因为每个细胞变成两个），我们就可以通过公式得出从单个卵细胞到发育成熟的人体期间发生的分裂的总次数：$2^x=10^{14}$，进而得出 $x=47$。

因此，我们看到，人类成熟身体中的每一个细胞都是给我们带来生命的原始卵细胞的第五十代后裔①。

虽然年幼动物体内的细胞分裂相当迅速，但成熟个体的大多数细胞通常处于“休眠状态”，只是偶尔分裂，以“保养”身体，并修补磨损。

现在我们来看看一种非常重要的特殊类型的细胞分裂，这种分裂形成了会引发生殖现象的所谓的“配子”或“结合细胞”。

在所有两性生物的最初阶段，会有一些细胞被放在一边“储存起来”，以备将来的生殖行为之用。这些位于特殊的生殖器官中的细胞，在生物体生长过程中经历的普通分裂比身体中的任何其他细胞少得多，当需要它们产生新的后代时，它们仍然是强健而有活力的。而且，这些生殖细胞的分裂方式与普通细胞不太一样， 也更加简单。形成其细胞核的染色体不像普通细胞中的那样分裂成两条，而是简单地分成两半（图 83a、b、c），因此“每个子细胞只接收到原始染色体的一半”。

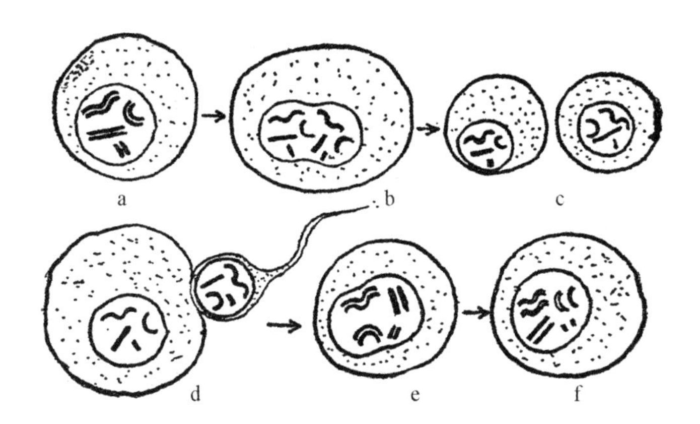

图 83　配子形成（a，b，c），卵细胞受精（d，e，f）。在第一个过程（减数分裂）中，储存的生殖细胞的成对染色体被分离成两个“半细胞”，而不进行初步的分裂。在第二个过程中（配对），雄性精子细胞穿过雌性卵细胞，它们的染色体配成一对。这样一来，受精卵细胞就可以开始常规分裂

① 将这一计算结果与原子弹爆炸的相关计算结果（见第七章）相比较还蛮有意思的。使 1 千克铀（总共 $2\times5\times10^{24}$ 个原子）中的每一个铀原子都发生裂变（“增殖”），则所需的裂变次数可以用类似的算式进行计算：$2^x=2\times5\times10^{24}$，得出 x=61。——作者注

相对于被称为“有丝分裂”的普通分裂过程，这些“染色体缺陷”细胞形成的过程被称为“减数分裂”，由这种分裂产生的细胞被称为“精子细胞”和“卵细胞”，或称为“雄配子”和“雌配子”。

细心的读者可能会好奇，生殖细胞的分裂会将细胞分成两个相等的部分，那么是如何产生具有雄性或雌性特性的配子的呢？这其实是前面提到的染色体都存在相同的一对这一说法中的例外情况。有一个特殊的染色体对，其两个组成部分在雌性体内是相同的，但在雄性体内是不同的。这些特殊的染色体被称为性染色体，用符号 X 和 Y 来区分。女性体内的细胞总是有两条 X 染色体，而男性有一条 X 染色体和一条 Y 染色体[①]。用一条 Y 染色体代替一条 X 染色体就是两性之间的基本差异（图 84）。

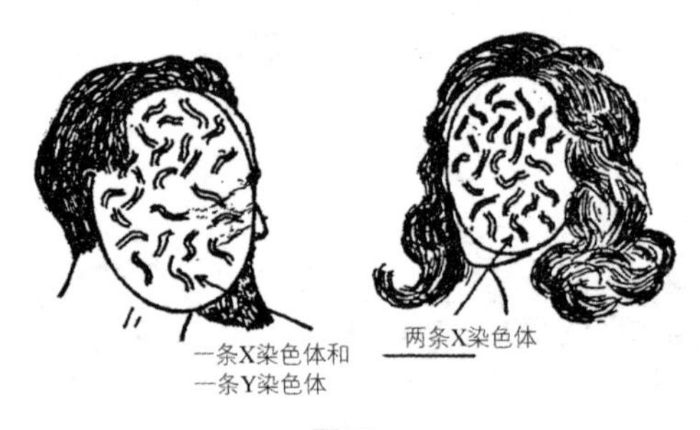

图84

由于在雌性有机体中保留的所有生殖细胞都有一套完整的 X 染色体，当一条染色体在减数分裂过程中分裂成两条时，每半个细胞或配子都会收到一条 X 染色体。但由于每个雄性生殖细胞都有一个 X 染色体和一个 Y 染色体，分裂时产生的两个配子中有一个得到 X 染色体，另一个得到 Y 染色体。

在受精过程中，当一个雄性配子（精子细胞）和一个雌性配子（卵细胞）结合时，有一半的概率会产生带有两个 X 染色体的细胞，还有一半的概率会产生带有一个 X 染色体和一个 Y 染色体的细胞；如果是第一种情况就会是女孩，

① 此陈述适用于人类和所有哺乳动物。然而，在鸟类中，情况正好相反：一只公鸡有两条相同的性染色体，而一只母鸡有两条不同的性染色体。——作者注

如果是第二种情况则是男孩。

我们将在下一节再讨论这一重要问题，现在继续讨论生殖过程。

当男性精子细胞与女性卵细胞结合，也就是所谓的“受精”过程，就形成了一个完整的细胞，通过“有丝分裂”过程开始分裂为两个细胞，如图 82 所示。这样形成的两个新细胞在短暂休息一段时间后各自分裂成两个，这样形成的四个细胞的每一个都重复这个过程……每个子细胞都得到了原始受精卵染色体的精确复制体，所有的染色体的其中一半来自母亲，另一半来自父亲。受精卵逐渐发育为成熟个体，如图 85 所示。在 a 中我们可以看到精子穿入静止的卵细胞。

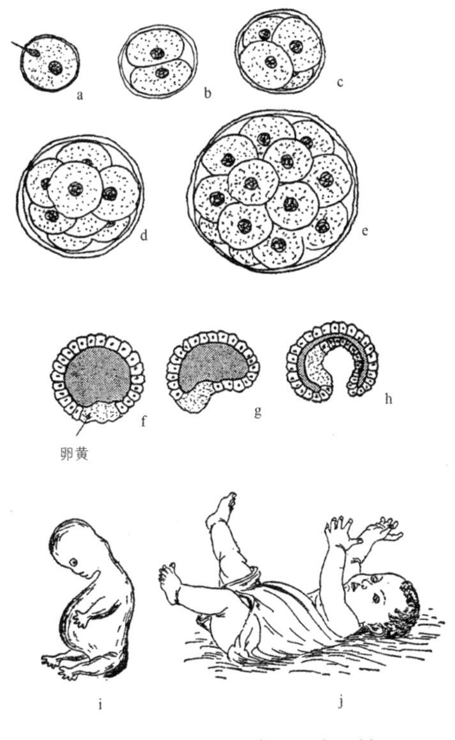

图85　从一个卵细胞到一个男性

两个配子的结合会促使完整的细胞进行新的活动，于是这个细胞首先分裂成 2 个，然后变成 4 个、8 个、16 个……（图 85b、c、d、e）当细胞的数量变得相当多时，它们全部都会分布在表面上，在那里它们能更好地从周围的营养介质中获取食物。在发育的这个阶段，有机体看起来像一个有内腔的小气泡，这一阶段的有机体被称作“囊胚”（blastula）（图 85f）。后来，囊胚的壁开始向内凹陷（图 85g），有机体进入被称为“原肠胚”（gastrula）的阶段，在这个阶段，它看起来像一个小袋（图 85h），开口既用于吸收新鲜食物，又用于排出消化后的废物。简单的动物，例如，珊瑚的发育就此停止。然而，较高级的物种仍会继续生长和进化。一些细胞发育成骨骼，另一些则发育为消化系统、呼吸系统和神经系统等，经历不同的胚胎阶段（图 85i）后，有机体最终发育成一个可以辨别出物种的幼年动物（图 85j）。

正如我们之前提到过的，在生长中的有机体中，有一些发育细胞在发育早期就被放在一边，可以说是储存起来以供未来生殖之用。当生物体成熟时，这些细胞经过减数分裂产生配子，重新开始整个发育过程。生命就这样继续前进。

2. 遗传与基因

繁殖过程最显著的特点在于，由双亲的一对配子结合而产生的新有机体可不是随便长成一种生物，而是发育成其父母和（外）祖父母的复制品，这种复制尽管不一定精确，但是相当忠诚。

事实上，我们可以确定，一对爱尔兰塞特犬所生的一只小狗不仅在长相上像狗而不是大象或兔子，而且它不会长得像大象那样大，也不会像兔子一样小，而且它会有四条腿、一条长尾巴、两只耳朵，头的两边各有一只眼睛。我们还相当确定，它有柔软的下垂耳，有金黄色的长长的皮毛，它还很有可能喜欢狩猎。此外，它还有许多可以追溯到它的父亲母亲，或许它的某位先祖的不同的小特点，以及一些独属于它自己的特点。

所有这些构成一条漂亮的爱尔兰塞特犬的不同的特点，是如何携带在构成配子的微小物质中的呢？

我们在上面已经了解到，每一个新生物的染色体都有一半来自它的父亲，另一半来自它的母亲。很明显，任何一个物种的主要特征一定包含在父母双方的染色体中，而不同个体之间的不同的次要特征可能来自父母某一方。但是，经过很长一段时间，繁衍了很多代以后，各种动物和植物的大多数基本特性都可能发生变化（有机进化就是证据），但在人类知识所掌握的有限的观察期内，我们仅仅能注意到相对较小的微小特性的变化。

对这些特征的研究以及它们从父母到子女的转移是新学科“遗传学”的主要课题，这门科学实际上仍处于初级阶段，但却能够向我们讲述关于生命最深层秘密的引人入胜的故事。例如，我们已经了解到，与大多数生物现象相反，遗传规律具有数学上的简单性，这表明我们正在研究的是生命的基本现象之一。

例如，人所共知的视力缺陷“色盲”，其中最常见的一种是无法分辨红色和绿色。为了解释色盲成因，首先必须弄明白我们究竟为什么能看到颜色，所以我们就要研究视网膜的复杂结构和性质、不同波长的光所引起的光化学反应等问题。

但是，如果我们要研究“色盲遗传”的问题，乍看似乎比解释这种现象本身还要复杂，答案却出乎意料地简单和容易。从观察到的事实可以得知，色盲中男性比女性要多得多，色盲男性和“正常”女性的孩子都不是色盲，但在色盲女性和“正常”男性的孩子中，儿子是色盲，女儿则不是。这些事实清楚地表明色盲的遗传在某种程度上与性别有关，了解了这些后，我们只需假设色盲的特征是由其中一条染色体的缺陷造成的，并随这一染色体代代相传，如果将知识和逻辑假设结合在一起，我们可以进一步假设“色盲是由我们先前用X表示的性染色体上的缺陷造成的”。

有了这个假设，从经验中得出的色盲规律就像水晶一样清晰了。大家应该还记得，雌性细胞拥有两条X染色体，而雄性细胞只有一条（另一条是Y染色体）。如果男性唯一的X染色体上有这种特殊的缺陷，那么他就是色盲。对于女性来说，两条X染色体都有缺陷才会导致色盲，因为只有一条染色体就足以保证对颜色的感知。如果X染色体有这种颜色缺陷的可能性是，比如说千分之一，那么在一千个男性中就可能有一个色盲。女性两个X染色体都有这种颜色缺陷的“先验”概率是根据概率乘法定理计算的（见第八章），即 $\frac{1}{1000} \times \frac{1}{1000} = \frac{1}{1\,000\,000}$，因此100万女性中只有1人可能是色盲。

现在让我们以色盲丈夫和“正常”妻子（图86a）为例加以研究。他们的儿子不会从父亲那里得到X染色体，同时会从母亲那里得到一条“正常的”X染色体，因此他不可能是色盲。

另外，他们的女儿将拥有一条来自母亲的“正常的”X染色体和一条来自父亲的“有缺陷的”X染色体。她们不会是色盲，但是她们的孩子（儿子）可能是。

如果反过来，以色盲的妻子和“正常”的丈夫（图86b）为例，他们的儿子肯定是色盲，因为儿子唯一的X染色体来自母亲。女儿们将从父亲那里得到一条“正常的”X染色体，从母亲那里得到一条“有缺陷的”X染色体，所以她们不会是色盲。但正如之前那个例子，她们的儿子将是色盲。这实在是再简单不过了！

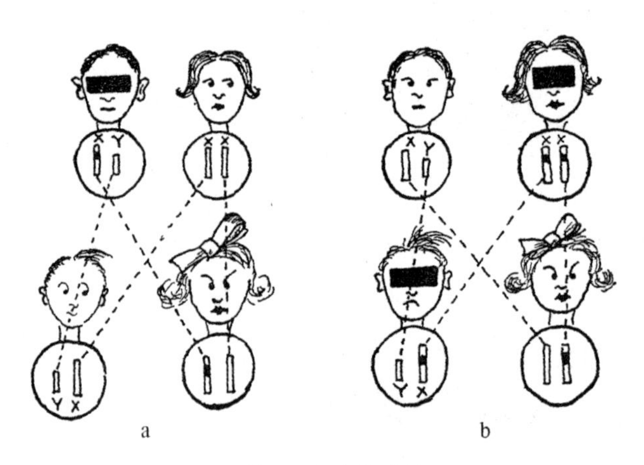

图86　色盲的遗传

像色盲这样的，只有成对的两条染色体都受到影响，才能产生明显效果的遗传特性被称为“隐性遗传”。这种遗传可以以一种隐藏的形式从祖辈传给孙辈，比如两只漂亮的德国牧羊犬生下来的个别小狗可能长得与德国牧羊犬相去甚远，这样悲惨的事实就是隐性遗传导致的。

与隐性特征相对的是所谓的“显性”特征，当一对染色体中只有一条受到影响时，这种特征就会变得明显。为了避免受到遗传学实例的干扰，我们将用一个假想的例子来说明这个情况：有一只古怪的兔子，生下来耳朵就像米老鼠一样。如果我们假设“米奇耳”是遗传中的一个显性特征，即一条染色体的不同就足以使耳朵长成这种丢人的样子（对于兔子来说），假设这只兔子及其后代都与正常的兔子交配，那么我们可以通过看图87来预测后代兔子的耳朵的样式。在图表中，用一个黑点表示造成米奇耳的染色体与正常的染色体不同的地方。

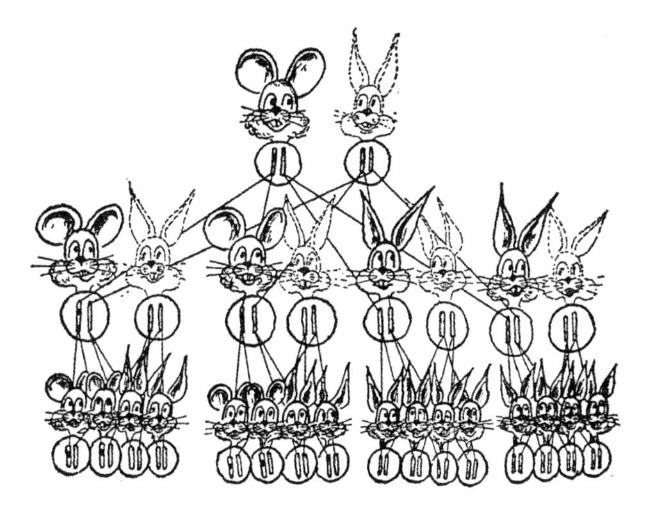

图87

除了显性和隐性这两种特征外，还有一些可以被称为“中性”的特征。假设我们的花园里有红色和白色两种紫茉莉。当红花的花粉（植物的精子细胞）被风或昆虫带到另一株红花的雌蕊上时，它们会与位于雌蕊基部的“胚珠”（植物的卵细胞）结合，并发育成仍会开红花的种子。同样，将白花的花粉授到其他白花上所结出的种子也会开白花。然而，如果白花的花粉落在红花上，或者红花的花粉落在白花上，那么发育出来的种子长成的植株就会开粉红色的花。但是不难看出，粉红色的花并不是一种稳定的生物学品种。如果我们只用粉色花进行培育，则下一代将有 50% 是粉红色的、25% 是红色的、25% 是白色的。

要解释这个现象也很容易，我们可以假设红色或白色的属性被携带在植物细胞中的一个染色体上，并且为了保证颜色纯正，成对的两条染色体必须携带同一种颜色属性。如果一条染色体是“红色”而另一条染色体是“白色”，那么两种颜色之争的结果就是产生粉红色的花朵。图 88 代表了后代中“彩色染色体”的分布，从中我们可以看到之前提到的数值关系。如果在白花和粉红花之间育种，则得到的第一代植物中有 50% 的粉红花和 50% 的白花，但是没有红色花朵，参照图 88，我们就可以画出类似的图表。同样，红花和粉红花会培育出 50% 的红花和 50% 的粉红花，但没有白色花朵。这就是遗传法则，是在 19 世纪时，由谦逊的摩拉维亚僧侣孟德尔（Gregor Mendel）① 在布尔诺附近的修道院种植豌豆时首次发现的。

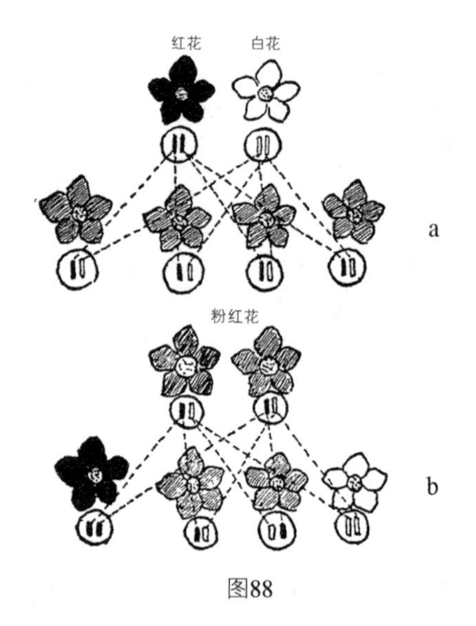

图88

到目前为止，我们已经将年幼的生物继承的各种特性与其从父母那里得到的不同染色体联系起来。但是，相对于数量有限的染色体（苍蝇的每个细胞内

① Gregor Johann Mendel，1822—1884，奥地利帝国生物学家，他通过豌豆实验，发现了遗传学三大基本规律中的两个，分别为分离规律及自由组合规律，被誉为“现代遗传学之父”。

有8条，人有46条），生物的各种特性几乎是数不胜数，我们不得不承认，每条染色体都携带着一长串不同的特性，可以想象，这些特性是沿着染色体的轻薄的纤维状的结构分布的。事实上，从代表果蝇（黑腹果蝇[①]）唾液腺染色体的图中很容易产生一种印象，认为沿着染色体的结构横向分布的暗色条纹代表着染色体所携带的不同的特性所在的位置。这些横向条纹中的一些可能调节苍蝇的颜色，一些控制它翅膀的形状，还有一些决定了它有六条腿、四分之一英寸长，使它总体上看起来像一只果蝇而不是蜈蚣或鸡崽。

事实上，遗传学告诉我们，这种印象是非常正确的。遗传学不仅表明这些名为“基因”的微小的染色体结构单位本身携带着各种不同的遗传特性，而且在许多情况下，人们还可以分辨出哪一种特定的基因携带着某一种或另一种特定的特性。

当然，即使用最大倍数的放大镜观察，所有的基因看上去也都是几乎一样的，它们的功能差异隐藏在其分子结构的深处。

因此，只有仔细研究一种植物或动物的不同遗传特性是怎样代代相传的，才能发现它们独特的“生命的意义”。

我们已经了解到，任何新生生物都会从其父母双方那里各获得一半染色体。由于父系和母系染色体组分别代表着来自（外）祖父母的各占一半的混合染色体，我们应该判定孩子只继承了祖父母中的一位和外祖父母中的一位的染色体。然而，我们知道这并不一定是真的，在有些情况下，“（外）祖父母四人都把自己的特征传给了他们的孙子”。

这难道意味着上述的染色体传递的模式是错误的吗？不，其实它并不是错的，只是被稍微简化了。现在还需要考虑的因素是，在减数分裂的准备过程中，储存的生殖细胞分裂成两个配子，成对的染色体经常会相互缠绕，并交换其组成部分。如图89a、b所示，这种交换过程导致从父母那里得到的基因序列发生混合，

---

① 与大多数情况相反，这是一个特例，果蝇的染色体非常大，其结构可以很容易地用显微摄影的方法来研究。——作者注

并最终导致混合遗传。在某些情况下，单个染色体可以折叠成一个圈，然后以不同的方式解开，导致其中的基因顺序发生混淆（图 89c）。

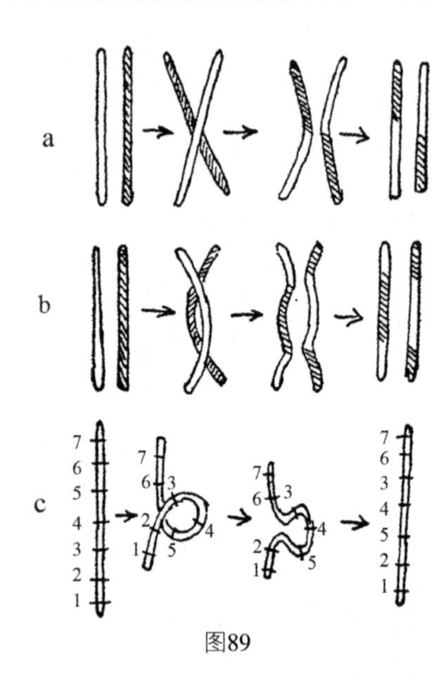

图89

显然，在一对染色体之间或一条染色体内部发生的这种基因重组，更有可能影响那些原本相隔很远的基因，而不是那些本就相邻的基因。就好像用完全相同的方式切开一副牌，这会改变切牌处前后所有牌的相对位置（并且会把牌首尾相连），但是只会拆开一对原本直接相连的牌。

因此，如果观察到两种特定的遗传特性在染色体交换时总是一起移动，我们大概可以得出结论说对应的基因组相距很近；反之，如果两个特定的遗传特性在交换过程中总是分开，那么其对应的基因组在染色体上一定相距很远。

沿着这个方向继续研究，美国遗传学家摩根（T. H. Morgan①）和他的学生们成功地确立了果蝇染色体中的基因顺序。图 90 的右边就是根据这一研究结果列出的果蝇的各种特性的基因在其四条染色体上的排列顺序。

---

① Thomas Hunt Morgan，1866—1945，是美国进化生物学家、遗传学家和胚胎学家，他发现了染色体的遗传机制，创立染色体遗传理论，是现代实验生物学奠基人。

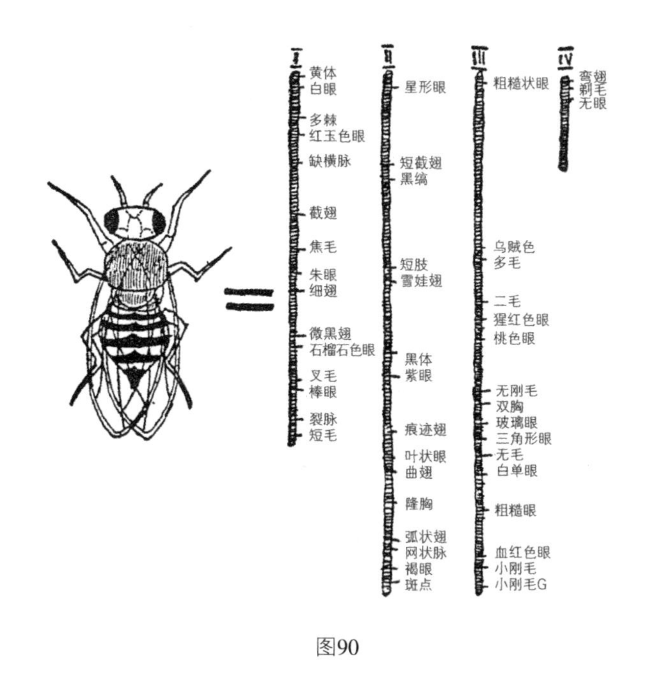

图90

图 90 是关于果蝇的，我们也可以做出关于更复杂的动物，包括人类的类似的图，但是这需要更认真细致的研究。

3. 作为“活分子”的基因

经过对活的有机体极其复杂的结构的抽丝剥茧般的分析，我们现在似乎已经找到了“生命的基本单位”。事实上，我们已经看到，成熟有机体的整个发育过程和几乎所有的特性都受到隐藏在其细胞深处的一组基因的调控；我们可以说，每一种动物或植物都“围绕”其基因“生长”。如果这里要做一个高度简化的物理类比，我们可以将基因与活的有机体之间的关系比作原子核与大块无机物之间的关系。在物理中，一种物质的几乎所有物理和化学性质都可以归结为原子核的基本性质，而原子核的基本性质只是一个表示其电荷的数字。例如，携带 6 个基本电荷的原子核会被 6 个电子组成的壳层包围，因此这些原子倾向于排列成规则的六角形，并形成具有特殊硬度和非常高折射率的晶体，我们称之为钻石。同理，一组分别带29个、16个和8个电荷的原子核所产生的一些原子结合在一起，就会形成一种叫作硫酸铜的软蓝色晶体。当然，即使是最简单的生命有机体也比任何晶体复杂得多，但这两种情况都有一种典型的现象，即其宏观架构每一个细节都是由微观的结构活动中心所决定的。

这些决定着生物体的所有属性，从玫瑰的芬芳到象鼻的形状的结构中心有多大？用正常染色体的体积除以其中包含的基因数量，就可以轻松得出答案。根据显微镜观察，一个普通的染色体的厚度约为千分之一毫米，这意味着它的体积约为 10^{-14} 立方厘米。育种实验表明，一条染色体承载了多达数千种不同的遗传特性，只要数一数果蝇那大大[①]的染色体上暗色横纹（推测其为单个基因）的数量就可以直接得出这个数字。用染色体的总体积除以单个基因的数量，可以得出每个基因的体积不会超过 10^{-17} 立方厘米。鉴于原子的平均体积是 10^{-23} 立方厘米 [$\approx (2\times10^{-8})^3$]，我们可以得出结论："每个基因应该是由大约一百万个原子构成的。"

我们还可以估算一下基因的总重量，不妨就以人体为例。从上文我们已经知道，一个成年人大约有 10^{14} 个细胞，每个细胞含有46条染色体。因此，人体内所有染色体的总体积约为 $10^{14}\times46\times10^{-14}\approx50$ 立方厘米，由于人体密度与水的密度相近，所以其一定小于两盎司。正是这种少到几乎可以忽略不计的"组织物质"，围绕着自身构建了一层重量达数千倍的复杂的"外壳"，也就是动物或植物的身体，并"从内部"控制着机体发育的每一个步骤，决定着每一个结构特征，甚至控制着机体的大部分行为。

但是基因本身又是什么呢？它可以被看作一种可以细分为更小的生物单位的复杂的"动物"吗？这个问题的答案绝对是否定的。基因是生命物质最小的单位。此外，虽然可以肯定，基因承载着有生命物质区别于无生命物质的所有特性，但从另一方面来讲，它们无疑也与一些复杂的分子（如蛋白质的分子）关系匪浅，而这些复杂分子则遵循所有我们所熟知的普通化学规律。

---

① 正常大小的染色体太小了，以至于用显微镜也无法观察出其中的单个基因。——作者注

换句话说，似乎“有机物和无机物之间缺失的联系就在于基因，也就是本章开头所提到的‘活分子’”。

确实，一方面，基因具有独特的永恒性，可以将一个物种的各种特性几乎不变地传递给几千代；而另一方面，考虑到形成一个基因的原子数量相对较少，我们只能将基因看作一种布局合理的结构，其中每个原子或原子群都位于其预先确定的位置。因此，生物的外部变异中所体现出的各种基因特性之间的差异，各种基因所决定的特性，就可以归结为基因结构中原子的分布产生的变化。

举一个简单的例子，让我们以 TNT（三硝基甲苯）分子为例，三硝基甲苯是一种爆炸性物质，在两次世界大战中都发挥了突出的作用。一个 TNT 分子由 7 个碳原子、5 个氢原子、3 个氮原子和 6 个氧原子组成，按照下图中的方式之一排列：

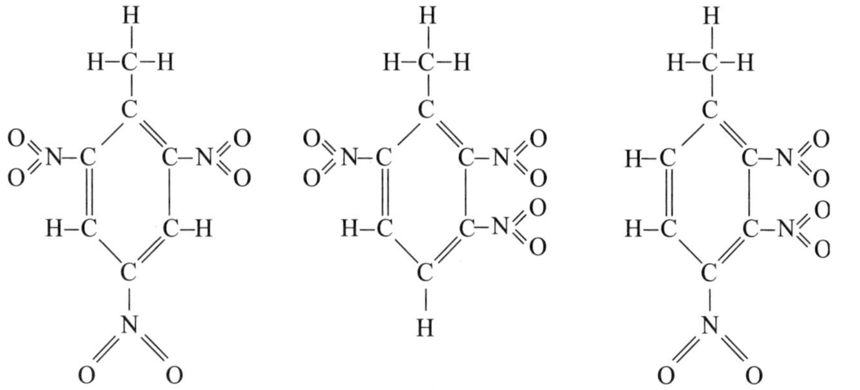

```
        H                        H                        H
        |                        |                        |
      H-C-H                    H-C-H                    H-C-H
        |                        |                        |
        C                        C                        C
  O    / \\    O           O    / \\                      / \\    O
   >N-C   C-N<              >N-C   C-N<O             H-C   C-N<
  O   ||  |   O            O   ||  |   O                ||  |    O
    H-C   C-H                H-C   C-N<O             H-C   C-N<O
       \\ /                      \\ //  O                 \\ //   O
        C                        C                        C
        |                        |                        |
        N                        H                        N
      //  \\                                            //  \\
     O     O                                           O     O
```

这三种排列方式的区别在于 $\mathrm{N}^{\mathrm{O}}_{\mathrm{O}}$ 原子团与碳环的连接方式不同，其最后得到的物质通常分别被叫作 α TNT、β TNT 和 γ TNT。这三种物质都能在化学实验室里合成，而且都具有爆炸性，但在密度、溶解度、熔点、爆炸力等方面都略有不同。使用标准的化学方法，人们可以轻松地将 $\mathrm{N}^{\mathrm{O}}_{\mathrm{O}}$ 原子团从一个连接点转移到同分子的其他连接点上，从而将一种 TNT 转化成另外一种。这种例子在化学中非常常见，并且相关的分子越大，可以由此产生的变体（同分异构体）就越多。

如果我们把一个基因看作由一百万个原子组成的一个巨大分子，那么各种原子基团排列在分子内部不同位置的可能性就会非常多。

我们可以将基因看作一条由周期性重复的原子基团组成的长链，上面连接了各种其他原子团，就像吊坠挂在吊坠手链上一样。事实上，生物化学的最新进展使我们能够绘制出遗传吊坠手链的确切图表。它是由碳原子、氮原子、磷原子、氧原子和氢原子组成，被称为核糖核酸。在图 91 中，我们用超现实主义的画法（氮和氢原子被省略）展示了遗传吊坠手链中决定新生儿眼睛颜色的部分。图中的四个吊坠表明婴儿的眼睛是灰色的。通过把不同的吊坠从一个钩子挪到另一个钩子上，我们可以得到几乎无数种不同的排列方式。

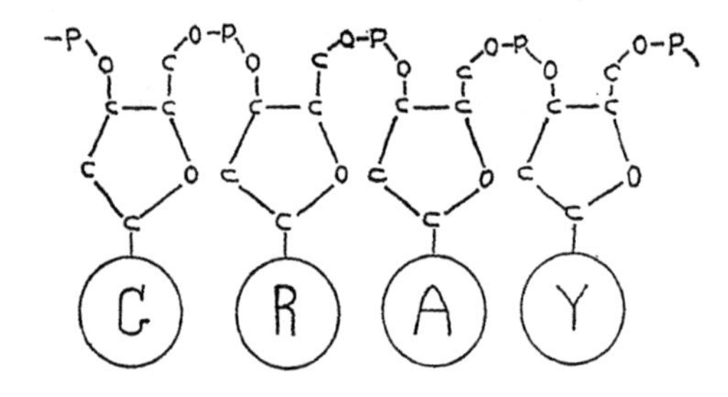

图91　决定眼睛颜色的遗传“吊坠手链”（核糖核酸分子）的一部分（高度简化！）

举个例子，如果一条手链上有 10 个不同的吊坠，那么我们就可以将它们按照 1×2×3×4×5×6×7×8×9×10=3 628 800 种方式排列。

如果有一些吊坠是一样的，那么可能的排列方式的数量就会少一些。因此，只有 5 种吊坠（每种 2 个），我们就只有 113 400 种不同的排列方式。然而，随着吊坠总数的增加，排列方式的数量也会迅速增加。例如，如果我们有 25 个吊坠，每个不同种类有 5 个，那么大约会有 62 330 000 000 000 种排列方式！

因此可以看出，在长的有机分子中，将不同的“吊坠”在不同的“悬挂位置”上重新排列，可以得到的组合方式非常多，其中不仅包含了所有种类的已知生命，还包含了所有我们的想象力所创造出来的根本不存在的最为稀奇古怪的动物和植物。

关于这些决定生物特性的吊坠沿着纤维状基因分子的分布，还有非常重要的一点是，这种分布会自发地发生改变，从而造成整个有机体产生相应的宏观变化。造成这种变化的最常见的原因就是普通的热运动，它会使整个分子像强风中的树枝一样发生弯曲和扭转。在足够高的温度下，分子的振动会强大到足以把它们分解成不同的碎片——这个过程被称为热解离（见第八章）。但是，即使在较低的温度下，分子作为一个整体保持其完整性，此时热振动也可能导致某些分子结构的内部变化。例如，我们可以想象，分子发生某种扭曲，挂在某个点上的吊坠被带到分子上的另一个点附近，在这种情况下，吊坠很容易脱离其原来的位置，并连接在新的点上。

这种现象被称为“同分异构体转化[①]”，经常发生在普通化学相对简单的分子结构中，并且，同其他化学反应一样，都遵循化学动力学的一条基本定律，即“温度每升高 10℃时，反应速率大约为原来的 2 倍”。

就“基因分子”而言，由于其结构过于复杂，以至于可能在很长一段时间内，使有机化学家付出的努力全都落空，因此目前还做不到用直接的化学分析方法来证实同分异构体的变化。但是，从某种角度看，我们可以掌握的东西比费力的化学分析法可有用得多。如果雄性配子或雌性配子中的一个基因发生了这种同分异构体的变化，而它们结合后将产生一个新的生命有机体，这样，这个基因在连续的基因断裂和细胞分裂过程中被忠实地复制，并将直接影响到后代的动物或植物的一些容易观察到的宏观特征。

事实上，遗传学研究最重要的结果之一是荷兰生物学家德弗里斯（de Vries）于 1902 年发现的：“生物有机体中自发的遗传变化总是以不连续跳跃的形式发生，称为‘突变’。”

举个例子，让我们来研究一下之前提到的果蝇（黑腹果蝇）的繁殖实验。野生果蝇有灰色的身体和长长的翅膀。你随手从花园中捉一只，就几乎可以完全肯定它会符合这些特征。然而，在实验室条件下，将这些果蝇培育出一代又一代，每隔一段时间就会获得一种特殊的“畸形”苍蝇，它的翅膀非常短，身

① 前面已经解释过，“同分异构体”就是相同的原子按照不同的排列方式组成的不同分子。——作者注

体接近黑色（图 92）。

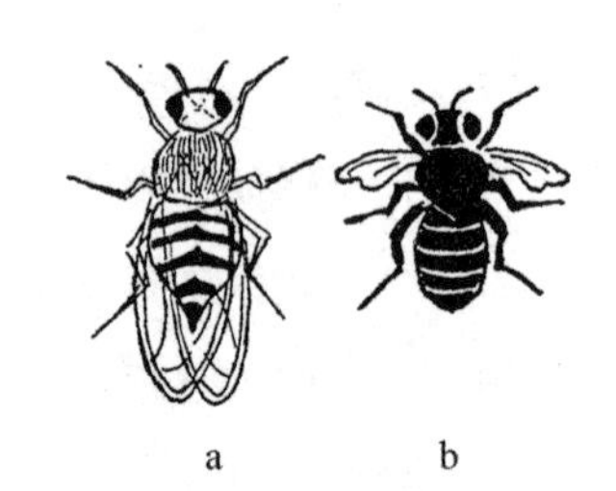

图92　果蝇的自发突变

a正常种类：灰色身体，长翅膀　b突变种类：黑色身体，短（萎缩的）翅膀

有一点很重要，在极端例子（黑体白翅）和“正常的”祖先之间，你可能不会找到颜色是不同深度的灰色的果蝇或者翅膀长短不一的果蝇这样逐渐发生改变的过渡阶段。通常，新的一代（可能有几百个！）的所有成员都呈现一样的灰色，长着同样长的翅膀，只有一个（或少数几个）是“完全”不同的。“要么没有实质性的变化，要么有相当大的变化（突变）”。在成百上千的其他例子中也发现了同样的情况。比如，色盲不一定是来自遗传，一定有生下来就是色盲的孩子，但是其祖先却没有任何“罪过”。人类中的色盲，就像果蝇中的短翅蝇一样，都遵循“要么全部，要么没有”的原则，并不存在一个人能更好地还是更坏地区别两种颜色的问题——他要么能区分，要么不能。

任何一个听说过达尔文（Charles Darwin）的人都知道，新一代的这些特性的变化与“生存斗争和适者生存”共同导致了循序渐进的“物种进化[①]”过程，同时也使一条简单的软体动物，几十亿年前的自然界之王，逐渐进化成了一种如你一样具有高度智慧的生物，甚至能够阅读并理解本书这样高度复杂的书。

从上面讨论的基因分子的同分异构体变化的角度来看，遗传特性的跳跃性变化是完全可以理解的。事实上，如果在一个基因分子中，起决定生物特性作用的吊坠改变了它的位置，它就不能半途而废：要么留在原来的地方，要么附

① 突变的发现给达尔文经典理论所带来的唯一不同是，进化是由不连续的跳跃性变化所导致的，而不是达尔文心目中持续不断的微小变化。——作者注

着在一个新的地方，从而导致有机体的特性出现不连续变化。

“突变”是由基因分子中的同分异构体变化所导致的观点，又从生物突变率与繁殖动物或植物的周围培养环境有关这一事实中得到了有力的支持。事实上，梯莫菲也夫（Timofeeff）和齐默尔（Zimmer）所做的实验表明，温度对突变率的影响（除了由周围介质和其他因素引起的一些额外的干扰外）与任何其他普通分子反应一样，都遵循着同样的基本物理化学规律。这一重要发现促使德尔布吕克（Max Delbrück，前理论物理学家，现在是实验遗传学家）提出了他的一个划时代的观点，即生物突变现象和分子中同分异构体变化这个纯物理化学过程之间是对等的。

关于基因理论的物理基础，特别是在研究利用X射线和其他辐射产生的突变时所得到的重要发现，我们可以无限期地继续讨论下去，但已经所做的陈述似乎足以说服读者，“科学目前正在跨过对‘神秘的’生命现象做出纯物理解释的门槛”。

在结束本章之前，我们必须提一下“病毒”这种生物单位，这似乎是一种不在细胞内的“自由基因”。直到最近的一段时间，生物学家还认为最简单的生命形式的各种各样的“细菌”，是一种在动、植物的活组织中生长和繁殖，有时会引起各种疾病的单细胞微生物。例如，人们利用显微镜观察研究表明，伤寒是由一种3微米（μm）[①]长、1/2微米粗的细长杆状细菌引起的，而引发猩红热的细菌则是一种直径约为2微米的球状细胞。然而，在一些疾病中，例如，人类的流感或烟草植物所谓的花叶病，用普通的显微镜观察却并没看到任何正常大小的细菌。然而，人们发现，这些特殊的“无菌”疾病与所有其他普通疾病一样，都会从病患体内以“传染”的方式进入到健康人体内，“传染物”就会在整个被感染的人体内迅速扩散，因此，人们必然会设想，这些疾病与某种设想的生物媒介有关，这些生物媒介就被命名为“病毒”。

但直到最近，超显微技术（利用紫外线）的发展，特别是电子显微镜的发

① 1微米是千分之一毫米，即0.0001厘米。——作者注

明（用电子束代替普通光线可以获得更高的放大倍数），才使微生物学家第一次看到了以前没见过的病毒结构。

人们发现，每种病毒是大量单个粒子的集合，其中每个粒子的大小完全相同，并且比普通细菌小得多（图 93）。例如，流感病毒是直径为 0.1 微米的小球体，而烟草花叶病毒是 0.280 微米长、0.015 微米粗的细长棒状粒子。

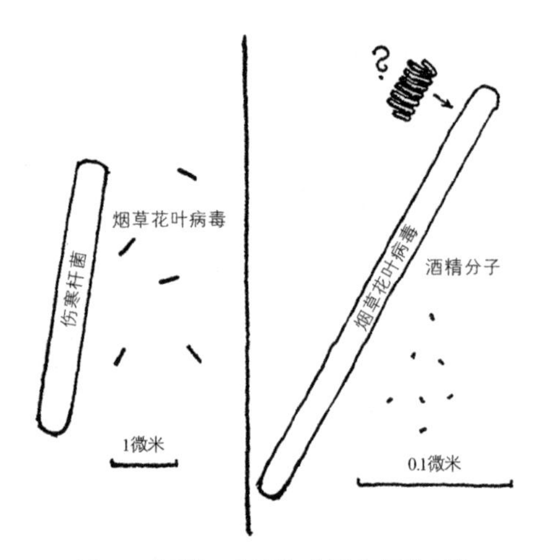

图93　细菌、病毒和分子之间的对比

在电子显微镜照片上才可以观看到的烟草花叶病毒粒子是现存最小的已知生命单位。如果大家还记得一个原子的直径约为 0.0003 微米，那么就可以得出结论，烟草花叶病毒的粒子横向大约只有 50 个原子，纵向大约有 1000 个原子。一个粒子中总共有不超过 200 万个原子①！

这一数字立即让我们想起了每个基因中的原子数量这个相似的数字，并提出了这样一种可能性，即病毒粒子可以被认为是“自由基因”，这些基因无须合并在染色体的基因群落中，被一大堆细胞原生质包裹着。

---

① 形成病毒粒子的原子数目实际上可能比这少得多，因为它们可能是图 91 中所示的那种由螺旋状分子链形成的“中空”结构。如果我们假设烟草花叶病毒确实是这样的结构（图 93），那么只在圆柱体的表面才有各种原子群，所以每个粒子的原子总数将减少到只有几十万个。当然，同样的论点也适用于单个基因中的原子数目。——作者注

事实上，病毒粒子的繁殖过程似乎与细胞分裂中染色体加倍的过程完全相同：它们的整个身体沿轴线分裂成两个新的和原来一样大小的病毒粒子。

显然，在我们观察到这个基本再生过程（图 81 所示的虚构的酒精复制的例子）中，在复杂的分子上，沿其长度分布的各种原子群从周围的介质中吸引相同的原子群，并将其严格按照原来分子中的模式进行排列。当排列完成后，已经成熟的新分子就会从原来的分子上分离。实际上，在这些新生的生物中，似乎并不会发生常见的“生长”过程，新的有机体只是在旧的旁边“按部分”形成。若要加以解释，我们可以想象一个孩子在母亲体外发育，并与母体相连，当完全发育成一名男性或女性后就会自动脱离母体并离开（虽然蠢蠢欲动，但作者还是不会将这个过程画出来）。不言而喻，为了进行这一增殖过程，病毒的发育必须在一种特殊的、有组织性的介质中进行。事实上，与本身具有原生质的细菌相反，病毒颗粒通常对它们的“食物”非常挑剔——只能在其他生物的活原生质中繁殖。

病毒的另一个共同特征是，它们“容易发生突变”，突变后的个体会按照所有常见的遗传学规律将新获得的特征传给后代。事实上，生物学家已经能够分辨出同一病毒的几个遗传株，并跟踪它们的“种族发展”。当新的流感席卷一大群人时，人们可以非常确定，它们是由某种新的具有新毒性的变异型流感病毒引起的，而人体尚未对其产生适当的免疫力。

在前几页中，我们提出了一些有力的论点，主张“病毒粒子必须被视为活个体”。现在，我们可以毫不迟疑地断言，“这些粒子也必须被视为名副其实的化学分子”，遵循所有的物理化学规律和法则。事实上，对病毒材料的纯化学研究证实，任何一种病毒都可以被看作一种明确的化合物，可以像各种复杂的有机（但不是活的）化合物一样被研究，并且，它们可能会发生各种置换反应。现在看来，生物化学家迟早会写出每一种病毒的化学式，就像现在写酒精、甘油或糖的分子式一样。更令人惊讶的是，同种病毒粒子显然具有“完全一样的尺寸”。

事实上，研究表明，如果病毒粒子被剥夺了赖以生存的营养介质，它们会把自己排列成与普通晶体一样的规则结构。例如，所谓的“番茄浓密特技”病毒会结晶成美丽的大型菱形十二面体！你可以把这个晶体和长石、岩盐一起保存在矿物标本柜里，但是，一旦把它放进番茄植株内，它就会变成一大群活的个体。

加利福尼亚大学病毒研究所的海因茨·弗伦克尔-康拉特（Heinz Fraenkel-Conrat）和罗布利·威廉姆斯（Robley Williams）迈出了用无机材料合成生物的重要的第一步。他们成功地将烟草花叶病毒颗粒分成了两部分，每部分都是一种虽然相当复杂但是无生命的有机分子。人们早就知道，这种长木棒状的病毒是由一束长直的分子组织材料（称为“核糖核酸”）组成的，外面像电磁铁缠绕着电线圈一样缠绕着长蛋白质分子。利用各种化学试剂，弗伦克尔-康拉特和威廉姆斯成功地将这些病毒粒子分解，将核糖核酸从蛋白质分子中分离出来，同时又没有破坏它们。就这样，他们获得了一试管核糖核酸的水溶液和另一试管蛋白质分子的溶液。电子显微镜照片显示，试管里除了这两种物质的分子外，什么也没有，完全没有任何生命痕迹。

但是，一旦这两种溶液被混合在一起，核糖核酸分子开始结合成 24 个分子为一组的分子束，而蛋白质分子就开始环绕着这些分子束，形成了实验最开始时的病毒粒子精确复制体。这些被打散又重组的病毒粒子被涂抹到烟草叶子上后就会造成花叶病，就好像它们从来没被打散过一样。当然，在这个例子中，试管中的两种化学成分是通过分解活病毒获得的。但是，重点是生物化学家现在掌握了将普通化学元素合成核糖核酸和蛋白质分子的方法。虽然目前（1960 年）只能合成这两种物质的相对较短的分子，但毫无疑问，随着时间的推移，只要是病毒中的分子，都可以用简单的元素合成，把它们组合在一起就能产生一个人造病毒粒子。

ONE
TWO
THREE
...

INFINITY

第四部分
宏观世界

第十章　拓宽视野

1. 地球跟它的邻居

让我们先结束在分子、原子以及原子核世界的旅行，暂且回到平时更为熟悉、大小适中的物体上来。现在，我们已经整装待发，准备好开始另一段新的探索旅程了。而这次探索的方向与之前的截然相反——因为我们朝向的是恒星、遥远的星云以及宇宙边界的所在。人类在这方面的探索跟微观世界一般无二，都是随着科学的发展而逐渐远离熟悉的日常事物，将好奇的视线转向更为开阔的地界。

在人类文明发展的早期阶段，人们口中的“宇宙”通常被认为是“小得可怜”的存在。当时的地球被看作一个漂浮于世界这个大海表面的巨大圆盘，圆盘的四周被海包围。而其下方的水深到难以想象的地步，上方的天空则是神祇的住所。但不管怎么说，这圆盘都已足够大了，大到可以将当时地理学已知的所有陆地都稳稳托起，并囊括在内，其中包含了地中海与欧洲、非洲以及部分与亚洲相连的沿岸地带。而这个地球圆盘的北边则受高山山脉阻断，每晚太阳休息时就是落到这些山的背后，躺在世界海洋上安寝的。但在公元前 3 世纪时，就有一人对当时这种简单而为人们普遍接受的世界图景提出了异议，他就是著名的古希腊哲学家（这是当时人们对科学家的普遍称谓）亚里士多德[①]。

亚里士多德曾在自己的著作《天论》中阐述了以下理论：我们的地球实际

---

① Aristotle，公元前 384—前 322，希腊哲学的集大成者，柏拉图的学生，马其顿国王亚历山大大帝的老师。

上是一个球体，其中部分被陆地所覆盖，部分被水所覆盖，而整个却被空气环绕住。为证明自己的观点，他引用了很多我们很熟悉但在现在看来却略显琐碎的论据。他指出当船身先消失不见，而桅杆尚可看见时，一艘船也就算隐没于地平线上了。通过引用这个实例，亚里士多德证明了海的表面是弯的而非平的。他接着还指出月食的成因一定是地球的阴影在经过月球表面时造成的。且因为这个阴影是圆的，相应地，地球也就是圆的。但那时候极少有人相信他的说法。人们实在难以理解，如果他说的都是真的，那么生活在地球另一边（所谓的地球对跖点。对美国而言，对跖点的另一端生活的是澳大利亚人）的人们缘何能将脑袋朝下行走，而不从地球上掉下去？还有为什么这些地方的水能照常流动而不是流向蔚蓝的天际（图 94）？

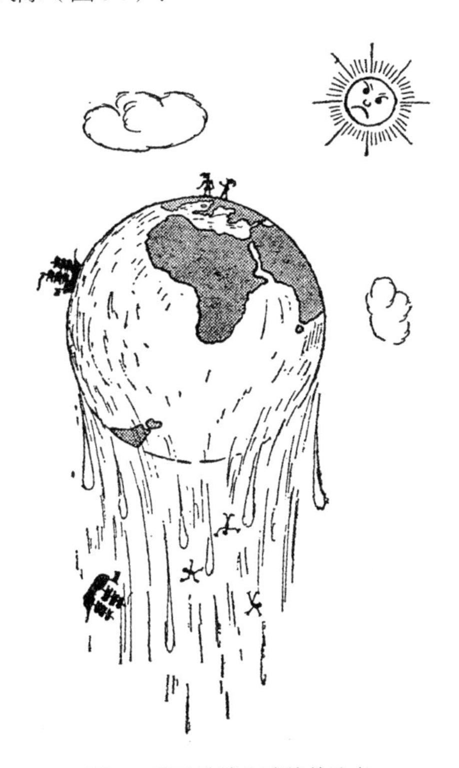

图94　反对地球为球状的论点

对他们来说，“上”和“下”都是空间中的绝对方位，而且不管放到哪里都一样。如果你自己环游到地球的一半时，发现“上”可以变为“下”，而“下”能变为“上”，这样的观点在当时的他们看来简直就是荒谬的。这跟我们今天不少人看待爱因斯坦相对论中的很多陈述时的反应是一样的。当时人们对重物落体运动的解释是：所有的物体都具有朝下运动的“自然趋向”，而不像今天我们会解释成物体受地球引力作用而朝向地心移动，所以照他们的说法，要是冒险跑到地球的另一面去，你就会朝着蓝天坠落下去了！人们对新观念的反对是如此强烈，而对旧有观念的调整却又举步维艰，以致到了15世纪，也就是亚里士多德死后近两千年，还能看到有人拿居住在地球“下面”的人头朝下，脚却在地面上行走的图片来嘲笑大地是球状的观点。或许就连伟大的哥伦布[①]本人在动身前去探索通往印度的“另一条路”时，对自己所做的旅行计划也没有全然的把握吧。而实际上，哥伦布的确没能完成自己事先订下的计划，因为半路杀出了美洲大陆这个“程咬金”。直到费迪南德·麦哲伦（Magellan[②]）完成了著名的环球航行后，质疑大地为球形的声音才最终消失。

当人们第一次意识到地球就是一个巨大的球体时，大家很自然地就会追问，跟当时已知的世界相比，这个球体到底有多大呢？那如果不进行环球航行，如何能测量出地球的大小？所以这对于古希腊的哲学家来说，自然是不可能实现的。

不过，这里倒真还有一个办法可以进行测量。这个办法是当时著名的科学家埃拉托色尼[③]提出的，埃拉托色尼生活在公元前3世纪希腊当时位于埃及的殖民地亚历山大港。当时有一个城叫作昔勒尼[④]，位于距亚历山大港以南5000

---

① Christopher Columbus，意大利著名航海家，发现美洲新大陆。

② Ferdinand Magellan，葡萄牙著名的航海家、探险家，首次完成著名的环球航行。

③ Eratosthenes，公元前275—前193，西方地理学之父，他丈量出了地球的周长。

④ Cyrene，在今利比亚。

斯塔迪姆[1]远的地方[2]。他听住在那里的人说，夏至的正午时分，太阳位于头顶正上方，这时候所有垂直于地面的物体都没有影子。另外，埃拉托色尼知道同样的事情却不会发生在亚历山大港，因为就算到了夏至的正午，太阳离天顶（头顶正上方的点）也还存在着 7 度，或者说 1/50 个圆周的距离呢。埃拉托色尼先假设地球是圆的，然后给这个事实做出了一个非常简单的解释（图 95）。的确，由于两座城之间的地面是弯曲的，所以当太阳光线垂直照射塞恩城时，将会与照射在其北边亚历山大港的光线相交形成一定的角度。同时你还可以自图中看出，如果从地球中心出发画两条直线，一条穿过亚历山大港，一条穿过昔勒尼，那么它们交会时形成的夹角将会与穿过地球中心的线跟亚历山大港（亚历山大港的天顶方向）与太阳光线直射进昔勒尼时形成的夹角一致。

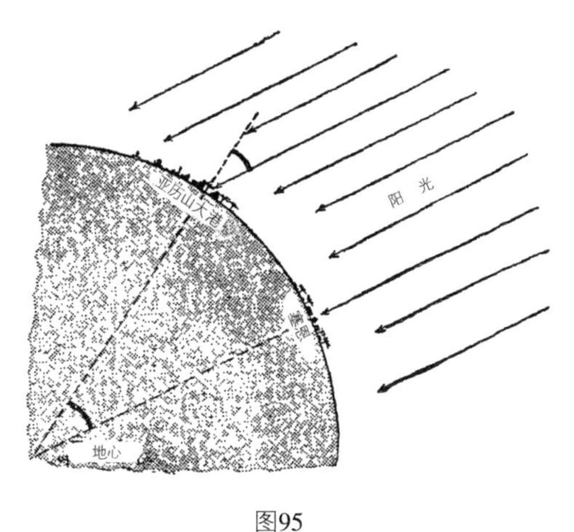

图95

由于这个角为圆周的 1/50，故地球的总周长应为两城之间距离的 50 倍，也就是 25 万斯塔迪姆。又因为 1 斯塔迪姆约为 1/10 英里，埃拉托色尼由此推算出地球的周长等于 2.5 万英里，或是 4 万公里，这跟现代测算的最好结果真的很接近了。

---

① 1 斯塔迪姆约为 157.5 米。

② 紧挨今天的阿斯旺大坝。

然而，第一次测量地球的要点不在于所获得的数字是否准确，而在于认识到地球如此之大。为何地球的表面比已知的陆地面积还要大上几百倍？这会是真的吗？如果是真的，那么在已知边界之外的又是什么呢？

既然说到了天文距离，那我们就必须先来熟悉一下什么是“视差位移”或简称“视差”。乍一听，这个词可能有点吓人，但实际上，视差是一个非常简单且有用的东西。

在这里我们可以引用一个类似的例子——穿针引线来认识视差。请试着闭上一只眼睛，很快你就会发现，这样穿针不可行；要么你会把线头穿到离针眼很远的后面去，要么就是在离针眼很远的地方就停下来试着穿。

因为只用一只眼睛来穿针，你无法判断针到线之间的距离。但睁大双眼时，穿针引线就很容易做到或者至少很容易学会怎么做了。那是因为用两只眼睛看物体时，你会自动将双眼聚焦在物体上。所以物体离你越近，你的两个眼球就会转动到更为靠近的位置[①]，而这种调整所产生的肌肉感觉让你对距离有了很好的了解，会让你对距离有一个很好的概念。

现在，如果不同时用双眼，而是睁着一只眼，闭上另一只，那么你会发现物体（本例中为针）相较于远处的背景（如房间对面的窗户）的位置已经改变。这就是所谓的视差位移效应，相信大家都熟悉；如果您恰巧从未听闻过这种现象，那么不妨自己试试看，或者观察图 96，图中显示了左右眼各自“眼中”的针和窗。你会发现物体离得越远，其视差位移就越小。如此一来，我们就可运用此效应来测量距离。因为视差位移可精确地测量弧度，故而这种方式要比只靠眼球肌肉感觉进行简单的距离判断要精确得多。但又因为左右眼之间的距离大概只有三英寸，故而仅凭双眼很难估计得准几英尺以外的距离，这是因为在此种情形下，物体距离观察者越远，观察者双眼的轴线几乎彼此平行，所以视差位移就变得难以估测了。若要估测更远的距离，我们应该将双眼之间的距离拉得更开些，以便加大视差位移的角度。当然，不必对自己的双眼进行手术，只要准备几面镜子就能达到这样的效果了。

---

① 相当于斗鸡眼原理。

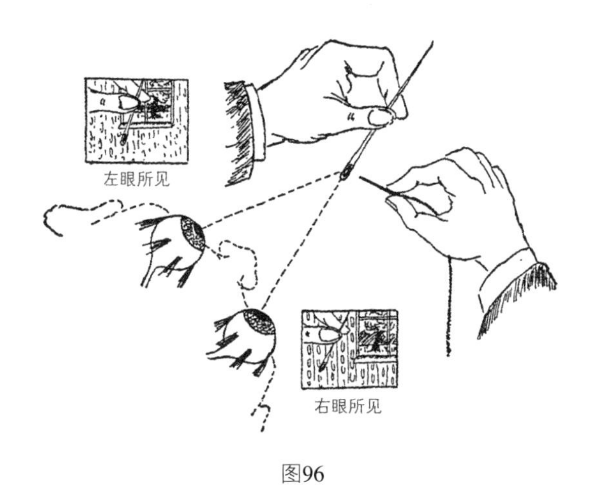

图96

在图 97 中，我们可以看到海军（当时雷达还未发明）战时用来测量敌舰与己舰之间距离的一种装置。它呈长管状，在两眼的前方均设有两面镜子并分别标记为 A、A′，在管的另一端也设有两面镜子标记为 B、B′。使用这样一个测距仪，你就真的能一只眼睛看到 B 端，另一只眼睛看到 B′ 端。你双眼的间距，也就是所谓的光学基线，实际上是扩大了。这样的话，你就可以用眼估测更远的距离了。当然，海军士兵不会只依赖于眼睛肌肉的距离感来下判断。实际上，测距仪还配有特殊的工具和刻度盘，以便使用者能最大精度地测量视差位移。

图97

然而，这套海军测距仪，即使在敌舰几乎要跃出地平线上时，也能很好地工作。但如果用它去观测离地球最近的天体——月球，其效果也不会太过理想。因为，实际上，人类要想观测到月球在其远处恒星背景上的视差位移，光学基础（两眼之间的距离）则至少得有几百英里的长度。当然，为了用一只眼睛在华盛顿看、另一只眼睛在纽约看而安置这样的一套光学系统是完全没有必要的。解决之道其实很简单，只需要在这两个城市同时拍摄一张月亮位于群星中的照片即可。如果你把这两张照片都放到立体镜里，就能看到月亮悬挂于星星前的景象了。正是通过这样的方式——分别在地球上的两个地方同时拍摄下月球及其周围恒星的照片（图 98 所示），天文学家们计算出了：从地球直径的两端观察月球，其视差位移是 1°24′5″。由此可知，到月球的距离就是 30.14 个地球的直径，亦即 384403 公里，或以英里算为 238857 英里。

图98

根据这个距离以及观测到的角直径，我们可以推算出这颗卫星的直径大约为地球直径的 1/4。而它的表面积仅为地球表面积的 1/16，相当于非洲大陆的面积。

以类似的方式，我们也可以测算出地球到太阳的距离。地球距离太阳要比距离月球远得多，这也就意味着测量难度会更大。但不管怎样，天文学家们还是以类似的方式测算出了这个距离，即 149 450 000 公里（约 92 870 000 英里），相当于月地距离的 385 倍。正是由于日地距离如此之大，才使得太阳看起来跟月亮一样大；而实际上，太阳要大得多，因为单是它的直径就比地球直径大 109 倍。

所以如果把太阳比作一个大南瓜，那么地球就得是一颗小豌豆，而月亮只能如罂粟籽那么大。如此一来，纽约帝国大厦则小如细菌，必须拿显微镜才能观察得到。值得一提的是，在古希腊时代，有一位名叫阿那克萨戈拉[①]的进步哲学家，曾因为教导民众说太阳如火球，其大小可能跟希腊一般大，而最终被驱逐出境并处以极刑。

天文学家还以同样的方法估算出了太阳系中各行星与太阳之间的距离。其中离太阳最远的叫作冥王星，是最近才发现的，离太阳的距离约为地日距离的 40 倍，确切地说，这个距离是 3 668 000 000 英里。

2. 星辰星系

接下来，我们将从行星跳跃到星体世界去，而视差法将再次派上用场。我们发现，即使是离地球最近的恒星，距离我们也是非常远的，以至于就算是在地球上相距最远的两点（地球相对的两侧）进行观测，我们也无法在一般恒星形成的背景下找到任何明显的视差偏移。不过，山人自有妙计，我们仍有办法来测量这些超大的距离。如果我们可以用地球的尺寸来测算其绕太阳轨道的大小，那我们为何不能用这个轨道去求地球到恒星的距离呢？换言之，如果从地

① Anaxagoras，古希腊哲学家，原子唯物论的思想先驱，克拉佐美尼人。

球轨道的两端进行观测，那么是否可以发现某些恒星的相对位移？当然，这样做就意味着两次观测之间需要隔上半年时间，但那又怎样呢？

德国天文学家贝塞尔[①]正是怀着这样的想法，于1938年开始对相隔半年的两个夜空中恒星的相对位置进行了比较。但开始的时候他并不走运，因为他选用的星星相距实在太远了，以至于观测不到任何明显的视差位移，即使他还将地球轨道的直径用作基础，但最终也未能获得令人满意的结果。不过，走运的是，几经尝试之后，他发现天文册上有一颗天鹅座61星（天鹅座中的第61颗暗星），其位置就与半年前稍有偏差（图99）。

而过了半年再来观测，此星又会回到原来的地方。很明显，这就是我们要的视差位移。就这样，贝塞尔成了第一个靠标尺跃出人类所在的太阳系而进入星际空间的第一人。

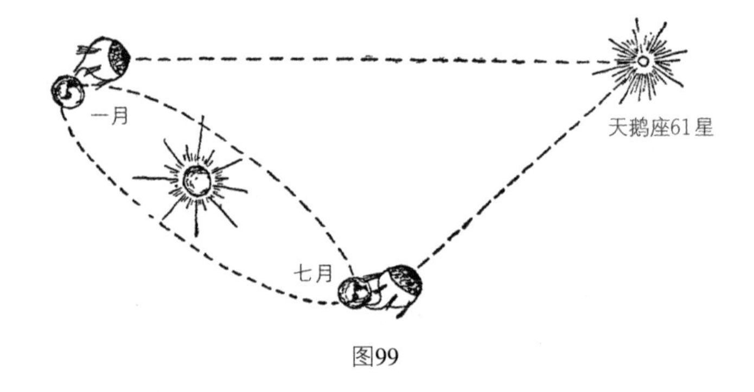

图99

我们能观测到的天鹅座61星，其年位移量很小，只有0.6角秒[②③]，打个比方说，如果你能看到500英里之外的一个人，那么这个0.6角秒就是你的视线所张开的角度！但我们天文仪器是非常精密的，所以即使是这样极小的角度，也可以极精确地测算出来。故而，根据观测到的视差和地球轨道的

---

① Bessel，1784—1846，德国天文学家、数学家，天体测量学的奠基人之一。

② 更确切地说是600±0.06。——作者注

③ 角秒，又称弧秒，是量度角度的单位，即角分的1/60，符号为"。

已知直径，贝塞尔推算出了这颗恒星[①]到地球的距离为103 000 000 000 000公里，即比地日距离还远690 000倍！可以想象，我们很难体会这个数字的重要意义。在之前的例子中，我们将太阳比作南瓜，地球比作豌豆，如果这粒豌豆是在南瓜200英尺外的地方绕着南瓜转动，那么围绕它旋转200英尺，这颗恒星[②]就是在30 000英里开外的地方转动！

对于非常远的距离，天文学家通常会以光走过这段距离所花的时间（光速为每秒30万公里）来形容。光绕地球运行一周只需要1/7秒，而走完月球到地球的距离只需1秒钟多一点，即使是太阳到地球，也只需要8分钟左右。而从离我们最近的宇宙邻居——天鹅座61星到地球，光需要的传播时间却多达11年之久。假如某一天发生了宇宙灾难，天鹅座61星因此而熄灭，或者它（这对恒星而言是常常发生的）发生突然性爆炸，那么，我们需要等待11年，等着那毁灭的信号飞速穿过星际空间，最终才能从姗姗来迟的爆炸闪烁中了解到有一颗恒星已经消失在茫茫宇宙中。

根据观测出的地球与天鹅座61星间的距离，贝塞尔计算出，对于我们而言，这颗就像一个小小的发光点的恒星，在漆黑的夜空下静静闪烁，却原来是一个巨大的发光体，其体积只比我们的太阳小30%，也只比它暗一点点。而这直接支撑了早先哥白尼提出的一项革命性观点，即我们的太阳只不过是那散布于无垠空间之中，彼此相距甚远的无数恒星中的一颗而已。

继贝塞尔的发现后，人们又相继测出了许多恒星的视差，并发现有一些恒星离我们的距离比天鹅座61星还要近，最近的当属半人马座α（半人马座中最亮的一颗恒星），它距离我们只有4.3光年。而它的大小和亮度跟太阳都非常相似。而其他多数恒星离地球都很远，以至于就算用地球轨道的直径作为光学基线，也无法测算出视差。

此外，人们还发现，这些恒星在大小和亮度上也存在很大的差别。有比太

---

① 指天鹅座61星。

② 指天鹅座61星。

阳大上 400 倍、亮上 3600 倍的参宿四（距我们 300 光年之远）这样的发光巨星，也有比我们的地球还小（直径是地球的 75%），而其亮度约比太阳暗上 10 000 倍的范马南星（Van Maanen's star，1917 年由荷兰天文学家范马南发现的白矮星，是双鱼座中距离最近的恒星，也是在人类目前所知范围内，离地球第二近的白矮星，仅次于天狼星 B，距我们 13 光年远）这种光线较暗的矮星。

现在我们来探讨另一个重要的问题，亦即，所有存在的恒星到底有多少？基本上，大家都认为，可能读者您也同样认为天上的星星是数不清的。然而，正如其他许多流行的信仰一样，这种观点也是错误的，至少对于肉眼可见的星星而言是如此。因为事实上，站在两个半球中看到的恒星总数只在 6000 到 7000，又因为人不管站在地表的何处观测，都只能看到一半的天空，且又由于靠近地表的大气会吸收大部分光线，进而使得能见度降低，所以就算是在晴朗的无月之夜，肉眼所能看到的星星也只有 2000 颗左右。因此，只要以每秒 1 颗星的速度计数，花上大约半小时的时间，你就能全部数完！

不过，要是你使用的是双筒望远镜，那么就可以多看到 50 000 颗恒星；而若是使用口径为 2.5 英寸的望远镜，你看到的星星将会达 1 000 000 颗左右。如果你跑到著名的加利福尼亚威尔逊山天文台（Mount Wilson Observatory）用那架 100 英寸口径的天文望远镜进行观测的话，5 亿颗左右的星星就将出现在你的视野中。到那时候，如果还是以一秒钟数一颗的速度计数，那么就算没日没夜地数，一个天文学家也要花一个世纪的时间才能将之数完！

当然啦，我相信没人会做这样的尝试，透过望远镜，一颗颗计数（多么了无生趣）。实际上，要想推算出星星的总数，可以先求出其中若干区域星星的实际数目，并取数目的平均值，再将之运用到整个天空就能估算出天空中星星的总数。

早在 100 多年前，英国著名的天文学家弗里德里希·威廉·赫歇尔（Friedrich Wilhelm Herschel，英国天文学家、古典作曲家、音乐家。恒星天文学的创始人，被誉为“恒星天文学之父”）就曾用自制的大型望远镜来观测星空，当时他惊讶地发现，在一条横穿夜空的微弱发光带（又称银河）中分布着大多数肉眼看不见的恒星。多亏他的发现，天文学家才弄明白了这样一个事实：银河系并非一个普通的星云，抑或一条横跨太空的气体云带，而是由许多距离甚远的恒星组成的，正因为如此，我们的肉眼才无法看到，且无法辨识出来。

使用功能越来越强大的望远镜，我们可以看到银河系是由一颗颗独立恒星组成的，但银河系的大部分仍然呈现出朦胧模糊的状态。然而，如果所有人都认定，在银河系内，恒星的分布密度比天空中其他任何地方都大，那么就大错特错了。因为实际上，并非星星分布比较集中，而是星星们在这个方向上分布的深度比较大。如此一来，就造成了肉眼看到星星在某个区域内似乎比较多的假象。顺着银河系延伸的方向看去，我们会发现，恒星可以一直延伸到我们的视线之内（在望远镜的帮助下），而在其他方向上，星星难以延伸到我们目力所及的范围内。至于它们之外的范围，我们能看到的则几乎是虚无的空间。

从银河系的方向看去，我们仿佛置身在一片森林中，视线中是无数的树枝相互交叠，形成一个连续的背景；而在其他方向上，我们看到的却是星星间的空白，这跟我们透过头顶的枝叶看到斑驳的蓝天是一个道理。所以，我们知道太阳只是茫茫恒星宇宙中一个微不足道的成员而已，它所占据的只是一个平坦的空间区域，而在银河系上延伸出了很长的一段距离，但相对来说，在垂直于这块平面的方向上，这段距离也不算远。

经过几代天文学家的细致研究，我们最终得出结论，银河系内有大约 40 000 000 000 颗独立的恒星，分布在一个直径约 10 万光年的透镜状区域内，其厚度约为 5000 到 10 000 光年。此外，研究还表明太阳根本不在此巨型的恒星社会的中心部位，而是位于其边缘的附近。如此说来，这还真是给人类强烈自尊心的一记耳光啊！

在图 100 中，我们试图向读者展示这个由无数恒星组成的巨型蜂巢之样貌。顺便说一下（虽然我们还没提到），如果要用更科学的语言来说，那么上述的“巨型蜂巢”应该表述为银河系。（此处使用的当然是拉丁语啦！）不过，这里的银河系只有实际银河系大小一万亿分之一。而且，代表独立恒星的点，其数量当然也达不到400亿（甚至是远远少于这个数），但正如人们说的，我们必须站在出版商的角度考虑。

图100　一个天文学家正举着望远镜观察缩小了100 000 000 000 000 000 000倍的银河系。此天文学家的脑袋正位于近太阳的位置上

组成银河系的巨大恒星群所具有的最大特色之一就是，跟我们的太阳系一样，它也处于快速旋转的状态。而正如金星、地球、木星以及其他行星都沿着环太阳的近圆轨道运动一样，组成银河系的数百亿颗星星也都围绕着银河系中心运动。银河系的这个旋转中心正好位于射手座（人马座）的方向上。这是因为，当你顺着银河系的雾状带穿过天空，你会发现离这个星座越近，这条雾状带就会变得越宽，而这也表明你此刻看向的正是这个透镜凸起的中心部位（图100中的天文学家也正朝这个方向看）。

那么，银河系中心看起来到底像什么样子呢？现在我们还不清楚，因为很不幸的是，这一部分刚好被空中悬挂的黑色星际物质给蒙得严严实实。事实上，如果观察射手座区域中银河的宽阔部分，首先你会想到的定是神话中被分隔成两条“单行道”的天河。但它其实并不是真正的分岔，造成这种视觉假象的原因是：悬挂于地球和银河系中心之间的星际尘埃以及乌云块遮挡住了视线。因此，这里的暗区并不像银河系两侧的暗区，那些暗区是由黑暗的空间背景造成的，而此处的暗区则是由不透明的暗云造成的。中间暗区补丁处的几个星星其实是位于地球跟黑云之间的（图 101 所示）。

图 101　如果朝银河系中心看去，乍一看，我们会觉得如在神话中一般，天路被分成了两条单行道

而令人遗憾的是，我们看不到这个连太阳都要围着转的神秘银河系中心，以及另外的数十亿颗星星。但从某种程度上来讲，通过观测银河系之外的其他星系，我们大致也能描摹出此银河系中心的“长相”。它并不像我们熟知的太阳系那样，有一个太阳一样的超级巨星统治着星系成员，换言之，银河系中心并没有一个超级巨星占据主导地位。而通过对其他星系研究（稍后我们将予以讨论），我们发现它们的中心部分也由大量的恒星组成，唯一的不同在于，分布在它们中心部位的星星要比太阳系偏远地区密集得多。如果我们说太阳系是一个专制君主国家，而太阳占据着统治地位，其他行星必须对其俯首称臣，那么相应地，银河系就是一个民主国家，其中某些行星占据着极有影响力的中心位置，而另外的成员只好乖乖待在其政治外缘区——相对较为卑微的位置。

如上所述，所有恒星，包括太阳都在围绕着银河系中心旋转，并从属于这个巨大圆环的一部分。那么，如何证明这一点呢？而这些恒星轨道的半径到底有多大？绕其走上一圈又需要多长时间①？

荷兰天文学家奥尔特（Oort Jan Hendrik，最先提出银河系自转学说）早已回答了所有这些问题。在观测的过程中，奥尔特采用的方法跟当年哥白尼观测太阳系的方法十分相似。

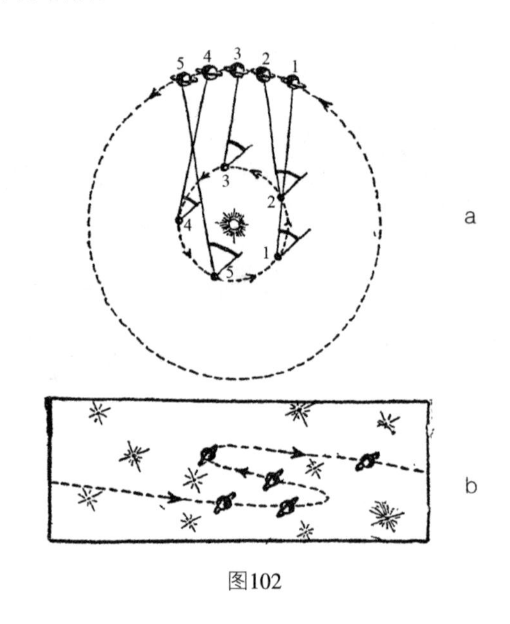

图102

让我们先来看看哥白尼的观点。古巴比伦人、古埃及人以及其他民族的人早已注意到，像土星或木星这样的大行星都在天空中以一种特殊的方式运行。像太阳那样，它们似乎会先沿着椭圆轨道前进，然后突然停下来，再向后移动，接着进行第二次反转，也就是折回去朝原来的方向运动。图 102b，我们展示了土星两年间的大致运行轨迹（土星完整运行一周所需时间为 29.5 年）。过去，由于宗教偏见把我们的地球看作宇宙的中心，并认为其他所有的行星和太阳本身都是绕地球运行的。所以，对于上述的异常运动，当时的人们只假设成是行星轨道一种非常特殊的形状，而其中是一圈圈的循环圈。

---

① 如果在一个晴朗的夜晚进行观测的话，可以得到最好的结果。——作者注

但显然哥白尼具有更敏锐的洞察力，他以一种天才性的洞见解释了这种神秘的环形现象，他认为这是由于地球以及其他所有行星都围绕着太阳做简单的圆周运动，故而产生了这样的结果。如果读者能仔细研究一下图 102a，相信会更容易理解这种解释。

太阳位于图的中心，而地球（小球体）则沿着较小的圆做圆周运动，土星（带环的）沿着地球运动的方向做更大的圆周运动。其中，数字 1、2、3、4、5 分别代表地球在一年中的不同位置。从土星的相应位置可以看出，其运行的速度要比地球慢很多。从地球不同位置射出的垂直线是指向某个固定恒星的方向的。通过绘制从地球各个位置到相应的土星位置的直线，我们可以看出这两个方向（朝向土星和固定恒星）形成的夹角先增大，后减小，然后又增大。因此，环行现象似乎并不意味着土星运动具有任何特殊性，很可能是因为我们在地球上——而此时的地球同样在做绕日运行——从不同角度来观察这个运动的结果。

仔细审视图 103，我们就能明白奥尔特关于银河系中恒星做圆周运动的提法。在图片的下部，我们可以看到银河系中心（暗云一类的物质）周围有大量的恒星穿过整个区域。这三个圆圈代表的是恒星绕中心形成的不同距离的轨道，中间的圆圈则是太阳运行轨迹。

现在，让我们来看一下八颗恒星（以散射的光线标出，以区别于其他恒星），其中有两颗沿着太阳运行的轨道做圆周运动，但有一颗稍微在前一点，另一颗则稍微滞后，相应地，后面一颗的运行轨道也相对较大，如图 103 所示。需要留意的是，由于万有引力的作用（见第五章），外圈恒星的运行速度要比太阳的运行速度小，而内圈恒星速度则比太阳运行速度大（图中分别用不同长度的箭头标示出来了）。

那么，从太阳或是从地球上看，这八颗恒星的运动情况又是怎样的呢？我们这里说的是沿着观察者视线方向运动的恒星，而通过所谓的多普勒效应[①]，我们可以最便捷地观测到这一运动。首先，很明显的是，与太阳同轨且同速的

① 参见本章第三部分多普勒效应的相关论述。——作者注

两颗恒星（标记为 D 和 E）是静止不动的。而另外两颗恒星（B 和 G）显然也是如此，因为它们与太阳运动的方向平行，所以沿视线看去并没有观测到任何的速度分量。

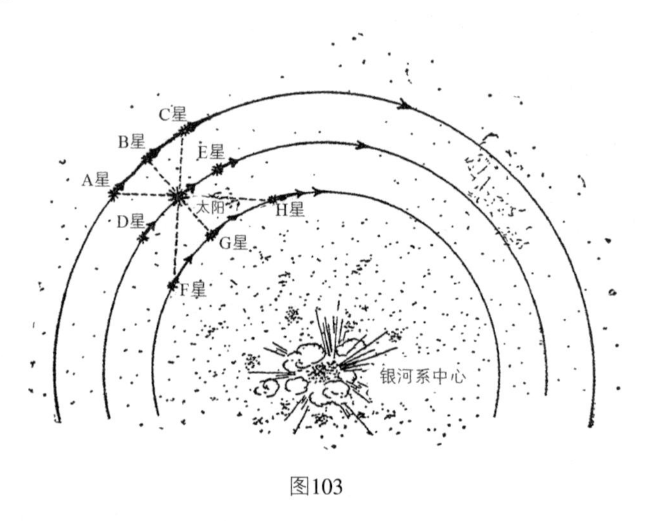

图103

那么，外圆上的恒星 A 和 C 呢？因为它们运行的速度都比太阳慢，故而我们可以说，从图中可清晰看出，恒星 A 会慢慢落后，而恒星 C 则会被太阳追上。因此，到 A 星的距离将增加，到 C 星的距离却会减少，自两颗星射出的光则分别显示出红色多普勒效应和紫色多普勒效应。对于内圈中的恒星 F 和 H，情况刚好相反，即 F 会出现紫色多普勒效应，H 则表现出红色多普勒效应。

假设只有恒星的圆周运动才是造成上述现象的“罪魁祸首”，那么，该圆周运动的存在，不仅能使我们证明这个假设，还可帮我们估测恒星轨道的半径及恒星运行的速度。通过收集恒星在天空中运行的观测资料，奥尔特证明了他所预期的红色和紫色多普勒效应现象的确存在，进而更确证了银河系的旋转。

用类似的方式，也能够证明银河系的旋转还将影响恒星在垂直于观察者视线方向上的视觉速度。尽管要精确测量这个速度更为困难（因为即使是距离很远的恒星，其线性速度也只能产生极小的角位移），但奥尔特等人还是成功地观察到了这种影响。

现在只要能将恒星运动的奥尔特效应精确测量出来，我们就能求出恒星轨道的大小并确定其运行的周期。利用这种算法，我们求出了以射手座为中心的太阳的轨道半径为 30 000 光年，约等于整个银河系半径的三分之二。而太阳绕银河系中心运行完整一圈所需的时间大约是 2 亿年。当然，这段时间很长，但我们同样要记得，我们所处的这个恒星系大约有 50 亿年的历史了。且截至目前，我们的太阳及其行星家族已经完成了约 20 次完整的圆周运动。如果按照地球年的说法，太阳公转一周称为“太阳年”，那么我们可以说，我们的宇宙也不过 20 岁而已。而事实上，在恒星世界中，事情以十分缓慢的速度发生，故而，作为记录宇宙历史的一个时间单位，太阳年倒显得十分方便了。

3. 走向未知的极限

正如前面提到过的，我们的银河系并不是唯一一个孤零零地飘浮在宇宙这个广阔空间中的恒星社会。通过望远镜的观察，人们慢慢揭示出了宇宙中还存在着许多巨大的恒星群，且其与我们太阳所属的恒星群非常相似。其中，离我们最近的一个就是著名的仙女座，它甚至可直接用肉眼看到。在我们的眼中，它就是一个又小又暗但却相当细长的星云带。威尔逊山天文台的大型望远镜也曾拍摄到两个这样的天体图像。这两张图像显示的是两个物体：一个是后发星座的边缘，另一个则是从大熊星云顶部看下去的正面视图。我们还注意到，作为银河系特有的凸透镜状的一部分，这些星云具有典型的螺旋结构，因此被称为“螺旋星云”或“旋涡状星云”。不过，对于身处其中的我们来说，要从内部确证这一点确实非常困难。但事实上，我们的太阳很可能位于“银河系大星云”的其中一条螺旋臂末端上。

长久以来，天文学家们都没有意识到这类旋涡状星云是与银河系相类似的巨大恒星系，却一直把它们跟类猎户座的一般弥漫星云混淆了。直到后来才发现，这些雾状的旋涡形物体根本不是雾，而是由独立恒星组成的，但这只有在使用最高倍数的望远镜时才能观测清楚，我们会发现这些恒星可被看作一个个微小的点。但因为它们真的离我们太远了，以至于我们无法用视差测量求出它们的实际距离。

乍一看，我们似乎已经到达了天体距离测量的极限了。但其实并非如此！因为在科学中，当我们遇到无法克服的困难时，延误往往只是一时的，因为每时每刻都有事情在发生，而正是这些事允许我们走得更远。在这种情况下，哈佛大学天文学家哈洛·沙普利[①]在所谓的脉冲星或称造父变星[②]中发现了一种全新的"测量尺"。

天上的星星，数不胜数。虽然它们中的大多数只在天空中静静发光，但偶尔也有一些星星，其亮度会发生规律性的明暗变化，即从亮到暗，再由暗到亮。这些巨大的恒星体像心脏跳动一样有规律地跳动着，而它们的明暗也随着这种跳动发生周期性的变化[③]。一般而言，恒星越大，则它的脉动周期就越长，这跟钟摆长度越长，其摆动就会越慢一个道理。故而，很小的行星（只针对于恒星来说）在区区几小时内就能运行完一个周期，特别大的巨星则需要花上很多年才能完成一次脉冲。并且因为恒星越大其亮度越大，所以，实际上，恒星脉动的周期与恒星的平均亮度之间存在明显的相关性。而这种关系我们可经由观察造父变星来最终确立，因为造父变星离我们很近，故而观察起来也会比较方便，甚至于我们也可以直接测量它们距地球的实际距离及其本身的亮度。

如果现在突然有一颗超出视差测量极限的脉动恒星出现在我们的视野中，你所需要做的就是用望远镜观察它，并记录下它的脉动周期。而只要知道了周期，我们就能推出它的实际亮度，接着再把它与其视觉亮度相比对，立马就可以知道它距地球多远。沙普利正是通过此妙法成功地测量出了银河系内最远的

---

① Harlow Shapley，1885—1972，美国著名的天文学家，美国科学院院士，曾任哈佛大学天文台台长，美国天文学会会长。

② 所谓"星"，即"β-头孢"，人们首次在其上发现了"脉冲"现象。——作者注

③ 我们应该留心，不能将脉动恒星和所谓的日食变量混为一谈，因为实际上，它们所代表的系统涵括了两颗恒星绕着彼此运行并周期性相继出现日食现象。——作者注

距离，此外，此法在估测恒星系的大小的过程中也十分奏效。

而当沙普利使用同样的方法来测量藏在仙女座星云中的几颗脉动恒星到地球的距离时，他却被结果吓了一跳：结果显示，从地球到这些恒星的距离竟然高达 1 700 000 光年。当然，这其实也就是仙女座星云到地球的距离了。这样看来，这个距离竟比银河系恒星系的直径还要大上许多。而与我们整个银河系面积相比，仙女座星云也只是小一点而已。威尔逊山天文台观测到的大熊座的螺旋星云和后发座的螺旋星云这两个旋涡状星云离我们更远，而它们的直径则与仙女座的直径相当。

无疑，这一发现对早期的假设——旋涡状星云是位于银河系内相对较小的“小东西”——造成了致命的打击，此外，还进一步确立它们作为独立恒星星系与我们自己的银河系非常相似的认知。在大仙女座星云数十亿颗恒星中，如果其中一颗上有一个观察者，那么，在他看来，我们所处的银河系跟我们站在地球上看他所在的星系的形状一般无二。这在现今天文学家看来，都不会是什么荒谬之言了。

能对这些距我们十分遥远的恒星团体做进一步的研究，主要归功于著名的威尔逊山天文台的星系观测者爱德温·鲍威尔·哈勃博士[①]，正是他的发现，揭示了很多非常有趣且重要的事实。第一点事实是：通过功能强大的望远镜，哈勃观测到有很多，甚至比我们肉眼所能看到的还多的恒星，它们所在的星系形状都不是旋涡状，而呈现出很多其他形状（图 104）。比如，有球状星系，它们看起来就像边界扩散的规则圆盘；有伸展程度各不相同的椭圆星系。而这些旋涡本身还会因其“缠绕紧密度”的不同而呈现出不同的形状。此外，还有一些较为奇特的“螺旋涡状星系”存在。

---

① Edwin Powell Hubble，美国著名的天文学家。哈勃证实了银河系外其他星系的存在，并发现了大多数星系都存在红移现象，建立了哈勃定律，是宇宙膨胀的有力证据。哈勃是公认的星系天文学创始人和观测宇宙学的开拓者，并被天文学界尊称为“星系天文学之父”。

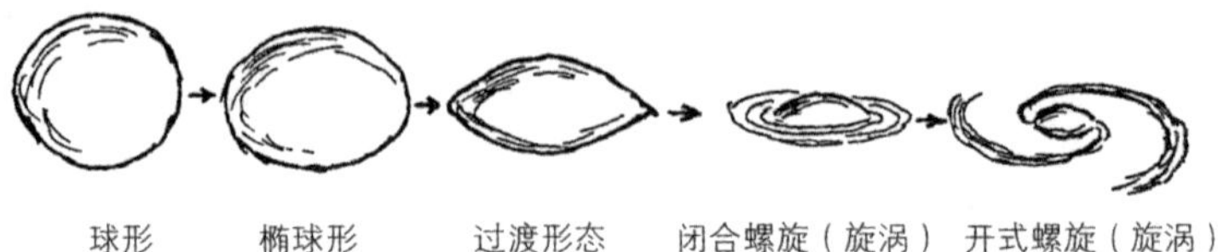

图104

我们虽然还没弄清楚银河系演化的全过程，但多少也了解到这似乎是一个逐渐收缩的过程。众所周知，如果一个气体球在缓慢旋转的过程中受到稳定的牵引，那么它的旋转速度就会增加，相应地，它的形状也会变为扁平的椭球状。而当收缩到某一阶段，即收缩到其半径与赤道半径的比值为 7/10 时，该旋转体就会呈现出凸透镜形状，并伴有一道沿赤道方向运行的棱线。接下来，进一步加大的牵引力使此凸透镜形状保持相对不变，但旋转的气体就会开始沿着棱线流入周围的空间，并最终在赤道平面上形成一层薄薄的气体面纱。

著名的英国物理学家和天文学家詹姆斯·金斯爵士[①]已从数学的角度论证了上述所有说法，他提出以上观点都适用于旋转着的球状气体。而与此同时，它们也可以用在我们所谓的星系这类巨大恒星云上，且不需对其做任何更改。事实上，这种数十亿颗恒星的聚会可被看作一团气体，而单个恒星则发挥了分子的作用。

将金斯爵士的理论计算跟哈勃对星系的经验对比来看，我们发现这些巨型恒星团正好符合该理论所描述的演化过程。尤其是，我们已发现最细长的椭圆星云，其相对应的半径比为 7/10（E7），而此时开始在赤道边缘出现了明显的棱边。在演化的后期阶段，螺旋臂得以形成，但它显然是由快速旋转喷射的物质形成的。不过，到目前为止，我们还不能给出完全令人满意的解释，告诉人们这些螺旋臂为什么形成、如何形成的，以及造成一般螺旋臂和棒状螺旋臂之间差别的原因为何。

① Sir James Jeans，瑞利 - 金斯公式的提出者。

关于银河系中恒星的结构、运动及各部分的组成的知识，我们还有很多东西需要学习，而且需要更进一步的研究。举例来说，几年前，在威尔逊山天文台有一位叫巴德（Walter Baade）的天文学家就曾观测到了一个有趣的现象：旋涡状星云的中心体（核部分）的恒星、球状星系和椭球星系同属一类恒星，但不知怎的，在螺旋臂内部却出现了新的成分，即不同类型的恒星种群。这种“螺旋臂”恒星群，又因存在非常炽热且明亮的恒星，即所谓的“蓝巨星”，而与中心区域的星群有所不同。但在中心区域以及球状星系和椭球星系中我们却又找不到这种恒星。而稍后我们将会看到（在本书的第十一章），这个蓝巨人——蓝巨星很可能代表了刚形成的恒星，因此，我们拍着胸脯说，螺旋臂就是新恒星种群的繁殖场所。我们可以假定说，从收缩的椭球星系隆起部位射出的大部分物质都是由原始气体形成的，那么这些原始气体在进入寒冷的星际空间之后，就会凝结成单独的大块物质，这些物质随后会因收缩而变得又热又亮。

在接下来的第十一章中，我们将再次追溯恒星诞生及其经历的问题。但现在我们需要略微思索一下星系在浩瀚宇宙中的大致分布情况。

首先，需要说明的一点是：以脉动恒星距离测算法为基础，我们虽然在测算银河系附近的多数星系时获得了极好的效果，但在深入太空内部时却遭受了失败，这是因为我们在这里需要测算的距离已经远到即使使用功能最为强大的望远镜也难以将各个星星分辨出来了。这时的星系看起来就像细长的星云。所以，除了靠肉眼隐约可辨的星系大小来略加判断外，我们已别无他法。因为事实证据已相当充分地证明了，单个的恒星跟成团的星系确实是不同的，恒星大小不一，而同类型的星系则大小相差无几。这就好比说，当所有人都高矮相同时，就再没有巨人或矮人之分了，而你也就可以通过观察一个人的外表尺寸来判断他离你是近还是远。

哈勃博士用这种方法，成功地估测了遥远的星系与地球之间的距离，并进一步证明了：在眼睛能看到的范围内，星系或多或少均匀地散布在空间中。之所以说“或多或少”，是因为在很多情况下，星系是成群地聚在一起，其数量有时候甚至高达数千个，这与星系中独立恒星聚集的方式一致。

显然，我们的银河系是星系中相对较小的一个成员，而在它下面又包括三个旋涡状星云（包括我们的银河系和仙女座星云）、六个椭球形星云和四个不规则星云（其中两个是麦哲伦星云）。

然而，除了这种星云间的偶尔聚会外，我们还可通过帕洛马山天文台[①]口径为200英寸的望远镜看到，在十亿光年的距离内相当均匀地分布着各星系。而相邻的两个星系之间的平均距离约为500万光年，即使如此，在宇宙的可见地平线上还包含有几十亿个独立的恒星世界呢！

如果沿用此前的比喻，即把帝国大厦比作细菌大小，地球比作豌豆大小，太阳比作南瓜大小，那么相应地，银河系就相当于位于木星轨道内的数十亿个南瓜聚合起来那么大，且单个的“南瓜团”星系之间彼此独立。但就是这样大小的南瓜星团，却能够分布在一个半径略小于其邻近恒星的球形空间内部。的确，要找到合适的尺度来表示宇宙间的各种距离实在是一件很难的事情。所以，即使在把地球缩成豌豆大小的情况下，已知的宇宙之大小也还是一个难以计数的天文数字！在图105中，我们试图向您解释清楚天文学家是怎样一步步对宇宙距离进行探索的，即从地球到月球间的地月距离，从地球到太阳以及其他恒星之间的距离，然后是远方的星系，最后延伸到神秘未知的世界边缘。

现在，是时候回答一下与宇宙大小相关的基本问题了。那么，我们是应该将宇宙看成无限延展的还是有限的？而最新的结论显示：当天文学家带着好奇探询的目光透过功能越来越强大的望远镜向外探寻时，最后总能发现新的和迄今未被探索过的空间区域，或者刚好相反，我们坚信宇宙原则上始终占据着一些虽然大得“离谱”但确然存在的区域呢？或者，理论上我们至少可以探索观测到最后一颗恒星？

当我们说宇宙大小有限时，我们的意思并不是：太空探索者将在几十亿光年远的某个地方遇到一堵空白的墙，而墙上面明明白白地贴着“禁止侵入”的标志。

① Palomar Observatory，位于美国加利福尼亚州圣地亚哥东北的帕洛马山的山顶。

实际上，早在本书的第三章中，我们就已经提过空间可以是有限而不必受边界限制的。因为它可以发生简单弯曲，甚至“自我闭合”起来。那么这时候，假设有一位太空探索者正不遗余力地驾驶着火箭沿直线方向行驶，但实际上火箭却在太空中拉出了一条短程线，而这位仁兄也将回到他最初的起点处。

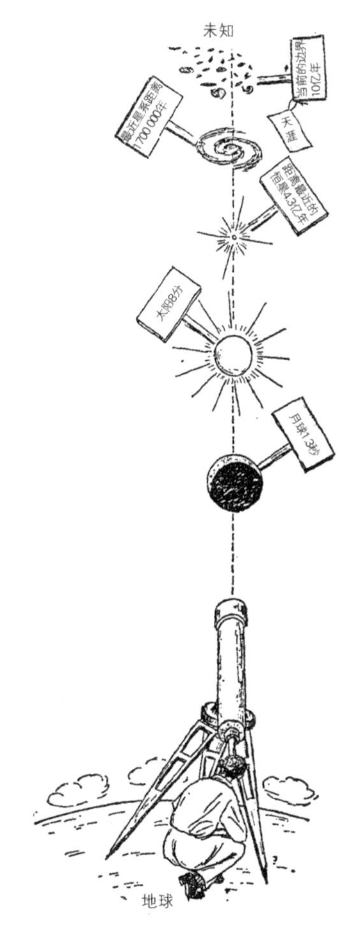

图105　宇宙探索的里程碑，此处的距离以光年表示

当然，这与一位古希腊探险家的经历十分相似。这位探险家从他的家乡雅典出发，一路向西旅行，经历了长途跋涉之后，他却愕然发现自己又回到了雅典的东大门。

正如要测算地球表面的曲率，不必行遍全球，而只需研究地球形状的某些部分的几何特征就可以测算得出。同理，望远镜观测范围内宇宙三维空间的曲率的问题也可经由此道得出答案。在第五章中我们已经了解到，需要分辨的曲率有两种，一种是正曲率，另一种是负曲率，其中正曲率对应的是有限体积的封闭空间，负曲率对应的是鞍形开放式无限空间（图 34）。这两类空间的区别在于，在封闭式空间中，于给定的观测距离内，均匀散射的物体数目增加的速率比距离的立方慢，但在开放式空间中却正好相反。

在我们的宇宙中，独立的星系扮演了“均匀散射的物体”的角色，所以要测算宇宙曲率，我们要做的就是去统计离我们地球不同距离上的独立星系之数目。

这样的计数实际上是由哈勃完成的，他通过观测发现，星系数量的增加速率似乎比距离的立方慢上一些，而这就表明空间具有正曲率和有限性。然而，需要注意的是，哈勃望远镜的观测效果不好，观测范围不大，只有当观察者距离 100 英寸口径的威尔逊望远镜很近的情况下，观测效果才能变得明显，即使是最近帕洛马山上口径为 200 英寸的反射器，其观测结果也没能为这个重大问题的解决带来更多希望的曙光。

致使宇宙有限性最终答案迟迟不能确定的另一个重要因素在于：遥远星系距离地球的距离必须完全依据于遥远星系的亮度（定律或平方反比）来下判断。这种方法假定所有星系的平均亮度都一样，但在单个星系的亮度随时间的变化而改变时，可能会造成错误的结果，这就表明了星系的亮度取决于其年龄。我们需要记住的是，用帕洛马山望远镜观测到的最遥远的星系距离我们（地球）有 10 亿光年，这就意味着我们是在 10 亿年前就能看到它们。但如果星系随年龄的增长而渐趋暗淡（可能是由于其中某个星系成员的消亡，致使活动星体的数量逐渐减少），那么哈勃的结论就有必要进行修正了。事实上，在这 10 亿年间，星系亮度的变化只占了很小的百分比（仅占其总年龄的 14% 上下），但也就是这小小的百分比，却将颠覆人们目前所秉持的宇宙有限之观点。

所以，实际上，在最终确定宇宙有限还是无限之前，我们还任重道远呢。

第十一章　初创之日

1. 星星的诞生

对我们这些生活在世界七大洲（也包括南极洲）上的人来说，“坚实的基地”这个词实际上就是“稳定”和“永久”一类理念的同义词。据我们所知，我们所熟悉的所有地表特征，包括陆地和海洋、山脉和河流，所有这些可能自古就有（意指自创世之初就已存在）。的确，当你翻看地质学历史时，你会发现地球的表面一直处在变化之中，即陆地的大部分被海水所淹没，而陆地与陆地合并的区域则可能浮出水面来。

我们还知道，古老的山脉会被雨水逐渐冲蚀成平地，新的山脊更会由于地壳运动而不时隆起而形成，但以上这些变化都只是地球固体地壳的变化而已。

不难看出，地球一定经历过一段根本没有这种固体地壳存在的时期。那时候的地球只是一个发光的熔岩石球体。事实上，对地球内部的研究表明，就算到了现在，我们的地球大部分仍处于熔融状态。就连我们随口提到的“固体基地”，实际上也只是一层漂浮在熔岩表面、相对较薄的薄片罢了。要想得出这个结论，最简单的方法就是去测量地表以下不同深度的温度。但要记住，地表下温度的变化规律是：每深入 1 千米，温度就上升 30 摄氏度（或每千英尺 16 华氏度），因此，如果选测的是世界上最深的矿井（南非的罗伯金矿井，位于南非的深海地区），那么测量者会发现，井壁已经热到必须安装相应的空调装置才能来防止矿工被活活烤死。

若按这样的增长率，则在地表下 50 公里处，即离地心距离不到 1% 处时，温度最终会达到岩石的熔点（1200℃至 1800℃）。而如果再往下深入，则地球质量超过 97% 的部分都将呈现完全熔融的状态。

很显然，这种情况无法永续存在。而我们现在看见的地球面貌，则是地球在某个阶段逐渐冷却下来的形态，而这个阶段则是从很久以前，当地球还处在完全熔化阶段时就开始了，并且会在遥远的将来完全凝固下来。我们对地壳的冷却速度以及生长速度的粗略估测表明，地球的冷却过程一定始于几十亿年前。

通过估算形成地壳岩石的年龄，我们可以得到同样的数据。尽管乍一看，岩石似乎都是固定不变的，且因此有了“磐石无转移”这类的表达，但实际上，许多岩石都带有一个自然钟，只要对它们进行研究，有经验的地质学家就能据此判断岩石自凝固以来所经过的时长。

这种暴露岩石年龄的地质钟就是微量的铀和钍。而在地表及地球内部的深度，常常能寻到这些铀和钍的影子。正如我们在第七章中所看到的那样，这些元素的原子进行自发的缓慢放射性衰变。而这衰变又会随着稳定性元素铅的形成而结束。

为了确定这类含放射性元素的岩石年庚几何，我们需要做的就是去测量出由于放射性衰变而累积了几个世纪的铅含量即可。

事实上，只要岩石处于熔融状态，那么，放射性衰变的产物就能经由扩散和对流不断流走。不过，一旦材料凝固成一块岩石，那么由放射性元素转变而成的铅就会开始累积，由它累积的量，我们就能准确地了解到这个累积过程到底持续了多久。这与散落在太平洋岛屿上椰子林中的空啤酒罐一样，敌军间谍只要数一数这些空罐子，就能判断出敌方战队在岛上驻守了多久。

最近，我们又多了另外一种选择，就是利用愈加精进的技术去精确测量铅同位素和其他不稳定同位素，如铷 87 和钾 40 一类衰变产物在岩石中的积累量，由此，我们估算出了现今已知的最古老的岩石年龄约为 45 亿岁。因此，我们得出以下结论：一定是大约 50 亿年前的熔融物质形成了如今的地球地壳。

因此，我们可以把50亿年前的地球想象成一个全是熔融物质的球体，其中充满了空气和水蒸气，或许可能还有其他极易挥发的物质，而外面萦绕的则是一层厚厚的大气层。

那么，这些宇宙的热物质是如何形成的呢？是什么样的力使得它形成的？又是谁为它的形成提供了物质基础？所有这些关于地球的起源以及太阳系中其他行星的起源的问题，一直以来都是科学宇宙学（所谓的宇宙起源理论）的基本探索方向，更是一直占据在天文学家脑海中的一个未解之谜。

1749年，法国著名的自然学家布丰[①]在自己的著作《自然史》第四十四卷中，首次尝试用科学的方法来回答这些问题。在布丰看来，太阳和来自星际空间深处的彗星碰撞产生了行星系统。他以丰富的想象力为读者描绘了一幅极生动的画面："致命彗星"拖着那条长而明亮的尾巴轻拂过我们那略显孤独的太阳表面，而从它那巨大的身体上擦下了一些小小的"水滴"，接着在撞击力的作用下，这些水滴旋转着进入太空（图106a）。

几十年后，著名的德国哲学家伊曼努尔·康德[②]就行星系统的起源提出了完全不同的另一个观点，他认为在没有其他任何天体参与的情况下，太阳自行创造并形成了现在的行星系统。在康德的想象中，早期的太阳是一个巨大且相对较冷的大气体团，它完全占据了整个行星系统，并绕着自己的轴心做缓慢的旋转运动。因其不断向周围的空间进行辐射，故而球体会稳步地冷却下来，并导致逐渐收缩，而相应地，其转速也在加快。最终，因这种旋转而加大的离心力必然导致原始太阳的气体状态逐渐变平变扁，而沿不断延伸的赤道面喷射出一系列的气体环（图106b）。普拉多（Plateau）曾通过一个经典实验证明了这种由质量旋转而形成环的情况。在实验中，他让一大滴油（并非像太阳情况

---

① 乔治·路易·勒克莱尔，即布丰伯爵（Georges Louis Leclere， Comte de Buffon，1707—1788），法国著名作家、自然学家、科学工作者。

② Immanuel Kant，1724—1804，启蒙运动时期最重要的思想家之一，德国古典哲学创始人。同时，他也是天文学家、星云说的创立者之一。

下的气体）悬浮在密度相当的另一些液体中，并在一些机械的辅助下进入快速旋转状态。当旋转速度超过了某一极限时，油滴周围就会形成油环。而此类光环在形成不久很快就会破裂，接着就会凝聚成各种行星，在不同的距离上做绕日运动。

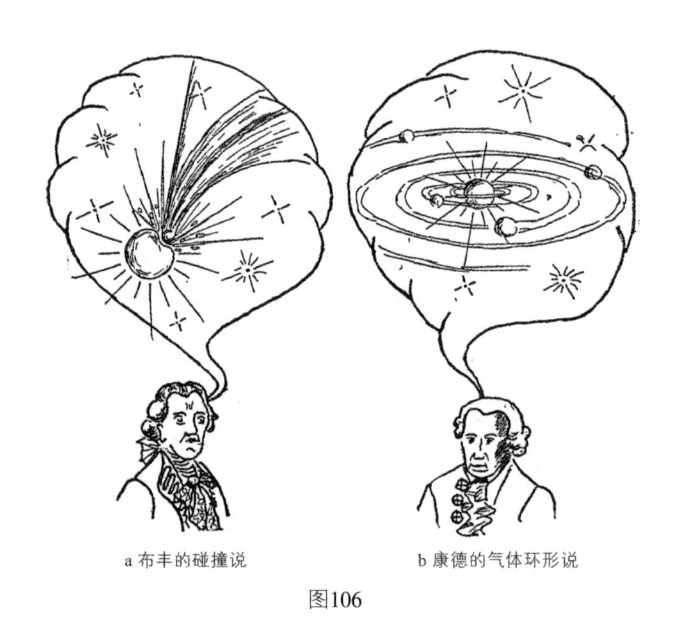

a 布丰的碰撞说　　b 康德的气体环形说

图106

后来，这些观点被法国著名数学家皮埃尔 - 西蒙·拉普拉斯侯爵[①]采纳并进一步发展。在1796年出版的《对世界系统的解释》一书中，拉普拉斯向人们阐释了以上观点。拉普拉斯虽说是一位伟大的数学家，但他在此书中却并未使用到任何数学工具，而只对太阳系的形成做了半通俗化的定性讨论。

六十年后，当麦克斯韦（詹姆斯·克拉克·麦克斯韦，James Clerk Maxwell，英国物理学家、数学家，经典电动力学的创始人，统计物理学的奠基人之一）首次以数学法尝试解释康德和拉普拉斯的宇宙论观点时，遇到了明显无法解释的矛盾之墙。事实上，数学计算表明，如果太阳系中各个行星上的

① Pierre-Simon marquis de Laplace，1749—1827，法国著名的天文学家和数学家，也是法国科学院院士。

物质均匀地散布到整个太阳系中，那么物质的密度就会变薄。这样的结果就是无法靠彼此间的万有引力而形成不同的行星。因此，太阳收缩过程中抛出的环将永远保持着环的状态，就像土星环一样。众所周知，土星外面这个环是由无数小粒子组成的，且一直绕着土星运转，但我们却看不出它们有“凝结”成一颗固体卫星的倾向。

摆脱这个困境的唯一办法就是：假设绕着太阳的原始包裹层含有的物质要比目前行星所具有的物质多很多（至少多了 100 倍），而其上的大部分物质又落回了太阳上，只有大概 1% 留下来组成行星体。

然而，这样的假设也造成了新的矛盾，且其严重性与前一个矛盾相当。这个新矛盾就是：若这些物质的旋转速度与行星运行的速度相当，那么这部分物质的确会落在太阳上，且它们定会使太阳的旋转速度上升到实际速度的 5000 倍。如果是这样的话，那么，太阳的运行速度就会变为每小时 7 圈，而不再是当前每四周一圈的速度。

看起来，这些考虑已经暗示了康德 - 拉普拉斯假说的无效，因此，天文学家们只好将关注点转向别处了。而在美国科学家 T. C. 钱伯林（T. C. Chamberlin）、F. R. 莫尔顿（F. R. Moulton）以及英国著名科学家贾爵士的共同努力下，布丰宇宙碰撞说重获新生。当然，随着时代的发展，他们也对布丰原本观点中的某些基本概念进行了修正、丰富和补充。布丰原认为彗星是与太阳相撞的天体，这样的观点就被他们抛弃了，因为当时的人们已经认识到，即使与月球的质量相比，彗星的质量也是微不足道的。而这一次，他们认为主动撞击的星体是另一颗恒星，且其与太阳的大小和质量皆相当。

不过，这个再生碰撞理论看起来虽然摆脱了康德 - 拉普拉斯假说的基本困境，但它同时也发现自己似乎还踩在泥泞的土地上——很难站得住脚。且当时的人们很难理解为什么另一颗恒星与太阳发生强烈撞击时，碰撞抛出的太阳碎片会沿着行星的圆形轨道运动，而非在空间中运行，并划出一条条细长的椭圆轨迹。

为了挽救这次失算，人们不得不再次假设，在形成行星的过程中，太阳被哪颗恒星撞击，那颗恒星周围就会包裹起一层均匀旋转的气体，而在这些气体的作用下，原来被拉长的行星轨道就会变成规则的圆。但因在行星运行的区域内，目前人们还从未找到过这种介质，故而人们只能再次假设，认为这种介质后来逐渐消散到星际空间中去了，而现在人们在黄道平面附近看到的微弱光晕就是这刚刚消失的光圈残留下来的“余韵”。由此形成的画面就是：康德 - 拉普拉斯假说和布丰碰撞假说混为一体，得到了一个整合的新理论，其中既包括太阳原始气体假设，又包含宇宙碰撞假说。不过，正如人们常说的，在遇到两种罪恶时，人总倾向于“两害相权取其轻”。所以，布丰的宇宙碰撞说就被接受为“正统的”行星系统起源学说了。一直到近段时间，这种曾被普遍接受的学说都还被用于所有的科学论文、教科书以及通俗作品（包括作者自己的两本书，即 1940 年出版的《太阳的生与死》和 1941 年首发、1959 年修订的《地球自传》）中。

直到 1943 年秋天，才有一位名为魏茨泽克[①]的年轻德国物理学家站出来，成功破解了行星起源理论这个矛盾症结。他当时的根据是最新的天体物理研究信息，在此基础上，他指出所有与康德 - 拉普拉斯假说相斥的说法都可轻易消除，且只要沿着这些路线向前，人们就可以构建行星起源的详细理论，而行星系统中很多从未被阐述过的重要观点也可以因此得到解释。

魏茨泽克的主要论点在于，在过去的二十年中，天体物理学家全都改变了他们对宇宙物质化学成分的看法。以前的人们基本上都认为太阳和其他恒星一样，都是由地球上存有的化学元素以相同的比例形成的。对地球化学成分的分析告诉我们，地球主体主要是由氧气（包括各种氧化物的形式）、硅、铁以及少量的其他重元素组成的。而轻气体，如氢气和氦气（当然还有很多其他所谓

① Carl Friedrich von Weizscker，德国物理学家、哲学家、天文学家。1937 年提出恒星能源的机理。1944 年提出太阳系起源的星云旋涡说。

的稀有气体，如氖气、氩气等）在地球上的存有量则是非常小的[①]。

由于当时的科学家们拿不出更好的证据，所以他们只能假定这些气体在太阳和其他恒星内也是极其稀少的。然而，通过对恒星结构更为详细的理论研究，丹麦天体物理学家斯特劳姆格林（B. Stromgren）得出了如下结论：以上的假设都是不正确的。事实上，我们太阳所含有的物质中，至少有35%是纯氢。后来，这个预估数字又增加到了50%以上。此外，他还发现太阳物质中还有相当大的一部分是纯氦。所以，不管是对太阳内部的理论研究（最近在史瓦西的作品中得到了最好的诠释），还是对其表面做的精细光谱分析，都使得天体物理学家做出了以下骇人结论：形成地球的主要化学元素，仅占太阳质量的1%左右，而其余部分则均匀地散布于氢和氦之间，但前者要稍微多一些。这种对太阳结构的分析显然也适用于其他恒星。

此外，我们还知道，星际空间并非真的空无一物，而是充满了气体和细微尘埃的混合物，这些混合物的平均密度约为每1 000 000立方英里1毫克。且这种弥漫的、极稀疏的材料显然具有与太阳及其他恒星相同的化学成分。

这种星际物质的密度尽管非常低，但它的存在还是很容易得到证明的。原因是，它会很明显地对来自遥远恒星上的光进行选择性吸收，而在进入我们的望远镜之前，光必须走过几十万光年的空间距离。同时，这些“星际吸收线”的强度和位置也为我们对这种扩散材料密度的估算提供了很好的条件，从而进一步判断出它的成分几乎全是氢和氦（很可能还有这种元素）。事实上，由各种地球物质的小颗粒（直径约为0.001毫米）组成的尘埃，其质量占所有物质总质量的比例不超过1%。

那么，现在再回到魏茨泽克理论的基本思想上来，我们就可以说，宇宙物质化学成分的新知识对康德-拉普拉斯假说是有利的。事实上，如果太阳外圈原本的气体包层是由这种物质形成的，那么，其中只有一小部分，也就是较重

---

① 在我们这个星球上，大部分氢元素与氧结合，形成水而存在。众所周知，尽管水覆盖了地球表面积的3/4，但其总的质量与地球的质量相比仍是非常小的。——作者注

的那部分地球元素，可以用来建造我们的地球以及其他行星。至于剩下的部分，也就是那些冷凝不了的氢气和氦气，则一定会以某种方式被隔开，要么飘向太阳，要么被分散到周围的星际空间里。正如前面解释过的，第一种可能性会导致太阳以很高的自转速度运行，所以我们不得不放弃它而选择另一种说法，即当行星从“陆地”化合物——地球元素凝固形成后，气态的“多余物质”就会被扩散到空间中。

这向我们描绘出了行星系统形成的以下图景：当我们的太阳由星际物质凝聚形成时，它的大部分物质，约为目前行星系总质量的一百倍，却仍然留在外部，并形成一个巨大的旋转包层（很明显，产生旋转的原因是向原始太阳汇集的星际气体，在各个部分的不同的选择状态下造成的）。这个快速旋转的包层的成分主要为：凝聚不起来的气体（像氢气、氦气和少量的其他气体）以及各种地球物质形成的尘埃颗粒（如氧化铁、硅化合物、水滴和冰晶）组成的。它们飘浮在气体内部，随着气体运动而旋转。而大块的“地球”物质的形成，即我们现在称之为行星的形成，则是由尘埃粒子之间的相互碰撞及逐渐聚合而成的。在图 107 中，我们展示了这种相互碰撞的结果，这种碰撞发生的速度与陨石的速度相当。

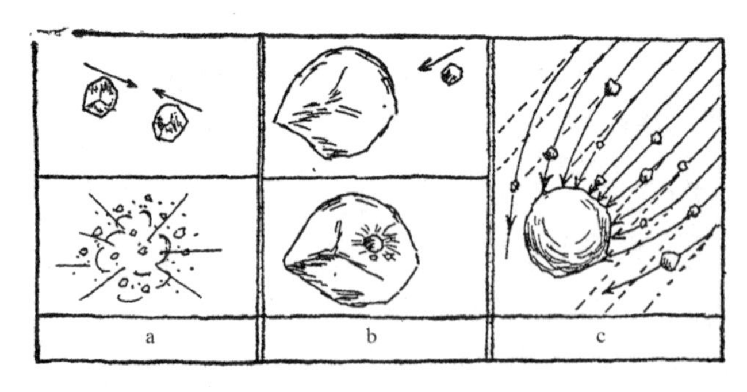

图107

若两个质量相等的粒子发生碰撞，则会导致双方都粉碎（图 107a），这一过程不仅不会导致物质增长，还会将原有较大团块破坏。相反，一旦小粒子与更大的粒子发生碰撞（图 107b），那么，很明显小粒子会将自己埋到大粒子的身体里去，从而形成更大一些的新物质。

显然，这两个过程会使较小颗粒逐渐消失，和它们的材料聚集成较大的物体。随着时间的流逝，越到后面，物体团块就会越大，相应地，也就越能吸引经过的较小颗粒，吸引来之后还能将它们并到它们自己的生长体中，这个过程也会以更加快的速度进行下去。图 107c 很好地阐明了大块物质的捕获效率增大的情形。

魏茨泽克已经证明了，现在的行星系统所占据的空间内，随处遍布着细微的尘埃，而这些尘埃能够在几亿年的时间内聚集成几团巨大的物质——行星。

行星名称	与太阳之间的距离（以日地距离为标准单位）	各行星与太阳的距离同前一行星与太阳的距离的比值
水星	0.387	
金星	0.723	1.86
地球	1.000	1.38
火星	1.524	1.52
小行星带	约 2.7	1.77
木星	5.203	1.92
土星	9.539	1.83
天王星	19.191	2.001
海王星	30.07	1.56
冥王星	39.52	1.31

在绕太阳运行的过程中，只要行星因持续吞并各种宇宙物质而发生体积上的膨胀，那么其表面一定会因为新材料的轰击而变得非常热。然而，随着恒星尘埃、卵石和较大岩石被消耗殆尽后，行星的进一步生长就没了下文，其表面也会因为向星际空间辐射热量而迅速冷却下来，最终形成了一层固体地壳。其基本趋势是：随着行星内部一点点冷却下来，地壳也会变得越来越厚。

另一个所有行星起源理论都想要解释的重大问题是：不同的行星与太阳之间的距离呈现出来的特殊规则［也称为提丢斯 - 波得规则（Titius-Bode law）］。我们来看下面这张列出了太阳系九个行星以及小行星带与太阳之间的距离的统计表格，这对应的显然是另外一种情形，即单独的碎片没能成功凝聚成大行星的情况。

卫星名称	距土星的距离（以土星半径为单位）	相邻的两颗卫星距离之比
土卫一	3.11	
土卫二	3.99	1.28
土卫三	4.94	1.24
土卫四	6.33	1.28
土卫五	8.84	1.39
土卫六	20.48	2.31
土卫七	24.82	1.21
土卫八	59.68	2.40
土卫九	216.8	3.63

表中最后一列的数字比较有趣。因为这些数值虽然有一定变化，但很明显都与 2 相差不大。由此，我们就可以得出一条较为模糊的规律：每个行星轨道的半径大概都是前一个行星（在太阳方向上最接近它的那颗行星）轨道半径的两倍。

值得注意的是，这样的规律对于单个的行星也是适用的。例如，在上面的表中，你可以看见土星的九颗卫星相对于土星的距离，而这些距离也从侧面证实了这条规律的可靠性。

在这里，我们又遇到与在太阳系中类似的情况，即土卫之间的距离出现了很大的偏差（尤其是土卫九），但我们仍然有理由相信，卫星星系中也存在同样的规则。

那么，我们要如何解释环绕太阳四周的这些细小尘埃在聚合过程中没有形成一个大行星的现象呢？还有，为什么会在距太阳一定距离的地方形成大行星？

为了回答好这个问题，我们需要对原始尘埃云中发生的运动进行比较透彻的解说。首先，我们要牢记的是，每一个物体，不管是微小的尘埃、陨石，还是绕太阳运行的大行星，都以太阳为中心，按照牛顿万有引力定律进行椭圆轨道运动。如果形成行星的物质之前直径为，比如说 0.0001 厘米的粒子①，那么，一开始一定有 10^{45} 个粒子沿各种不同大小和长度的椭圆轨道运行。很显然，在如此繁忙的交通中，粒子与粒子之间肯定会发生很多碰撞，而又因着这些碰撞，整个群组运动才会变得越来越井然有序。事实上，不难理解，“交通违规者”在这样的碰撞中要么粉身碎骨，要么就得“另辟蹊径”，去找寻那些不太拥挤的交通道。只是，“这样的组织”或至少是部分略有组织性的“交通”，所遵循的又是什么规则呢？

针对这个问题，让我们先选择一组粒子，需要它们绕太阳运行的周期都相同。其中有一些粒子会沿着相应半径的圆形轨道运动，而另一些则会在细长的椭圆轨道上运行（图 108a）。现在，让我们试着从围绕太阳中心旋转的坐标系（*X*，

① 这就是形成星际物质的尘埃粒子的平均大小。——作者注

Y）的角度来描述这些不同粒子的运动，值得一提的是，这些坐标系的运转周期与粒子的公转周期相同。

首先，从这个旋转坐标系的角度来看，沿圆形轨道运动的粒子 A，在某点 A' 上似乎处于完全静止状态。而沿着椭圆轨道绕太阳运动的粒子 B 则离太阳时近时远，离得近时角速度大，而离得远时角速度则小。因此，它有时会跑在匀速旋转的坐标系（X，Y）之前，有时则会落后。不难看出，从这个坐标系的角度来看，这个粒子以封闭的豆形轨迹运行，并在图 108 中以 B' 标记。在坐标系（X，Y）中，还有另一个粒子 C，此时正沿着较长椭圆轨道运动，且它的运行轨迹也是豆形的，标记为 C'，只不过要比 B 的大一些。

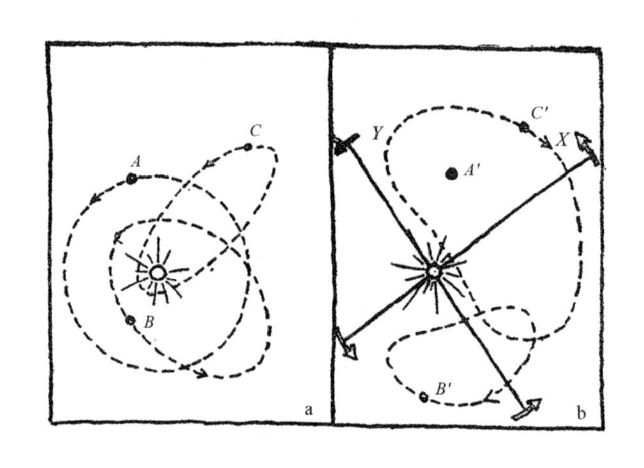

图108

a为在静止坐标上观察到的圆形及椭圆形运动

b为在旋转坐标上观察到的圆形及椭圆形运动

那么，现在就很清楚了，如果我们要安排整个粒子群的运动，使它们永远不会相互碰撞；如果我们想要手动安排这些粒子群，使它们在运动的过程中不发生碰撞的话，就必须让这些粒子按照匀速旋转的坐标系（X，Y）中描述的豆形轨迹运动。

要记住，具有相同旋转周期的粒子，在围绕太阳运行时，与太阳的平均距离相同。因此，在坐标系（X，Y）中，粒子运行轨迹没有交叉的模式看起来一定像一条围绕太阳的“豆项链”。

对读者来说，以上的分析可能有点难以理解，但实际上，它描述的却是一个相当简单的过程，目的是表述清楚跟太阳平均距离相等的单个粒子组，在无交叉的情况下运行，并因此具有了相同的旋转周期。但由于其是在原始太阳周围的尘埃云中运动，所以我们能预想到，这些粒子会在所有不同的平均距离上对应有不同的旋转周期，故而，实际情况会复杂得多。这样一来，上面提到的“豆项链”就不止一条了，而有很多条，并且，它们还是以不同的速度在旋转。通过细致的分析，魏茨泽克指出，为了使这种系统保持稳定，需要每条“豆项链”都必须包含有五个独立的涡流系统，以便整个运动路径看起来就像图109所示的那样。这样的安排可保证每个环路内的“交通”安安全全，但是，由于每条项链的旋转周期都不同，所以一定会发生不同项链两两相撞的“交通事故”。而在这些项链共同的边界地区，大量的相撞势必造成粒子的聚集，也正因为如此，在这些特定距离上就会形成越来越大的物体块。因此，随着每条项链内的物质逐渐变薄，且在各项链的边界区域物质会慢慢积累，最终，行星得以形成。

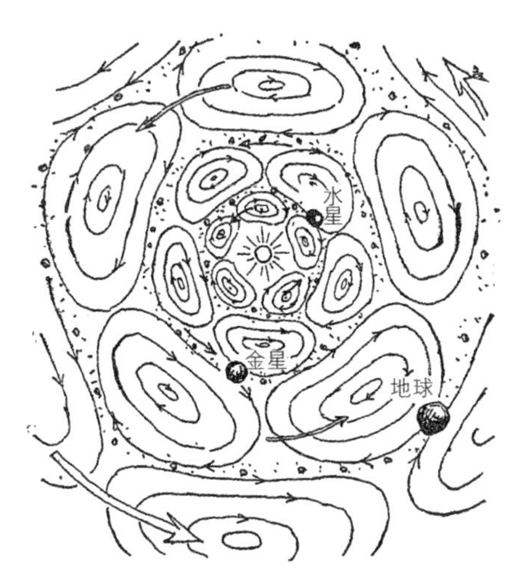

图109　原始太阳包层的尘埃交通道

上面所描述的行星系统形成的图给了我们一个简单的解释，以上这段文字向我们描绘了行星系统形成的全过程，其中也涉及了行星轨道半径规律的解释。但实际上，只要通过简单的几何推理，我们就能看到如图 109 所示图案，即各条相邻项链之间的连续边界线组成了一个简单的几何级数，且每个几何级数是前一个的两倍。此外，我们还能看出为什么这一规律不是非常精确的。原因是，事实上，它并非严格控制原尘埃云中粒子运动的结果，而是在原本不规则的尘埃运动过程中表现出来的某种趋势。

同样，这条规则对我们系统不同行星的卫星也是适用的。这一事实表明了：基本上，卫星的形成也是遵循着这一规律的。当太阳周围的原始尘埃云被分解成许多独立的粒子群，进而形成独立的行星时，在每个粒子群中，这个过程都会重复进行。亦即，各个粒子群中的大部分物质都会集中在中心处以形成行星体，而其余部分则围绕着它旋转，然后慢慢形成卫星群。

在对尘埃粒子相互碰撞和聚集的讨论过程中，我们需要始终铭记的是：原始太阳包层的气体部分到底发生了什么，其中 99% 的物质到底去了哪里？相对而言，这个问题是很容易回答的。

因为当尘埃颗粒发生碰撞而积聚形成越来越大的物质团时，那些无法参与这一过程的气体会逐渐消散到星际空间中去。只需通过简单计算即可得知，这种气体的消散需要花费大约 1 亿年的时间，而这个时间与行星聚合而成的时间相差无几。因此，当行星最终得以生成时，原始太阳包层中的大部分氢和氦基本已经消散到太阳系外面去了，留下的是极微小的一部分，也就是我们所说的黄道光。

魏茨泽克理论的一个重要结论就是：行星系统的形成并非偶然事件，而是一个必然事件，且是所有恒星的形成过程中必然发生的事件。而这一说法却刚好与碰撞理论形成了鲜明对比，即碰撞理论认为行星的形成过程在宇宙史中是极其特殊而罕见的。事实上，计算表明，在银河系的 400 亿颗恒星中，在数十亿年的时间里，本该形成行星系统的恒星碰撞事件是极其罕见的，其概率已经小到可以忽略不计的地步了。

若就像现在，每颗恒星都有自己的行星系统的话，那么光是银河系内部，必然有数百万颗行星在运转，且它们的物理条件基本上与地球一致。但如果在这些“可居住”的世界中，还寻不到发展到最高形态的生命，那就真的是怪事一件了。

事实上，正如我们在第九章中看到的那样，最简单的生命形式，像是各种类型的病毒，实际上都只是结构复杂的分子，且主要由碳、氢、氧、氮等原子组成。而这些元素不论以什么样的形式都大量地存在于行星的表面，故我们有理由相信，地球的固体地壳一旦形成，大气中的水蒸气也沉淀下来汇聚到储水层中后，迟早会有一些这样的分子在偶然的时机由必要的原子按照必要的组合规律形成。不过，可以肯定的是，由于活性分子复杂性的存在，使得它们意外形成的概率非常低，这个概率甚至已经低到了跟我们想晃动手中的七巧板就一定要得到某个想要的拼图的概率一样。当然，我们也不能忘记，无数原子在不断相撞，相撞的时间又很长，故预期的结果总会出现的。从地球的历史来看，地壳形成后不久就出现了生命，这一事实表明，尽管看起来很不可思议，但的确，在几亿年的时间里要靠偶然性形成一个复杂的有机分子是十分有可能的。一旦新行星的表面出现了最简单的生命形式，随着其有机繁殖过程及逐渐演化的发展，越来越复杂的生物形式也得以形成[①]。

只是我们目前还不清楚，在每一个可居住的行星上，其上生命的进化是否跟地球上一样。因此，对这些“世界”的生命的研究，将有助于我们对进化过程的理解。

虽然在不久的将来，我们有可能搭载“核动力推进太空船”到火星和金星（目前已知的太阳系中条件最好的“可居住”星球）上进行探索，并进一步研究这些行星上是否有生命存在，以及生命存在的形式，但实际上，对于几百甚

---

① 关于地球上生命的起源和演化的详细论述，可参见作者另一本书《地球自传》。——作者注

至几千光年外的空间中是否存有生命以及那儿存有的生命形式，却近乎是一个永远没有答案的问题。

2. 恒星的个体生活

对于单个恒星如何形成自己的行星家族，我们或多或少都有了一些了解，那么，现在是时候问自己一些有关恒星的问题了。

你有没有想过一颗恒星的生命历程是怎样的？它从诞生之日起，往后一点一滴地成长变化，最后的结局又是如何的呢？

我们需要先从太阳着手来研究这个问题，通过观测，我们知道太阳是银河系数十亿恒星中相当典型的一颗恒星。首先，我们的太阳是一颗十分古老的恒星，这意味着它的寿命已经非常长了。因为据古生物学的数据显示，到目前为止，它已经以恒定不变的强度照耀了万物几十亿年的时间了，正是由于它的存在，地球上的生命才能始终欣欣向荣。而在人类已知的所有能源中，没有哪一种普通能源可以在这么长久的时间里持续供应这样源源不绝的能量，所以，太阳辐射问题一直是最困扰人类的科学难题之一。这样的迷思一直持续到我们发现了元素的放射性嬗变特性以及人工嬗变特性，这一重大发现揭示了原子核深处隐藏着能量。早在第七章中我们就已经知道，实际上每一种化学元素都代表了一种能够输出潜在的巨大能量的燃料，而只要将这些元素加热到几百万摄氏度的高温，其中蕴含的能量就可以被释放出来。

这样的高温在地球实验室中几乎是无法达到的，但在恒星世界中却是相当普遍的。例如，对于太阳来说，它的表面温度只有 6000℃，但越向内深入，其温度也就越高，直至太阳中心部位时，温度竟高达 2×10^7℃。数值虽然很大，但要计算出来却并不难，只需要根据观测到的太阳表面温度再结合已知的太阳气体的导热特性，就可以不费吹灰之力地计算出来了。同样，如果我们知道一个滚烫的土豆表面有多热，还知道一般土豆的导热系数，那么，我们不用切开它就能计算出内部的温度了。

现在，将太阳中心温度与各种核转化反应速率的信息结合起来考虑，我们就知道太阳内部释放的能量是哪些反应造成的了。这个过程就叫作“碳循环”，是由两位对天体物理学问题感兴趣的核物理学家贝蒂（Hans Albrecht，生于法国的美国物理学家，曾获 1967 诺贝尔物理学奖）和魏茨泽克同时发现的。

太阳能量释放的过程主要是由一系列的热核转变共同构成的，而并非其中哪一个反应链的功劳。这一系列反应链中最有趣的地方就是，这是一个封闭的循环链，即在反应进行了 6 步之后，又会回到起点处。图 110 很好地诠释了太阳能反应链的工作机理，从图中我们可以看到，这个反应链中的主要参与者是碳核和氮核，另外还包括与它们碰撞的热质子。

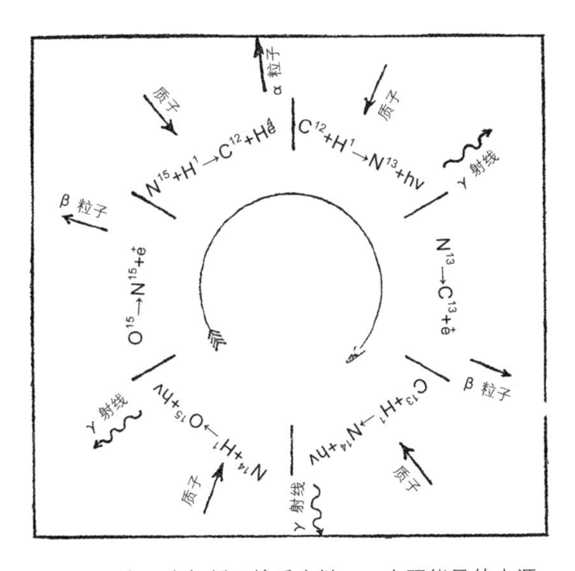

图110　太阳内部循环核反应链——太阳能量的来源

例如，从普通碳（C^{12}）开始，我们可以看到的是其与质子碰撞的结果，即形成了氮的较轻同位素（N^{13}），并以 γ 射线形式释放出一些亚原子能。关于这一特殊的反应，核物理学家都心知肚明，且已使用人工加速的高能质子在实验室中复现了此反应过程。只是 N^{13} 的原子核并不稳定，所以它需要射出电子或是所谓的 β^{+} 粒子来进行自我调节，释放电子的结果就是它会变成内核比较稳定的重碳同位素（C^{13}），我们知道，煤中就少量含有此元素。如果这个碳同位素再受到另一个热质子的撞击，那么它就会在强烈的 γ 辐射中转化成普通的氮（N^{14}）。现在，如果 N^{14} 核（从 N^{14} 开始，我们同样可以很便利地来描述这个反应链）与另一个（第三个）热质子发生碰撞，那么它产生的就会是不稳定的氧同位素（O^{15}），接着，它会非常迅速地放射出一个正电子，并最终变为稳定的 N^{15}（氮 15）。最后，当 N^{15} 的内部接收到第四个质子时，它就会分裂为两个不相等的部分，其中一个是我们开始时使用的 C^{12}（碳 12）核，另一个则是氦核，或称 α 粒子。

所以我们看到，环形反应链中，碳原子核和氮原子核是处在不断的重生之中的，而借用化学家的话来说，它们却只是充当催化剂的角色。该反应链的结果就是，一个个连续进入该循环的四个丙酮质子最终会形成一个氦原子核。因此，我们可以将整个过程描述为："在高温的诱导下，经由催化作用而将氢转化成氦的过程。"

贝蒂则成功地证明了，在 2000 万摄氏度时，这个反应链释放出的能量刚好与太阳辐射的实际能量一致。而所有其他可能的反应，会导致计算结果与天体物理的观测结果不一致。因此，可以不很明确地说，太阳能是碳 – 氮循环的结果。此外，还应注意，在太阳内部的高温条件下，完成一个图 110 所示的周期大约需要 500 万年，所以每当这个周期结束时，最初进入反应的每个碳（或氮）核又会以其最初进入时的姿态出现。

因为碳在此过程中扮演的是最基本的角色，所以，以前人们都认为太阳的热量来自煤炭。现在，当我们充分了解了这个反应过程之后，我们仍然可以毫不犹豫地说出这句话，只是我们这里的"煤"指的却不是真正的燃料煤，它所扮演的角色就跟神话传说中不死凤凰的角色一般无二。

特别需要注意的是，太阳产生能量和释放能量的速率主要取决于其中心区域的温度及密度。与此同时，还在一定程度上依赖于太阳内（形成溶胶的材料）的氢、碳和氮的含量。这样一来，我们就可以马上找出一种方法，也就是去调节不同浓度的反应物，使其光的亮度跟太阳相符，然后再进一步分析得出太阳气体的组成。这种计算方法是由史瓦西（M. Schwartzschild）新近提出的。正是采用此法，史瓦西发现：太阳有一半物质是由纯氢组成的，但另一半却不全然是由纯氦组成的，因为其中还掺杂有一小部分的其他元素。

太阳中能量产生的解释可以容易地扩展到大多数其他恒星，结论是具有不同质量的恒星具有不同的中心温度，因此具有不同的能量产生速率。对太阳能量产生的解释，就可以很容易推广到其他多数恒星身上去（意为也是适用的）。那么一个言简意赅的结论就是：恒星的质量不同，则其中心温度也不同，而释放能量的速率也不同，所以，三者是呈正相关关系。因此，被人们称为波江座的恒星，其质量为太阳的1/5，相应地，光度就是太阳的1%。另外，人们口中常说的天狼星，它比太阳重2.5倍还多，亮度是太阳的40倍。还有像天鹅座这样的巨大恒星，其质量要比太阳重上40倍，亮度则高达几十万倍。上面所有的例子，都暗含一条规律：恒星的质量越大，亮度就越强。这个规律可由“在较高的中心温度下，‘碳循环’反应的速率就会增加”这样的说辞给出令人满意的解释。在恒星的这个所谓的“主序列恒星”中，我们还发现，质量增加会导致恒星半径增加（从半径为太阳半径43%的波江星增加到了天鹅座Y380之半径为太阳的29倍），而平均密度则会降低（从波江星的2.5到太阳的1.4，再到天鹅座Y380的0.002）。在图111中，我们收集了一些关于主序列恒星的数据。

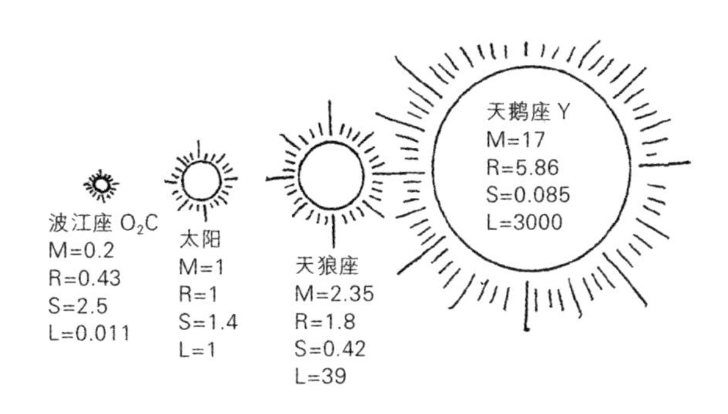

图111

除了半径、密度和光度由质量决定的“正常”恒星外，天文学家在天空中还发现了一些恒星类型，这些恒星类型完全脱离了这种简单的规律。一般而言，“正常”恒星指的是半径、密度以及光度都由其质量决定的恒星。

首先，我们要说的是所谓的“红巨星”和“超巨星”，虽然它们的质量和光度与“正常”恒星一样，但其体积却要大上许多。在图112中，我们给出了这组非“正常”恒星的相关示意图，其中包含御夫座 α、飞马座 β、金牛座 α、猎户座 α、武仙座 α 和御夫座 ε，以及其他著名的星座。

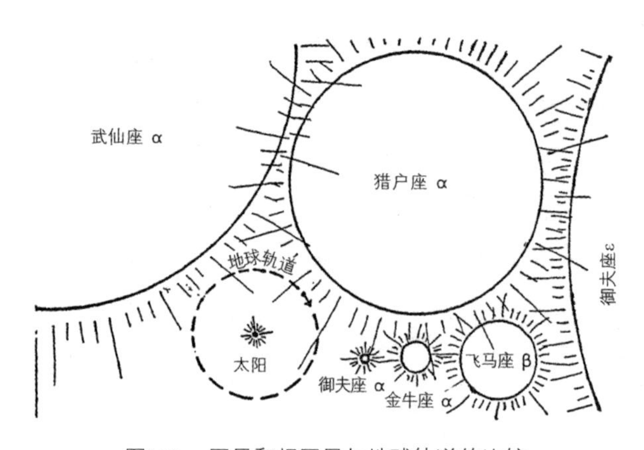

图112　巨星和超巨星与地球轨道的比较

显然，正是由于我们尚不了解这些恒星的内部作用力，它们才会被“鼓吹”到了令人难以置信的超大尺寸，也致使这些恒星的平均密度远远低于其他一般恒星的密度。

我们有另一组恒星可与这些“肿胀的”恒星形成对比，它们是一类直径能缩到很小的恒星。图113展示的就是一个这样的恒星，人称“白矮星”[①]，在

① “红巨星”和“白矮星”这两个术语是源于它们的光度与其表面的关系。由于稀疏恒星（比重很小的恒星）用来释放其内部能量的表面非常大，所以其表面温度相对较低，它们就会呈现出红色。而密度高的恒星则刚好相反，即它们的表面温度极高，甚至高到白热化态。——作者注

它的旁边，是我们的地球，专门画在此处用以对比。作为“天狼星的伴侣星”，这类白矮星直径虽比地球大三倍，但其质量就能与太阳比肩。而它的平均密度则是水的 50 万倍还多！毫无疑问，白矮星代表的正是恒星演化到晚期阶段的状态，而这种状态正是恒星消耗了所有可用氢燃料后形成的。

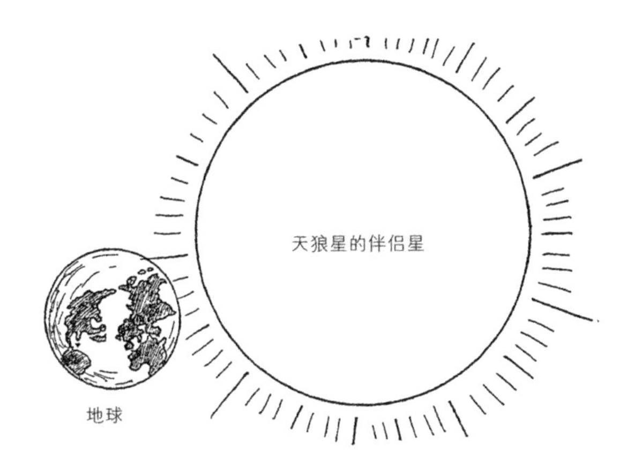

图113　白矮星与地球的对比

综上所述，恒星的生命源于氢慢慢转化为氦的过程。那么，当恒星还很年轻，且星际物质刚刚凝聚成形之际，氢的含量超过了此恒星整体质量的 50%。由此，我们可以预料到此恒星还有非常长的寿命。举例来说，根据人们观测到的太阳光度计算，则它每秒要消耗大约 6.6 亿吨的氢。而太阳的整体质量为 2×10^{27} 吨，且其中一半是氢，那么，相应地，太阳的寿命就应该是 15×10^{18} 秒，或者说大概 500 亿年！而我们知道，我们的太阳现在才有三四十亿岁。故而，我们看到它就会觉得它很年轻，实际上，它在未来数十亿年中还将以不输于现在强度的光继续“发光发热”。

同样，我们也知道，恒星的质量越大，其亮度也就越大，这是一个正相关关系，而相应地，它消耗氢的速率也会越快。那么，以天狼星为例，它比太阳要重 2.3 倍，也就是说，它含有的氢燃料要比太阳多 2.3 倍。但它的光度却比太阳强 39 倍。在一段特定的时间内，天狼星消耗的燃料就将比太阳多 39 倍，但实际上，它原有的供应量却只有太阳的2.3倍。如此一来，只需30亿年的时间，天狼星就会将自己的燃料消耗殆尽。而在亮度更大的恒星中，比如说天鹅座Y380，它的质量是太阳的17倍，亮度更是高达30 000倍，它原有的氢燃料会在10亿年内消耗殆尽。

那么，当恒星的氢燃料消耗殆尽时会发生什么呢？

实际上，当长期维系恒星寿命的核能源消耗完之后，恒星的身体就会开始缩小，而密度却会越变越大。

通过天文观测，我们发现了大量的这类“收缩星”，它们的平均密度比水的密度要大上几十万倍。但即使如此，它们还是热得不行，由于表面温度一直居高不下，所以就算燃料已然消耗殆尽，它们还是会发出闪耀的白光，而这白光却与主要序列恒星中发出黄光或红光的恒星形成了鲜明对比。但也由于这些恒星的小体积，使得它们能发出的总亮度相当低，只是太阳的几千分之一。由此，天文学家就把这些演化到后期的恒星称为“白矮星”，其中的“矮”字既指它体积上的大小，也暗指其光度上的大小。渐渐地，随着时间的流逝，白矮星会慢慢失去自己往日的光辉，并最终变成“黑矮星”——这是普通天文工具无法观测到的，它们是由大量的冷物质组成的一类天体。

然而，这里需要注意的是，这些年老的恒星在耗尽自己所有的氢燃料之后，会渐渐收缩并逐渐冷却下来，但实际上，这些过程并不总是安静有序的。而且，这些“行将就木”的恒星经常会发生巨大的震动，就好像是在进行最后的命运反抗一样。

所谓的新星爆发灾难性事件以及超新星爆发灾难性事件，一直都是天体研究中最令人兴奋的话题之一。因为，只在区区几天的时间里，一颗恒星的亮度就能增加到原来的几十万倍，且其表面会变得非常热，但如果你返回去看，这颗恒星原先的时候似乎跟其他恒星没有任何区别。通过对其光谱的研究表明，恒星的身体正在迅速膨胀，而它的外层甚至会以每秒高达2000公里的速度膨胀。当然，亮度的增强只是一瞬间的事，而在增强到最大值后，它就会开始缓慢地安定下来。恒星在经历过爆炸后的一年才能恢复到原来的亮度，不过，在相当长的一段时间内，恒星的辐射强度还是会有微小变化的。而恒星的亮度虽然再次变得正常，其他方面的特质却还是没有得到恢复。在爆炸阶段，恒星大气中的一部分会参与这次迅速膨胀，还会继续向外运动。因此，恒星的外围会被直径不断变大的发光气体壳所包围。但目前，我们所掌握的恒星本身永久变化的证据还不完全，而只获得了其中一颗恒星爆炸前拍摄的光谱（御夫新星，1918 年），但即使如此，这张照片看起来也不算完美，且对这恒星的表面温度和新星原来的半径都是不能确定的。因此，要下最后的结论，还不到时候。

对所谓的超新星爆炸进行观测，我们可以收集到一些关于恒星体内爆炸结果的好证据。这些恒星的大爆发，在我们的恒星系中几百年才发生一次（这是与一般的新星相对比而言的，它以每年大约 40 次的爆发频次出现），爆发时，它们的亮度比一般新星要亮上几千倍。而当其亮度到达最大极限值时，这类恒星爆炸发出的光与整个恒星系统发出的光相当。第谷于 1572 年观测到了这颗恒星，甚至是在光线明亮的白天，肉眼也可以看见，而最早记录在册的却是中国的天文学家于 1054 年的壮举，很可能连伯利恒星也算在内，以上这些，都是我们银河系中这种超新星的典型例子。

1885 年，在大仙女座星云附近发现了第一颗银河外超新星，而它的亮度超过这个系统中所有其他新星的亮度的 1000 倍。尽管这类大爆炸比较罕见，但是由于巴德和兹维基的观测，近年来对它们性质的研究已经取得了相当大的进展，同时这两位天文学家首先认识到这两种类型的爆炸之间的巨大差别，并对各个遥远星系中的超新星做了系统的研究。

尽管与普通的新星相比，超新星爆炸瞬间发出的光亮要强上许多，但它们也有很多相似的地方：显示它们亮度先快速增大，随后慢慢减弱趋势的曲线形状就是相同的（当然衡量的刻度是不同的）。此外，跟普通新星一样，超新星爆发时也会产生一个快速膨胀起来的气体壳，只是这个气体壳占据了恒星的大部分质量。但事实上，由新星爆炸产生的气体壳虽然会变得越来越薄，且会迅速分散到周围空间中，但由超新星发射的气体团却会爆炸，波及的地方形成亮度极高、十分耀眼的星云。举例而言，1054 年在超新星爆炸的位置上，人们观测到一个所谓的“蟹状星云”，这个星云肯定是由这颗超新星爆炸期间释放的气体形成的。

而在对这颗超新星进一步研究的过程中，我们还发现了它爆炸后的残骸。事实上，对此蟹状星云中心的观测表明，存在一颗光线昏暗的暗星，在此基础上我们可以进一步定论，即它一定是一颗密度非常高的白矮星。

所有这些都表明，超新星爆发与普通新星爆发的物理过程十分相似，尽管超新星的爆炸的规模要大很多。

不过，在认可新星和超新星的“坍塌理论”前，我们需要再问自己一个问题：到底是什么导致了整颗恒星收缩得如此之快呢？目前，众人皆知的一种解释就是：恒星是由大量炽热的气体组成的，那么，在平衡状态下，这个恒星（这里指太阳）完全是靠其内部炽热物质的极高压力在支撑着。且只要上述“碳循环”在恒星中心顺畅进行，那么从恒星表面辐射出的能量就可以从其内部产生的亚原子能处得到补充。所以，在这样的情况下，恒星的状态不会发生太大变化。但是，只要氢含量消耗殆尽了，就不再有亚原子能可用，这也就意味着恒星必然收缩变小，而它原有的重力势能即会转化为辐射能。然而，因为恒星材料的高度不透明性导致了其内部热能传输到表面的速率会变得非常缓慢，所以，相应地，这种重力收缩的过程也会变得十分缓慢。那么现在，我们以太阳为例，通过计算，我们可以看到太阳需要1000万年以上的时间才可以将其直径缩到现在的一半。而任何可以使得这一收缩过程加快的尝试，也都会致使更多重力势能得到释放，进而使得内部温度增加，气体压力也增加，如此，收缩的速度也会变慢。综上所述，如果想要新星或者超新星这类的恒星加速收缩而迅速坍塌，那么唯一的办法就是将内部释放的能量移除掉。也就是说，如果恒星内部物质的不透明度能减少几十亿倍而致使其传导率瞬间增强几十亿倍，同时收缩也会加快相同的倍数，这样只需几天的时间，一颗恒星就会完全收缩坍塌掉。但即使是这样的可能性，也完全被排除在外了，因为目前的辐射理论实实在在地表明了：恒星物质的不透明度（其物质的传导率）是其密度和温度的绝对函数，哪怕只是想将其降低十分之一或百分之一也是不可能的（因为这个绝对函数是不可更改的）。

我和同事申贝格（Schenberg）博士最近提出另外一种想法，即恒星坍塌的真正原因在于中微子的大量形成。实际上，早在第七章中，我们就已经对这类微小的核粒子进行过探讨了。但是得出的结论是：恒星之于中微子正如窗户玻璃之于光一样，都是透明的。也正因为如此，它就成了最适合参与移除收缩恒星内部多余能量的媒介。但收缩恒星灼热的内部是否会产生中微子，以及产生的中微子量是否足够多，则有待观察。

那么，什么样的情况下会有中微子的发射呢？答案是各种原子的原子核在捕捉快速运动的电子时，都会射出中微子。当一个高速运转的电子进入原子核内时，马上就会发射出一个高能中微子；而当原子核获得电子后，原来的原子核就会转变成具有相同原子质量的不稳定原子核。又因为不稳定性，这个新形成的原子核只能在一定的时间内存在，过后就会衰变，并接着各释放出一个电子和一个中微子。然后，这个过程会重获新生——从头来过，这样的结果就是产生一个又一个的中微子……（图 114）

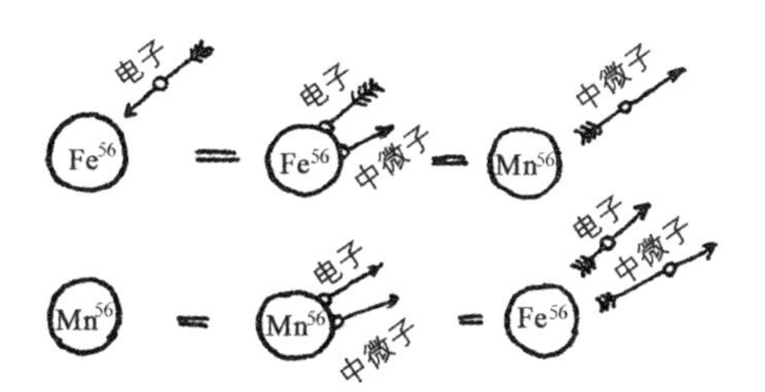

图114　铁原子核中发生的尤卡过程（Urca Process）可致使中微子无限生成

在温度和密度都足够高的情况下，处在收缩阶段的恒星，其内部会因中微子的发射而耗能颇高。以铁原子核为例，它在捕获电子以及发射电子的过程中会转换为中微子能量，这个速率高达每克每秒 10^{11} 尔格。但如果是换成成分为氧（它产生的不稳定物是放射性氮，而其衰变周期为 9 秒）的恒星，则它每克物质耗能的速率可高达每克每秒 10^{17} 尔格。在后一种情况中，能耗十分之高，以至于只需 25 分钟，恒星就会全然地收缩坍塌下去。

由此可见，如果我们用“收缩恒星的炽热中心区域是中微子辐射的发源地”来解释恒星坍缩的原因，那完全是说得通的。

但必须指出的是，中微子发射过程中损失的能量虽然很好计算出来，但要想对崩塌过程本身进行研究，却还存在诸多数学方面的困难，所以，截至目前，我们还只能给出定性的解释。

可以想象，由于恒星内部气体压力的不足，形成其巨大外体的质量开始下降到在重力驱动下的中心。那么，也许我们可以这样想象一下：由于恒星内部的气体压力不足，环绕中心的物质就会在重力作用的驱使下，开始纷纷落向恒星的中心。然而，并不是每颗恒星都处在相同转速上，而通常是以不同的速度运行，这样就意味着，其坍缩的过程并不是均衡进行的，而是极地物质（位于旋转轴附近的那些物质）会先落向其内部，这样就会把赤道区的物质向外挤出来（图 115）。

图115　超新星爆发早期及末期的场景

如此一来，之前隐藏在恒星内部的物质就会全跑出来，还会被加热至几十亿摄氏度的超级高温，正是这么骇人的高温，才令恒星亮度骤然增加至峰值。而随着这个过程的进行，坍缩物质在原有恒星内部凝聚成一个密度极高的白矮星，但被挤出来的物质却先逐渐冷却，接着再继续膨胀开来，最终形成我们在蟹状星云中观察到的那种星云。

3. 原始混沌与宇宙膨胀

若把宇宙看作一个整体，那我们就会同时面临如下重大问题：它是否会随着时间而发生演化？我们是否可以假设宇宙过去、现在和将来都是我们现如今观察到的样子？或者其实，宇宙一直处在不断变化，甚至是进化的过程中？

只要悉心整理一下我们从各种不同的科学分支收集到的经验，就可以得到相当明确的答案。没错，我们的确一直处在不断变化的进程中。它那有可能早被遗忘的过去、现在以及遥远的将来，是三种迥异的存在状态。各种科学收集到的众多事实进一步表明了，我们的宇宙的确有一个开端，而它正是从这个开端起，逐渐进化发展，最终变为今天的状态。正如我们在上面所看到的一样，行星系的年龄估计已达几十亿岁之久，而在很多对此问题进行独立研究的实验中，这个数字总是固执地一次又一次出现。如此说来，我们的月亮显然是受到太阳强大作用力的吸引而从地球上撕裂下来的一块物质，且它自诞生之日到现在也有几十亿年的历史了。

对单个恒星演化的研究（见前面的相关内容）表明，我们现在能在天空中看到的大多数恒星少说也有几十亿年的历史了。而对恒星运动的一般研究，特别是对双星和三星系，以及更为复杂的银河系团（恒星群）相对运动的研究，让天文学家们最终得出了这样的结论，即这种结构其存在的时间与几十亿年相比，不会更长。

考虑到各种化学元素的相对丰度，特别是已知的数量，提供了相当独立的证据。此外，各种化学元素，尤其是放射性元素，如钍和铀这类逐渐衰变的放射性元素，因其是大量存在的，故而可为我们提供验证的依据。虽然它们一直缓慢衰变，但至今都存在于宇宙中。如此一来，我们就可以假定它们，有可能是由其他更轻的原子核不断生成的，或者是自然界在某个遥远的年代留下来的产物。

目前我们对核转化过程（核嬗变过程）的了解，迫使我们放弃了第一种可能性。原因是即使在最为炽热的恒星内部，温度也从未达到过可以“烹调”重放射性核所必需的高温条件。事实上，正如我们在前面的章节中看到的，恒星内部温度高达几千万摄氏度，但要是从较轻元素的核中“烹调”放射性核，则温度必须高达几十亿摄氏度才行。

因此，我们必须假定，重元素的原子核是在宇宙演化的某个过去时期内形成的，而在那个特定时期，所有的物质都同时受骇人高温以及高压的影响。

当然，我们也可以不费吹灰之力地估测出宇宙的“炼狱”时期。我们知道，钍和铀238的平均寿命分别为180亿年和45亿年，且它们自形成之日起，还没有发生过实质性的衰变，原因就在于目前它们的数目与其他稳定重元素一样丰富。而反观平均寿命只有5亿年的铀235，其数量要比铀238少上140倍。目前铀238和钍的大量存在似乎表明了，自元素诞生到现在不会超过10亿年，而含量较少的铀235，则可以帮我们进一步地估算出时间。因为实际上，如果这个元素的数量是每5亿年减少一半，那么它必须经历大约7个这样的周期，也就是35亿年才能减少到原来的1/128，亦即：

$$\frac{1}{2}\times\frac{1}{2}\times\frac{1}{2}\times\frac{1}{2}\times\frac{1}{2}\times\frac{1}{2}\times\frac{1}{2}=\frac{1}{128}$$

所以你看，要是仅从核物理数据来看，所估算出的化学元素之年龄就会与依据纯天文数据算出的行星、恒星和恒星群的年龄相符！

但你有没有想过，几十亿年前，当万物刚开始形成的时候，宇宙的状态是什么样的呢？到底宇宙发生了什么，才变成了今天的状态？

对上述问题最完整的回答，需要通过对“宇宙膨胀”现象的研究获得。在前一章中，我们已经看到，宇宙的浩渺空间是被数量极多的巨型恒星系抑或星系充满的，而我们的太阳只是众多巨型恒星系或星系中的一名成员。当然，其中还包含了我们所熟知的、拥有数十亿恒星的银河系。此外，在我们目力所及之处（当然是在200英寸望远镜的帮助下啦），我们还可以看到，这些星系均匀地散布在空间之中。

研究来自遥远星系的光谱时，威尔逊山的天文学家哈勃注意到，它们的光谱线都有向光谱的红端稍微偏移的倾向，且这种所谓的“红移”会随着星系距离的变远而变得更大。事实上，我们发现在不同星系中，各个星系的“红移”，其大小跟它们离我们的距离成正比。

解释这种现象最自然的方法莫过于假设所有星系都从我们身边退离，且退离的速度随距离的增大而增大。这种解释的理论基础是我们所熟悉的“多普勒效应”，也就是说，当光源朝向我们运动的时候，光谱的颜色会向紫色端移动；而当光源背向我们运动时，光的颜色就向着红色光谱端移动。当然，为了获得明显的偏移，观察者与光源之间的相对速度一定要足够大才行。当 R. W. 伍德（R. W. Wood）教授因闯红灯而在巴尔的摩被捕时，他向法官陈述说，由于以上的颜色偏移现象，所以当他坐在车里时，红色的信号灯到他眼中时就变成了绿色的。实际上，教授只是在和法官玩文字游戏——愚弄法官罢了。而如果法官物理学学得不错的话，他就会要求伍德教授当即算出他的车速，因为需要多快的速度人才可以坐在车里而看到红灯偏移为绿灯呢？如果伍德真这样做了，那么他又会因为超速而被罚款啦。

现在，让我们回到星系的“红移”问题上来。乍看之下，这个问题有点蹊跷：因为看起来好像宇宙中的所有星系都在远离银河系，就像是碰到弗兰肯斯坦怪物一般！那么，我们自己的恒星系到底有什么可怕的特性呢？是什么原因致使它在其他星系中如此不受欢迎？要是你对这个问题略加思索，你就会明白，我们的银河系本身并无特别之处，只不过是其他的星系全都在彼此远离罢了。那么，请想象一个气球，其表面上涂有圆点（图 116），你一旦开始给它充气，它的表面就会慢慢延伸开来，尺寸也会越来越大。如此一来，单个点之间的距离就会不断增加。这时，如果有一只昆虫正坐在一个点上，那么它将看见其他所有的点都在“逃离”自己。由此，我们得出：膨胀气球上不同点的衰退速度跟它们与昆虫所处观察点的距离成正比。

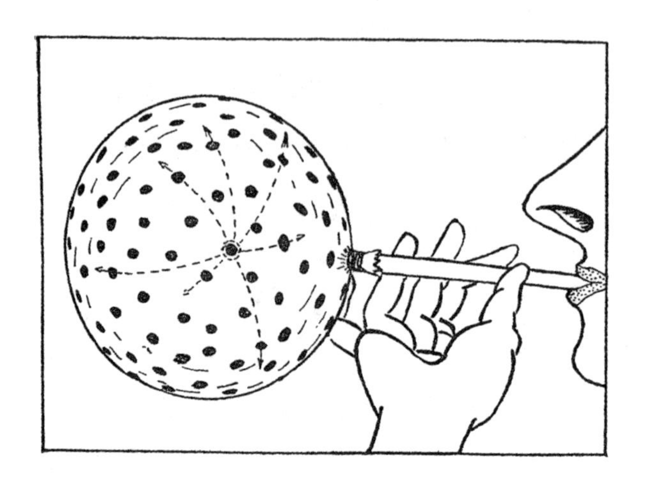

图116　当气球被吹起时，这些圆点会彼此分开

这个例子非常清楚地表明了，哈勃观测到的星系衰退现象与银河系的特性或位置无关，但却可以简单地解释为：星系普遍均匀遍布的宇宙空间也正经历着普遍的均匀膨胀。

根据观测到的膨胀速度以及当前相邻星系间的距离，我们很容易就能算出，这种膨胀必定在50多亿年前就开始了[①]。

而在此之前，我们称之为星系的独立恒星云尚在形成阶段，也就是说，形成的是恒星在整个宇宙空间中均匀分布的那部分。而再往前看去，我们会发现恒星本身就是被挤压在一起的，原因是，这样做可以使连续的气体充满宇宙。再往前追溯到更远一些，我们发现这种气体是更稠密且更热的，也就是我们在第七章中讨论过的热核流体。显然，这个阶段是形成不同化学元素（尤其是放射性元素）的时代。

① 根据哈勃的原始数据，两个相邻星系之间的平均距离约为170万光年（或 1.6×10^{19} 千米），而它们的相对后退速度约为每秒300公里。假设其膨胀速率是相同的，我们可以得出膨胀时间为 $\frac{1.6\times10^{19}}{300}=5\times10^{16}$ 秒 $=1.8\times10^{9}$ 年。然而，人们最近所掌握的信息已经得出了更长时间的预测结果。——作者注

现在让我们把这些观测结果都归纳起来，并按照正常顺序一一观察过去，你会发现那些事件标志着宇宙的演进过程。

我们的故事始于宇宙的萌芽阶段，那时的我们所能看到的物质全都散布在空间之中，故而，在使用威尔逊山望远镜观测时（观测半径 5 亿光年以内），所有的物质都是被挤进一个半径只比太阳大 8 倍的球体中①。当然，这种致密的状态并不会持续很久，因为只需要两秒的时间，快速膨胀就一定会使宇宙先升到水密度的几百万倍，几小时后又会令其下降到水本身的密度。大概也就是在这个时候，原本连续的气体就会被分解成独立的气体球，而正是这些气体球，组成了现在我们看见的独立恒星。在不断膨胀的过程中，这些恒星会再被分开，然后分裂成不同的恒星云层，也就是我们口中的星系。如今，所有的这些星系都在朝着宇宙的未知深处隐去。

现在我们来问一问自己，到底是什么力量造成了宇宙的膨胀？而这种膨胀会不会停止，并最终变为收缩？宇宙中不断膨胀的物质是否会转过来，把我们的恒星系、银河系、太阳、地球以及地球上的人类重新压成具有原子核密度的浆块？

据目前最为可靠的结论，我们知道这种情况永远都不会发生。因为在很久以前，宇宙还在演化的早期阶段时，不断膨胀的宇宙就已打破了所有束缚自己的枷锁——这枷锁是由重力形成的，而重力往往会阻止宇宙物质间的分离。因此，宇宙现在正按照简单的惯性定律无限膨胀着。

为了更清晰地阐明此情况，我们可以举一个简单的例子来加以说明：假设我们试图从地球表面向星际空间发射一枚火箭。首先，我们知道，现有的火箭，即使是著名的 V-2 火箭，也都没有足够的推进力帮助它逃逸到自由空间中去，因为它们总是会在重力的作用下停止继续上升，而被迫回到地球。不过，只要

---

① 由于核流体的密度是 10^{14} 克每立方厘米，而目前宇宙物质的平均密度是 10^{-30} 克每立方厘米，线性收缩为 $\sqrt{\frac{10^{14}}{10^{-30}}}$。因此，目前 5×10^{8} 光年的距离在那个时候仅仅是 $\frac{5\times10^{8}}{5\times10^{14}}$ $=10^{-6}$ 光年 =10 000 000 千米。——作者注

我们能为火箭提供足够的动力，使它的初始速度每秒超过 11 公里（这可能会是原子推进火箭发展的一个目标），那么它铁定将能挣脱地球引力而奔向自由空间。因为那时候，它可以全程继续上升而不受任何阻碍。所以通常我们会将每秒 11 公里的速度作为地球引力的“逃逸速度”。

现在，请想象一下，在空中有一枚炮弹爆炸了，那么，散射向四面八方碎片（图 117a 所示）的样子会是什么样的？而在爆炸力的作用下，抛射而出的碎片会在引力的作用下四散开来，且地球的引力最终会将它们吸引到同一个中心。不用说，在这种情况下，碎弹片之间的相互引力是极微弱的，甚至完全可以忽略不计，更不会影响到它们自己在空间中的运动。但如果这种重力变强了，那么，它们就可以在碎片飞行途中将其截下，并迫使其重回它们之前共同的重心（图 117b）。只是这些碎片落回来，还是不受限制地四散开去，则完全是由动能跟重力势能的相对大小来决定的。

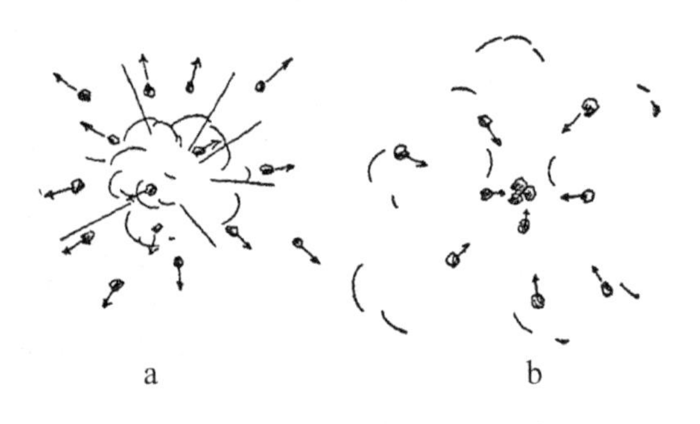

图117

现在，如果将炮弹碎片换成星系，那么，我们就可以得到前面提到的宇宙膨胀图了。但又因为各个星系的质量非常大，其所产生的重力势能甚至与其动能相当，故而，只有仔细研究过这两个变量，我们才能得出有关宇宙膨胀的未来。

而据目前已知的可靠数据来看，貌似退离星系的动能都要比它们的重力势能大上好几倍，由此可知，我们的宇宙正在无限地膨胀，而不会再受重力的作用彼此拉近距离。但是，一定要记住的是，大多数跟宇宙整体相关的数据总的来说并不是十分精确，所以，未来的研究有可能会把目前的结论颠覆过来。但是，就算不断膨胀中的宇宙在某天突然停止膨胀，并回来重新以压缩的方式运动，那也需要花上几十亿年的时间。而这也正好是黑人诗歌里所描绘的、最可怕的一天：“当星星开始坠落”，而我们则会被坍缩的星系压垮！

那么，到底是什么使得宇宙爆炸碎片能以如此惊人的速度四处飞散？答案可能没有想象中那么令人欣喜，因为实际上，就这个词来说，我们找不到任何所谓的“爆炸”，姑且不论最后的结论为何。现在宇宙正在膨胀，是因为在其历史的某个阶段（当然没有留下任何记录的时期），它曾经是无穷大的存在，只是到了后来，开始收缩成一个非常密集的状态，然后又像以前一样，就像是被压缩的物质中所固有的强烈弹性，最终会推着你反弹回去。如果你走进一间游戏室，刚好看到一个乒乓球从地面弹到空中，你会很自然地得出如下结论（几乎是毫不犹豫地）：在你进入房间之前，那个球已经从高处落到了地上，而我当前看到的这一幕是它接着又跳起来的情景。

现在，请让我们的想象力信马由缰一会儿，设想一下，当宇宙处于压缩阶段时，现在所发生的一切是否会以完全相反的顺序发生？

要是在八十亿年前或是一百亿年前，阅读此书时，你是否会从最后一页往回读到第一页？那时候的人们是不是会从嘴里吐出一只炸鸡，然后在厨房里为它们重新注入生命的力量，再把它们送回农场，让它们从成年变小到幼年，最后爬进蛋壳里，再过几个星期之后重新变成新鲜的鸡蛋？好玩的是，类似的问题，我们无法从纯科学的角度进行解答，因为宇宙所具有的最大限度压力，会将所有物质压缩成均匀的核流体，并完全抹去早期压缩阶段的所有记忆。